U0401423

动机心理学

激励自己与他人的科学

温迪·S.格罗尼克（Wendy S. Grolnick）
[美] 本杰明·C.赫迪（Benjamin C. Heddy） 著
弗兰克·C.沃雷尔（Frank C. Worrell）
高宏 译

Motivation Myth Busters

Science-Based Strategies to Boost Motivation in Yourself and Others

机械工业出版社
CHINA MACHINE PRESS

动机是人类产生行为的动力，但是我们对这个既熟悉又陌生的领域却存在许多误解。许多关于动机的不科学、不准确的观点之所以持续存在，是因为它们看起来都非常合乎逻辑、简单或吸引人。迷信这些不科学、不准确的动机神话会导致我们的行为与目标背道而驰。它会阻碍我们使用最佳策略来激励自己和他人，而了解动机背后的科学原理则能解放我们，让我们采取多种策略，助力自己与他人朝着目标迈进。为此，本书旨在揭穿十大最常见且最容易误导人的动机神话，并用最前沿的科学研究和策略取而代之。在每一章中，作者都会采用一种破除神话的方法来助你重塑对动机的认识，以一种易于理解、可信且富有成效的方式阐述有科学依据的观点，让读者在破除动机神话的同时掌握激励自己与他人的科学策略。

图书在版编目（CIP）数据

动机心理学：激励自己与他人的科学 /（美）温迪·S. 格罗尼克（Wendy S. Grolnick），（美）本杰明·C. 赫迪（Benjamin C. Heddy），（美）弗兰克·C. 沃雷尔（Frank C. Worrell）著；高宏译. -- 北京：机械工业出版社，2025. 2. -- ISBN 978－7－111－77695－6

Ⅰ. B842. 6

中国国家版本馆 CIP 数据核字第 2025767GD1 号

机械工业出版社（北京市百万庄大街 22 号　邮政编码 100037）

策划编辑：坚喜斌　　　　责任编辑：坚喜斌　侯春鹏

责任校对：郑　雪　张昕妍　　责任印制：刘　媛

唐山楠萍印务有限公司印刷

2025 年 4 月第 1 版第 1 次印刷

160mm×235mm · 18. 25 印张 · 1 插页 · 235 千字

标准书号：ISBN 978－7－111－77695－6

定价：75. 00 元

电话服务

客服电话：010－88361066

010－88379833

010－68326294

网络服务

机　工　官　网：www. cmpbook. com

机　工　官　博：weibo. com/cmp1952

金　书　网：www. golden-book. com

机工教育服务网：www. cmpedu. com

封底无防伪标均为盗版

本书赞誉

准备好重新思考你关于动机的许多假设吧！作者以清晰的证据和生动的例子揭示了为什么你经常误判自己的潜力、为什么想象可能并不能助你达成目标，以及为什么你无须等待动机涌现再开始行动。

——亚当·格兰特（Adam Grant）博士，《纽约时报》畅销书排行榜榜首《隐藏的潜能》（*Hidden Potential*）和《重新思考》（*Think Again*）的作者，“重新思考”播客主持人

本书是任何寻求进步与发展的个人、团队或组织的必读之书。它对动机科学的严谨探讨将为你提供一个全新的视角，不仅关乎卓越表现，更关乎人性本身。

——丹尼尔·H.平克（Daniel H. Pink）博士，《纽约时报》畅销书排行榜榜首图书《憾动力》（*The Power of Regret*）、《时机管理》（*When*）和《驱动力》（*Drive*）的作者

这是一本对每个人来说都极具价值的著作。作者作为该领域的知名研究者，向我们展示了如何激发并利用动机来帮助我们充分发挥潜力。在此过程中，他们破除了数十年来阻碍人们前进的常见神话。我强烈推荐！

——卡罗尔·德韦克（Carol Dweck）博士，斯坦福大学心理学系路易斯和弗吉尼亚·伊顿心理学教授

这本书涵盖了我最喜爱的三个主题：科学、动机与破除神话，并且三者完美结合！格罗尼克、赫迪和沃雷尔以平易近人的文笔和贴近生活的案例，揭示了驱动我们的真正动力，区分了事实与虚构。他们为个人、学生、家长和教师提供了宝贵的建议。如果你正在为动机问题挣扎，或者希望激

励他人，这本书就是为你而写。

——盖尔·M.西纳特拉（Gale M. Sinatra）博士，南加州大学罗斯耶教育学院斯蒂芬·H.克罗克（Stephen H. Crocker）教育心理学杰出教授

这本书极其出色。破除神话是一种非常巧妙的吸引读者的方式，使这本书对教师、教练、家长和教授来说既实用又有趣。我计划在未来的教师培训课程中使用这本书。

——杰奎琳·埃克尔斯（Jacquelynne Eccles）博士，加州大学尔湾分校

本书由心理学领域的真正专家撰写，有助于消除关于如何激励他人甚至自己的错误的民间智慧和过时科学。对于领导者、教师、教练、家长以及任何希望激励他人采取行动的人来说，这都是一本极佳的读物。

——理查德·瑞安（Richard Ryan）博士，澳大利亚天主教大学积极心理学与教育研究所教授，首尔梨花女子大学教育学院杰出教授

作者对动机心理学领域的最新进展进行了有趣且及时的回顾，提出了十多种经过实证验证的想法，帮助我们在实现个人目标的同时保持身心健康。此外，作者还提供了建议，指导我们如何帮助他人解决动机问题，以使他们实现目标并丰富自己的生活。

——理查德·科斯特纳（Richard Koestner）博士，麦吉尔大学心理学教授兼人类动机实验室主任

致 谢

温迪·S.格罗尼克

撰写这本书是一次令人愉悦且鼓舞人心的经历，特别是与我的两位合著者兼杰出同事本杰明·C.赫迪和弗兰克·C.沃雷尔的合作。首先，我要感谢我的自我决定理论人际网，特别是理查德·瑞安和爱德华·戴西，是他们引领我走进了动机研究领域的大门。理查德·瑞安还阅读了本书的部分内容，并为我提供了宝贵的反馈，我对此深表感激。我亲爱的丈夫、女儿以及女婿——杰伊·金梅尔、丽贝卡·金梅尔、艾莉·詹宁斯和肖恩·詹宁斯，在忙碌的生活中抽出时间协助我收集轶事、讨论标题和封面，并在幕后提供支持，我的直系和旁系亲属中的几位成员也是如此。此外，我还要感谢那些在我散步或喝咖啡时听我滔滔不绝谈论这本书，并提供了有益建议的亲密朋友们。最后，我要感谢美国心理学会的工作人员给予的支持，特别是史蒂维·达瓦尔对我的信任，以及苏珊·赫尔曼的出色想法和编辑工作。

本杰明·C.赫迪

在这次写作之旅中，许多人对我的思考做出了贡献。首先，我要向我的杰出合著者温迪·S.格罗尼克和弗兰克·C.沃雷尔表示衷心的感谢。其次，我要感谢盖尔·辛纳特拉和凯文·帕格激发了我对动机和概念变化的兴趣。特别感谢审阅了本书各章节的杰夫·格林、卡尔顿·方、安东尼奥·古铁雷斯和大卫·诺曼。我也要感谢我的妻子和孩子艾莉森、亨德里克斯、布鲁克和杰克，他们总是倾听我的想法，并忍受我一直写作的状态。同时，我还要感谢我的妈妈莫林·特伦特，是她鼓励我上了大学，否则我也不会写这本书。最后，我要感谢 MOVE

实验室的成员、学校心理学与教育联盟、美国心理学会第十五分会、美国教育研究协会动机特别兴趣小组、国家教学与认知联合会以及教育创新心理学学术联合会，多年来他们为我的知识贡献良多。感谢你们阅读这本书！希望它能对每个人都有所帮助并带来乐趣。

弗兰克·C.沃雷尔

在个人方面，我要感谢我的父母、兄弟姐妹和朋友们，他们一直是我动机人际网的一部分。在专业方面，我要感谢我的中学音乐老师林迪·安·里奇，以及多年来一直给予我灵感的众多老师、顾问、导师、同事和学生。我要感谢恩里克·阿里、阿尔弗雷德·奥利维拉和马尔塔·富洛普对本书部分内容的评论。同时，我要向我的合著者温迪·S. 格罗尼克和本杰明·C. 赫迪表示最深的感激，他们推动了我的思考，与他们的合作非常愉快。

前　言
揭秘关于动机的十大神话：科学如何破除这些神话

在日常生活中，动机缺失的问题如影随形。你或许暗自纳闷：为何我斥资不菲办理的健身卡，却未能引领我踏入健身房半步？为何孩子们总是在家中乱丢乱放自己的物品，明明拿到楼上去不过是举手之劳？又或是，餐厅对面那半壁未粉刷完的墙面，我该如何激发伴侣的完成欲？若你也曾陷入此类困境，你肯定尝试过形形色色的策略，以求改变自我与他人的动机。或许你幻想过自己完成那标志性的“第一百个”仰卧起坐，或是用奖励引导孩子完成家务，甚至以聘请高价油漆工为“威胁”来激励伴侣。这些方法或许偶有成效，但更多时候却收效甚微。

问题是否出在我们思考动机的方式有误呢？毕竟，多数人并未接受过系统的动机学教育。若真如此，或许我们可以扭转这些谬误，更有效率、更快乐，并与周围的人建立更积极的关系。事实上，许多人心中根深蒂固的关于动机的观念往往缺乏科学的支撑，这反而成为我们进步的绊脚石。用科学原理取代这些想法，可以帮助我们摆脱困境，着手努力实现我们的目标。这就是本书的主题。但首先，让我们审视一下我们对动机的了解。

何为动机？

动机是一个家喻户晓的词。我们把它用作一种描述（没办法，他就是个动机不足的人）、一种命令（来点动机吧）和一种人际交往的方式（你是如何激励你的销售人员，让他们有动机的）。那么，科学家是如何定义动机，又是如何研究动机的呢？对科学家来说，动机是一个由两部分组成的概念。首先，**动机是人们对某项工作投入的能量**。其次，**动机是这种能量的指向**（Deci & Ryan，1985）。

对动机的误解往往会扭曲我们对其运作机制的理解。例如，试图激励他人、让其产生动机与试图说服他人并不相同。说服他人更多依赖于外部力量的施加，意图通过压力或推动迫使他人行动；而动机，顾名思义，来自于行动者的内心。正因为动机来自内心，所以我们其实无法直接“激励”别人，而只能创造一些条件，使他们最有可能受到激励。

让我们以萨拉为例。当她早上纠结要不要出去锻炼时，她丈夫就进入了“指令”模式：“你确实应该锻炼，你会感觉更好的。走吧，快去！”

“我明白他是好意，”萨拉说，“但这种方式反而让我觉得有压力，有点适得其反了。”

因此，激励或许意味着帮助萨拉弄清楚她想做什么，或者询问她需要什么支持才能安心锻炼（“我来洗碗，这样你就有时间锻炼了”），而不是通过强迫或劝说的方式。换言之，要想以最佳方式激励自己或他人，我们需要学会开发他们的内在动机资源，而不是单纯依靠说服。

开发内在动机资源

那么，我们该如何激发人们去做某件事的动机呢？研究人员指出，开发内在动机资源可以提升人们的积极性。这些内在动机资源包括一个人的价值观、需求、兴趣、目标以及人际关系。当个体认识到某项任务与这些内在资源紧密相连时，他们参与活动的动机便会得到增强。

以我（本杰明）的女儿为例，她是一名极具天赋的足球运动员。在一次比赛结束后，一位家长走过来对我说：“我已经等不及要看她在电视上踢球了！”不过，更令我欣慰的是，她在场上踢得很开心。她太喜欢足球了。然而有一天，在训练结束后，她却告诉我她厌倦了足球，不想再踢了。我当然不是那种会强迫孩子去参与她不感兴趣的运动的家长。再说，她这么有天赋，而且，就在几周前她还踢得非常开心。是什么改变了她？

为了说服她继续踢球，我费尽心机，实施了好几个计谋。我曾想，她没准就是下一个米娅·哈姆（Mia Hamm）或梅根·拉皮诺（Megan Rapinoe），我可不能让她就这样放弃。于是，我先是尝试给她奖励。我们达成协议，每场比赛后我都会给她买一个 Dairy Queen 的暴风雪冰激凌。谁不喜欢加了糖果的冰激凌呢？然而，这个策略仅维持了两场比赛。到了下一个周末，她就不想再吃暴风雪冰激凌了。在她看来，踢足球已经不再值得用暴风雪冰激凌作为奖励。我的奖励计划显然适得其反。

当奖励策略不再奏效时，我转变了策略，心想或许可以把焦点放在她的天赋上。我可以向她深入描绘她在踢足球方面的出色表现。于是，我告诉她，她球艺非凡，而一个人的球艺越是出众，就越有责任去进一步发展这份天赋。这句话明明对蜘蛛侠有用，可为何在足球女孩身上就失灵了呢？事实上，仅仅告诉别人他们很有天赋并不总能激发他们的积极性，这一点你将在第九章中看到。事实上，在我告诉女儿她多么有天赋之后，她反而踢了一场艰难的比赛。她没有进球。

我把一切都归结为天赋，所以当她看到自己这场比赛踢得很糟糕后，就忖度自己可能并不是那么有天赋。告诉人们他们有能力，但如果他们失败了，就会把失败归咎于自己能力不足，这种做法可能会产生负面效果。我的说服计划再次以失败告终。

我决定另辟蹊径。我的新计划是直接问她到底怎么了，为什么对足球抱有负面情绪？事实证明，通过询问和倾听，确实能够发现一些有价值的信息。

经过一番探问，我发现她觉得自己在踢足球的问题上完全没有选择权。我们一年到头让她踢球，但她却想尝试其他运动。我们觉得她踢得很好，就一味地希望她能尽可能多地练习，以提升技能。然而，遗憾的是，我们剥夺了她对是否踢球以及参与程度的选择权，进而扼杀了她对这项运动的动机。

于是，我们决定改变策略，允许她去尝试其他运动，只让她在一个赛季中踢足球。同时，我们还让她自己选择是参加业余足球联赛还是加入旅行俱乐部球队。经过一个赛季的休息后，她在秋季再次参加了足球比赛，而这次她的动机明显增强了。她选择和朋友们一起参加业余足球联赛，突然间，她又重新爱上了足球，甚至欲罢不能。也许她将来会成为一个大明星，也许不会，但无论如何，她现在都感到精力充沛，充满了踢球的动力。

为什么会发生这样的转变呢？是什么改变了她的动机？我们并没有采用劝说的方式，因为那已经失败了。相反，我们挖掘了她内在的动机资源，更确切地说，是满足了她的自主需求。她不再对踢球的方式和时间感到有压力，而是能够按照自己的意愿去踢球。动机研究人员发现，满足自主需求对于体验最佳动机至关重要（Ryan & Deci，2008）。

这个例子表明，相较于靠说服和试图驱使人们行动，我们可以采用更为有效的方法，比如利用驱动人们行为的内在机制。我们可以深入了解人们的需求，例如人们需要有胜任感，需要感受到自己拥有选择做什么的自由，还需要有归属感。同时，我们还可以利用人们的价值观、目标和兴趣来激发他们的动机。大量研究已经揭示了产生这种内在动机的因素。在接下来的部分，我们将简要介绍一些基于实证的动机理论。

动机理论

动机是一个难以捉摸的概念。一个常见的误区是，人们往往将动机视为一种静态的存在，要么有，要么没有。然而，动机并非一个静态的存在，而是一个动态的**过程**，它涉及我们如何以及为何将精力投入各种努力之中。这个过程包含了许多子过程，这也是导致混淆的根源。动机是一个受到多种其他因素影响的过程，这些其他因素共同作用，对我们指向特定任务的精力产生影响。

动机学家的目标是揭示这些子过程是如何发挥作用并相互影响，从而进一步影响动机的。研究人员已经构建了一系列理论来解释动机的过程。在这些理论中，学者们提出了在动机过程中起关键作用的因素，并进行了研究。在本书中，我们将这些具有重要价值的动机因素称为“积极成分”（active ingredients），它们是这些理论中能够预测、促进或提升动机的关键因素。

理查德·瑞安（Richard Ryan）博士和爱德华·戴西（Edward Deci）博士提出了**自我决定理论**（SDT），该理论描述了有助于激发动机的因素。他们认为，人类需要感受到胜任、自主和归属，而这些需求的满足程度是预测动机产生的重要指标。换句话说，当这些需求得到满足时，人们就会更有动机去完成任务和迎接挑战。因此，在自我决定理论中，胜任、自主和归属被视为预测动机的积极成分。自我决定理论是本书以及更广泛的心理学领域中关于动机的重要理论之一，我们将在第二章中对其进行详细介绍。

还有许多其他有用的动机理论。另一个著名的理论是**期望—价值理论**，由杰奎琳·埃克尔斯（Jacquelynne Eccles）博士和艾伦·维格费尔德（Allan Wigfield）博士（2020）提出。尽管期望—价值理论非常复杂，但可以将其简单概括为，动机由两个主要因素预测，即：(1) 人们**期望**在特定任务中取得成功的程度，以及（2）人们对参与某项活动的**价值**感知。如果人们相信自己能够成功，无论是否有知识渊博的其他人的帮助，他们就更有可能有动机。同样，人们对参与某项任务的价值感越强，就会表现出越强烈的动机。因此，期望—价值理论中的积极成分是对成功的期望和对任务或活动的价值感。该理论将在第一章中进一步阐述。

还有许多其他的动机理论，每种理论都有自己的一套积极成分。其中包括归因理论、成就目标理论、自我调节理论、兴趣理论，等等。我们在此介绍两种理论，让你提前了解动机理论中的积极成分类型。在表1

表1　动机理论与积极成分

动机理论	理论简述	积极成分
自我决定理论（Ryan & Deci，2017）	动机的程度和类型很重要。动机可以是外在的，也可以是内在的。更趋向自主类型的动机可以通过需求满足来促进	能力需求 自主需求 归属需求 内在动机 外在动机
期望—价值理论（Eccles & Wigfield，2020）	最佳动机取决于一个人是否认为自己能在某项任务中取得成功，以及他对参与任务所看重的价值。价值有多种类型	对成功的预期 实用价值 实现价值 兴趣价值 成本
归因理论（Weiner，2012）	人们将自己的成功与失败归因于不同的因素。这些因素被称为因果归因，能够影响动机	因果归因 可控性 稳定性
成就目标理论（Pintrich，2000a，2000b）	动机由目标引发、指引并维持。目标种类繁多，不同类型的目标会对人们的动机产生不同的影响	掌握目标 趋近性表现目标 回避性表现目标 未来效用目标
自我调节理论（Bandura，1991）	人们在自己的行为、学习和动机过程中扮演着积极的角色。我们能够自行调节我们的目标及相关策略	规划 自我监控 自我评判 自我反应
自我效能感理论（Bandura，1982）	人们对自己能否成功的信念是动机中不可或缺的因素	以往的成功经验 替代性成功经验 社会劝说 情绪状态
兴趣理论（Hidi & Renninger，2006）	人们的兴趣可以被环境中的因素所激发和维持。这种兴趣可以发展成为更具个体倾向性的个人兴趣	触发的情境兴趣 维持的情境兴趣 萌生的个人兴趣 完善的个人兴趣

中，我们列出了本书涉及的几种动机理论，其中包括每种理论的概要及其积极成分。若想了解更多关于动机理论的知识，请参阅本书末尾的“附录 A”。在附录 A 中，我们深入探讨了动机理论，解决了诸如为什么有这么多理论、为什么动机如此复杂以及为什么我们都在与动机做斗争等问题。在本书中，我们采取了一种讲求实际的方法，也就是说，我们并非受单一理论的驱动，而是综合运用多种理论来探索解决动机问题的方法，这些动机问题均源于相信各种不同的动机神话。我们从各种理论中汲取有效成分，并运用这些成分来应对动机问题。此外，我们还探讨了其他一些虽不直接关注动机，但对动机产生影响的相关理论，如社会认知理论（Bandura，2002）、生态系统理论（Bronfenbrenner，1992）等。

破除神话

神话无处不在，它不仅关乎动机，还渗透到许多其他话题之中。比如，关于我们是否应该食用某些食物（例如转基因食品对人体是否有害）、我们的大脑如何运作（例如我们是否只使用了大脑的百分之十）以及气候变化的原因等，都存在诸多神话。若想深入了解什么是神话、为何揭穿神话如此棘手以及如何破除这些神话，请参阅本书末尾的“附录 B”。那里的内容或许会令你大吃一惊。

迷信动机神话会导致我们的行为与实现目标背道而驰。它会阻碍我们使用最佳策略来激励自己和他人，而了解动机背后的科学原理则能解放我们，让我们采取多种策略，助力自己和他人朝着目标迈进。

本书旨在揭示一些最常见且最有问题的动机神话，并用最前沿的科学研究和策略取而代之。在每一章中，我们都会采用一种破除神话的方法，利用被称为“驳斥文本”的改变成分（Kim & Kendeou，2021）来助你重塑对动机的认识。这一策略在“附录 B”中有更详尽的阐述。简而言之，在驳斥文本中，我们会陈述神话并解释其为何被认为是不正确的。这将使你陷入一种不平衡的状态，并引发你对神话的不满。随后，我们会以一种易于理解、可信且富有成效的方式，阐述有科学依据的观点，并提供科学证据来支持它。这种方法将为你提供新信息，以取代旧观念，让你重新找回平衡。

我们将以贴近生活、生动有趣的方式来完成这一切。我们会尝试将这些想法与你在日常生活、学校或工作场所中可能遇到的事情联系起来。我们甚至会时不时地讲一些老掉牙的笑话来增加趣味性。我们的目标是利用知识变化的科学来破除你的动机神话。

在每一章中，我们都借助趣闻轶事来描述动机问题与策略，这样做的目的是使概念更加明晰且生动有趣。须注意的是，尽管书中讲述的故事涉及众多人物姓名，但除公众人物或名人外，其余姓名均为虚构，相关细节亦属编造，或已为保护个人隐私而做了适当修改。仅在少数情况下，我们会在征得个人同意后，分享其真实的故事。

关于动机的常见神话

本书讲述了关于动机的十大神话。我们通过多种途径识别了这些神话：首先，我们在互联网上广泛搜索了关于如何激励自己与他人的建议。此类信息琳琅满目！家长们常被告知："事实上，有些孩子天生就比其他孩子缺乏动机。"给家长的建议多种多样，如"寻找能作为孩子奖励的物品""同伴压力并非全然无益，它能激励你的孩子在课业或运动中表现更佳，因为他们渴望与朋友并驾齐驱"。给教练的建议是"为球员设定个人目标"，给球员的建议则是"想象梦想已成真，这可以加速梦想实现的步伐"。至于自我激励，"奖励自己"的口号似乎更是无处不在。这些言论代表了本书中探讨的部分神话。

此外，我们还研究了相关文献，并与同事们交流了他们在帮助人们解决动机问题方面的经验。

我们凭借在动机科学教学中的经验，识别出了学生在课上常常提到的动机神话，总结出了十个，在本书中对其进行了探讨。

为了验证我们的选择并了解这些神话在公众中的普及程度，我们进行了一项研究，调查了约五百名美国成年人（Grolnick et al., 2022）。我们向参与者展示了每种神话的陈述，并询问他们的同意程度。尽管人们对这些神话的认同度有差异，但我们发现，大多数人或许多人都相信本书中描述的这十个神话。尤其是其中的六个神话，它们得到了超过一半参与者的认同，有一个神话甚至得到了研究中几乎所有参与者（95.5%）的认同。尽管有几个神话的认同度较低（不到参与者的25%），但我们仍然将它们纳入讨论范围，因为这些神话在公众的认知中显然占据了一席之地，并且我们几乎每天都能目睹它们如何对人们的努力造成破坏性的影响。我们将在各章中介绍每个神话的认同人数。

在第一章中，我们讨论了“有些人有动机，而有些人则没有”这一神话。这种说法颇为流行，它将动机视为一种固定的人格特质。如果动机被视为一个人的固有特征，那么它就无法真正改变，这种观点可能会导致你对自己和他人都失去信心。然而，科学的观点是，所有人都具有动机。比如，如果你整天玩电子游戏，那么你玩电子游戏的动机就非常强烈。我们每个人的任务都是将现有的动机重新指向我们的目标。本章将深入探讨如何实现这一目标。

在第二章中，我们将介绍另一个普遍观点，即奖励能提高动机水平。我们之所以说它“普遍”，是因为在我们的研究中，有95.5%的人认为这一观点是正确的。

事实上，奖励可以在短期内提高动机水平，但随着时间的推移，反而会降低动机水平。我们将讨论这种削弱效果是如何发生的、如何和何时有效地使用奖励以及其他可能更有用的方法。

第三章将重点放在“竞争总是能提高动机水平”的神话上。你可能会听到有人说：“我是个喜欢竞争的人！竞争能激励我！”就像奖励一样，在短期内，对某些人来说，如果使用得当，竞争可以激励他们。然而，对其他人来说，竞争则可能会破坏动机。即便是对“喜欢竞争的人”来说，如果实施不当，竞争也会扼杀动机。在本章中，我们将介绍并详细解析利用动机的方法。

在第四章中，我们会深入探讨“仅凭动机就足以成功”的神话。许多人认同这样的观点：如果人们有动机，他们就会成功。恰恰相反，要想成功，仅有动机是不够的。人们还必须具备达成目标所需的知识、技能和策略。在本章中，我们将介绍并详细解析利用动机的方法。

在第五章中，我们将讨论一个流行的神话，即幻想成功就能成功。事实上，你可以想象自己坐着游艇在海上航行多年，但却一天也无法实现这个目标。科学已经告诉我们，仅仅将终点可视化并不能达到预期的结果。相反，人们需要考虑达成该结果的必要步骤，设定相关的子目标，并设计达成子目标的策略。我们将在本章中讨论达成目标的自我调节过程。

第六章探讨了人们应该等待动机降临的神话。尽管这并非最受认同的神话，但我们怀疑人们实践这个神话的频率比他们明确相信它的频率还要高。你可能在等待动机，但动机从未出现。此外，当动机终于来临时，你可能忙于其他事情而无法利用它。因此，我们建议你设定目标，让创造力从生产力中产生。在本章中，我们描述了设定目标的策略，包括如何开始和接下来该做什么。

一般而言，人们都认为自己清楚自己的能力有多强。然而，这只是一个神话。在第七章中，我们将探讨人们为何不擅长预测自己的知识或技能水平。我们会深入探究自我效能感的科学，描述人们对自己的知识和技能的信心。我们会解释不准确的自信水平是如何导致人们无法实现目标的。我们还会介绍改善自我效能感、校正你对自己能力的了解或帮助他人更好地了解其能力的实证实践。

一个常见的神话是：结构会干扰动机。许多人认为结构会限制自由，进而扼杀动机。在第八章中，我们会驳斥这个神话，并描述结构是如何促进动机的，因为它为人们提供了如何才能成功的信息。结构的实施方式既可以让人感到被控制，也可以让人觉知胜任感和自主性。在本章中，我们将介绍以支持自主性的方式实施结构的方法。

当某人在某项活动中表现出色时，我们通常会说的第一句话是“你真聪明”或“哇，你真行”。这些词语都会传达一个信息，那就是这个人能力很强。在第九章中，我们讨论了“告诉人们他们很聪明会增强动机”的神话。当一个人在成功时不断收到关于他们能力的反馈，他们很可能就会把失败归咎于自己的能力。这会降低信心，进而减弱动机。在本章中，我们将解释对成功和失败做出健康归因的科学原理。

在前九章中，我们讨论了影响动机的个别因素。在第十章中，我们将讨论动机主要由个人特质决定这一神话。

事实上，科学家发现，我们所处的大环境也会影响我们的动机。特别是，结构上的不平等会对我们的动机造成负面影响。在第十章中，我们将讨论环境中的不平等所带来的影响，以及消除不平等和设计最能促进动机的环境的方法。

在结论部分，我们整合了各章的观点，构建了一个激励自己和他人的整体模式。同时，我们还为你提供了一份“路线图”，帮助你选择最有效的动机水平提升方式（无论是为自己还是为他人），以摆脱困境。你将有机会亲自实践，发现动机方面的问题，并踏上一条解决这些问题的路径。

神话破除小组

关于动机的神话如所有神话一样，普遍存在且难以改变。然而，心理科学拥有破除它们的方法。我们就是这样一支团队，我们的目标就是破除动机神话。本书的每位作者都拥有一套“独门暗器”，助力我们实现这一目标。我们来自心理学的不同分支，研究动机的各个方面，甚至在如何破除神话方面也拥有专业知识。

本书的第一位作者是温迪·S. 格罗尼克博士，她是一位受过专业训练的执业临床心理学家，同时也是克拉克大学的心理学教授。她在动机的各个领域都有深厚的研究，尤其是在亲子教育方面。她曾撰写过两本育儿书籍，其中强调了一些本书所涉及的“神话”概念，包括父母对孩子的控制和竞争。格罗尼克博士是我们在动机方面的专家，她将发展心理学和临床心理学的方法融入本书。

本书的第二位作者本杰明·C.赫迪博士，是一位受过专业训练的教育心理学家，也是俄克拉荷马大学的教授。作为一名教育心理学家，赫迪博士主要研究在学习环境中产生的动机。具体来说，他研究人们如何产生改变的动机，即人们如何改变自己的动机、知识、态度、情感和观念。此外，与本书特别相关的是，他还研究人们如何塑造和改变神话。赫迪博士是我们的破除神话专家，他以课堂教育为重点，为我们的研究带来了独特的视角。

本书的第三位作者是弗兰克·C.沃雷尔博士，他是一位受过专业训练的学校心理学家，也是加州大学伯克利分校的杰出教授。在撰写本书期间，沃雷尔博士正担任美国心理学会（APA）主席。作为一名学校心理学家，他的主要研究方向是学校环境中儿童的动机和评估。沃雷尔博士曾编著过多部关于资优教育和天赋开发的书籍。他的研究重点聚焦于高危青少年，以及社会心理和文化身份对学生学习和学习动机的影响。沃雷尔博士是我们在最佳表现、天赋开发以及影响动机过程的文化因素方面的权威专家。

有了这个团队，我们有信心从多个角度全面而深入地探讨动机。鉴于我们所接受的独特培训和专业知识，我们将努力检查、平衡彼此的知识，以减少在本书中带入的个人偏见。我们的目标是让所有读者都能对动机有最科学、最新的理解。我们就是“动机神话的破除者”。

让我们一起破除神话！

在接下来的章节中，我们将为你提供对动机的最前沿理解，以取代那些可能阻碍你激励自己或他人的神话。我们将介绍科学家们是如何得出这些关于动机的深刻认识的。同时，我们还将为你提供实用建议，告诉你如何利用动机科学来实现你的目标。那么，让我们开始吧！

目　录

珍妮尔在和丈夫迈克谈及他们的女儿索菲时，显得颇为气愤。“她就是毫无动力！我问过她二十次，上大学后她想加入哪个俱乐部。我给她看了许多有趣的社团——城市实地考察社团、乐队，甚至还有企业家俱乐部！但她却说她根本不想加入任何俱乐部。要是再给我一次机会，我肯定会加入所有的俱乐部！我们怎么养了这么个不求上进的女儿？”

第一章
你有动机，其他人也一样

珍妮尔认为索菲是个缺乏进取心的人。但这种评价真的公平吗？是不是有些人天生就有进取心，而有些人则没有呢？将索菲视为一个缺乏动机的人，会不会真的导致她失去动机？

神话：有些人有动机，而有些人则没有

珍妮尔可能认为，人们的动机，即他们是否愿意接受任务并坚持不懈地完成，是个人的固有特征。也就是说，有些人的动机水平高，而有些人的动机水平低。这种观点将动机视为一个人的特质，或者说是一个人在不同时间和不同情境下都会表现出的特征。我们以为，当我们了解了某人在某一领域（如体育）的动机时，就能将其迁移到其他领域，如学术和艺术领域。当我们了解了某人在某一特定领域完成某项任务或上某堂课的动机，就能推断出他在该领域其他任务和课程上的表现。

事实证明，很多人持有这种动机观。实际上，在我们对495名美国人进行的研究中（Grolnick et al., 2022），高达87.3%的人在某种程度上同意或非常同意“有些人有动机，而有些人则没有”的观点，只有4.2%的人在某种程度上不同意或非常不同意这种观点。然而，研究表明，即使你在某一领域或活动中有动机，也并不能说明你在其他领域同样有动机。就决定我们参与某一领域活动的动机而言，我们所处的情境往往与我们对该领域的兴趣一样重要，甚至更为关键。那么，为何人们会如此坚信有些人有动机，而有些人则没有呢？

为何我们相信这个神话

作为活跃而好奇的问题解决者，人类总是试图理解周围的世界。还有什么比探究人们的行为方式（或不采取的行为方式）更有趣、更复杂的呢？其中一种方法便是寻找他人行为的原因：他们为什么要这

样做？比如，当我们看到一个学生在课堂上频繁提问时，我们可能会思考：是因为这个学生很上进吗？还是这节课特别有趣？我们提出的理由——无论是关于人（如他们的能力或努力），还是关于情境（如老师、教材）——都是对人的行为的归因，或者说是我们对他们为何行动或不行动的信念（Weiner，1985）。事实证明，我们总是倾向于对他人的行为以及自己的行为进行归因。例如，想象一下你正坐在教室里听一场关于岩石类型的讲座。你发现自己很难集中注意力，因为老师用单调的声音滔滔不绝地讲着。你的眼皮开始感到沉重……

或者设想一下，你的老板告诉你，他希望每个人都能达到新的工作效率标准，因为他从上级那里得到的反馈是，团队的整体工作效率有待提升。你觉得这个标准遥不可及，于是心灰意冷，想要放弃，甚至对第二天上班都感到十分抗拒。

这样的经历很常见。如果我们深入探究自己为何动机不足，或许就能找到答案。在第一种情境中，你可能会觉得教材枯燥乏味，教师也没有以生动有趣的方式讲解。在第二种情境中，那些要求显得不切实际，但你却因为种种压力而不得不尽力去满足。这些情况都可能让你感到绝望，进而削弱你的动机。在每种情境下，你都在试图从外部寻找动机不足的原因，比如教材、教师以及对你提出的要求。

再考虑另一种情境。你参与了一个小组项目，小组成员们正在进行头脑风暴，讨论如何开展项目。然而，其中一个小组成员却很安静，一直在看手机，似乎对项目没有任何想法。你心里不禁嘀咕："天哪，这家伙也太缺乏动机了。他还非要跟我们一组，太糟糕了！"

这些情境揭示了一个有趣的心理学现象，即基本归因错误（Ross，1977）。这一理论指出，当我们观察他人的行为时，往往倾向于将这种行为归因于这个人的某些内在特质。然而，当我们思考自己的行为时，却更容易将其归因于外部环境的影响。造成这种现象的部分原因在于我们的观察视角。当我们思考他人时，我们是在观察他们，关注他们是谁、有什么样的特质。我们无法直接了解他们的内心想法或动机。而当我们行动时，我们是在向外看，从而能看到我们行为的原因，知道这并不是我们一贯的行为或感受。

我们可以了解自己的感受，因此我们会利用这些感受来了解自己的动机。然而，在观察他人时，尤其是那些我们不认识的人，我们可能会采取最直接的方法来理解他们的行为，即关注他们的性情或特质。而将动机视为一种特质可能会带来严重且不幸的后果。

为何要破除这一神话

当我们把动机视作一个人的固有属性或一般性特征时，无形中便以是否“有动机”为标尺，去衡量他人并据此做出反应。比如，发现某人动机不足，我们或许会思索：如何才能点燃其斗志，让其行动起来？这时，我们容易急于采用外在激励，如奖赏、命令乃至施加压力，以期让其行动起来。然而，正如第二章所揭示的，从长远来看，这些压力与要求可能反而削弱了人的动机。不仅如此，我们还可能从负面的角度审视那些看似缺乏动机之人，将其标签化为“懒惰”，这样的负面评价可能会导致对方愈发缺乏动机。我们可能无意间一手打造了将其他情况归因于某人缺乏动机的现象，即“自我实现的预言”（Merton，1948）。反之，若我们秉持每个人都有动机的信念，那么我们的视角将会不同。我们会更加关注情境与背景——无论是直接环境还是更广阔的结构意义上的视角——如何影响人的动机，并因此提出截然不同的问题。例如，当一个人看起来无精打采时，我们会探究：是什么原因让这个人在这种特定的情境或特定的话题中无法投入？我怎样才能激发他的动机？又有哪些障碍（无论是社会障碍还是经济障碍）横亘在他的道路上，让他无法行动？换言之，我如何才能抓住他的兴趣，提供一个环境，让他产生动机？如果从这个角度出发，我们激励他人的方式可能会大不相同。

将动机视为个人的固有特征，也可能会对我们思考自己的动机设置障碍。尽管基本归因谬误提醒我们在解析自我动机时须纳入环境因素，但如果我们频繁遭遇挫折，动辄放弃，我们或许会不自觉地将自己标签化为缺乏动机之人。此念一旦生根，恐将削弱我们的自信，剥夺我们主动承担任务的力量。

为破除这一神话，我们将首先给出科学依据，证明每个人都拥有动机，然后探讨如何利用兴趣创造价值，来点燃自己及他人的动机。

科学原理：你我皆具动机

这里面的科学原理是什么？动机是一个人的品质吗？还是说，动机因人而异，所有人都有动机，但动机取决于具体情况？

正如引言中所讨论的，**动机**是一个描述想要做某事的内在体验的术语。我们可以从不同层面来看待动机。特别是，你可以思考自己在某一特定时刻的动机，比如，你在猜字谜的时候是否劲头十足？你可以想一想你对某项任务的动机，例如，你是否因为觉得猜字谜好玩而一抓住机会就去猜字谜？你可以想一想你对某一特定领域的动机，比如猜字谜、运动、学数学或创作雕塑。最后，你可以思考并尝试衡量某人的整体动机。罗伯特·瓦勒兰（Robert Vallerand）将这些动机层次描述为一个层次结构，在这个结构中，较高层次的动机影响较低层次的动机。例如，如果你对体育运动非常感兴趣，你可能会怀着兴奋的心情去尝试新的运动项目；如果你喜欢数学，你可能会怀着浓厚的兴趣去上一堂数学课。

然而，把人们的动机看作与特定领域和任务相关，即在不同的情况和时间下，人们对不同活动表现出不同的动机，这种看法是否完全符合科学原理呢？

这个问题的答案是肯定的，科学支持这样一种观点，即所有人都有动机，动机因情况、任务和领域而异。关于动机究竟是一个人的特质，还是会因领域和情境的不同而变化，数据支持三个主要结论。我们将在本节中逐一讨论这些结论。

人们在不同领域的动机水平不同

科学家经研究发现，了解人们在某一领域的动机并不能推断他们在另一领域的动机。换言之，动机在不同的领域具有显著的特殊性（Vallerand，1997）。例如，一项研究（Milyavskaya，2013）要求参与者给出他们参与的几个领域，如体育、学校、艺术和工作，并报告他们在每个领域中的动机体验，如自主性、能力感和归属感。研究发现，各领域的动机体验之间关联性较小，因此，动机水平似乎是针对人们生活中各个领域而特定的，对人们整体动机进行概括并不符合科学原理。

关于动机作为一个人特质的问题，在坚毅（grit）这个流行的概念中得到了凸显。坚毅这一概念最早由安杰拉·达克沃斯（Angela Duckworth）提出，最初被定义为“对长期目标的毅力和热情”（Duckworth，2007）。这表明，有些人天生具备坚持不懈追求长期目标的特质。

尽管面对挑战和挫折，他们仍然会努力工作，保持兴趣和耐力。为了衡量勇气，达克沃斯开发了几种量表，包括“我是一个勤奋的人”“我的兴趣每年都在变化”（反向评分）和“我完成了我启动的任何事情”（Duckworth，2016）。她和她的同事们认为，这是一个至关重要的人格特征，也是高成就者和低成就者之间的区别。因此，我们应该努力培养人们的坚毅品格，以帮助他们取得成功。除了对这一建构及其测量方法的质疑（Morell，2021），还存在关于坚毅这一品质在不同领域是否一致的争议。在一项研究中，科米尔（Cormier）等人（2019）测量了一组学生运动员在不同情境下的坚毅水平。结果显示，学生在不同领域中的坚毅水平并不十分一致。因此，有些人可能在学校表现出高水平的坚毅，但在体育运动中却没有，反之亦然。

专注于一个人的某一特征，如坚毅，并假定它在各种情境中都普遍存在，这是不科学的。这种做法可能会忽视不同个体在不同领域中存在的情境差异。在本章中，我们将重点讨论这些情境因素，而在第十章中，我们将关注更广泛的情境——结构性不平等——如何影响人们在学校和工作等各种环境中的动机，特别是那些历史上被边缘化的群体（Gorski，2016）。不理解情境的影响可能导致人们将行为归因于个人弱点或不足，而忽视了导致动机水平降低和不公平的社会条件。

即使在同一领域内，人们的动机也各有不同

虽然我们都经历过对于同一活动有时有动机有时则缺乏动机的情况，但我们可能会认为，整体而言，在某一特定领域，人们的动机是非常一致的。

举例来说，若一个人工作非常积极，理论上，其日常表现应持续展现出这份积极性。但事实果真如此吗？实际上，正如人们在不同领域的动机各不相同一样，即使在同一领域，人们每天的动机也各不相同。为了探究这一现象，帕里修斯（Parrisius）及其团队（2022）让九年级学生参加了五节数学课。在每节课后，学生们须评估自己的能力、课程的价值与实用性，这两个因素对学习动机至关重要。研究结果显示，学生对每堂课的评价各异，在不同的时间段也不一定一致。因此，即使是同一个班级，学生的学习动机也会每天不同。

蔡（Tsai）及其同事（2008）也采用了类似的研究方法，针对德国学生进行了为期三周的数学、德语及外语课程观察，询问学生对各门课程的兴趣与参与度。正如帕里修斯等人的研究所示，学生们对不同课程的兴趣呈现出差异。部分学生兴趣盎然，全情投入；而另一些学生则显得较为冷淡。因此，动机似乎具有高度特定性，而非一个人的一般特征。这一研究对“动机是一种个人层面的现象”及“人们可

简单划分为有动机与无动机两类”的传统观念构成了挑战。

你所处的环境对动机有巨大影响

如果科学并不支持动机在不同领域甚至同一领域的不同任务之间的一致性，那么是什么造成了这些差异呢？事实证明，我们所处的环境，包括周围人与我们的互动方式，对动机的影响是巨大的。在帕里修斯等人的研究中，学生反馈了教师在那节课上的表现。结果显示，学生对教师的体验——特别是教师是否通过提供选择、倾听学生意见和提供有意义的课程理由来支持学生的自主性——是预测学生在某节课上的动机和参与度的最佳指标。

在对不同班级学生学习动机的研究中也有类似的发现。相较于学生是否具备积极的动机特质，更为关键的是，学生是否感受到教师在当天为他们营造了一个有利的学习环境，尤其是教师是否为课程提供了有意义的理由，并充分尊重学生的自主性。同样，个人对教师的看法也会影响他们当天的学习兴趣，以及他们对该主题的整体兴趣。在接下来的一章中，我们将聚焦于探讨如何构建促进学习动机的环境，但现在，要记住，要了解一个人的学习动机，必须将其置于具体的情境与更广阔的背景之中进行考量。

理解动机：兴趣和价值观

将动机视为特定情境与瞬间下的产物会促使我们反思：在我们产生动机的那些时刻，究竟有哪些因素在起作用？驱动我们产生动机的两大关键要素在于：一是对事物的兴趣；二是认为这项工作或任务具有价值或重要性。而我们所处的环境，尤其是周围的人，对这两个因素都有很大的影响。关于兴趣与价值观的科学研究，为我们揭示了自我激励的奥秘，也提供了助力他人提升积极性的策略。

兴趣理论

当你对某件事感兴趣时，你会体验到满足、快乐和兴奋等积极情感，并发现自己全神贯注，心无旁骛。你可能会毫不犹豫地参与某件有趣的事情，因为这件事往往会带来愉悦的体验。

为什么我们会对某些事物感兴趣？心理学家克拉普（Krapp，1999）认为，兴趣在一定程度上取决于我们在特定情境中的表现，他称之为**个体兴趣**。因此，我们对任务或活动的了解或经验可能会影响我们对任务和情境的偏好。例如，如果我们在一个人人都能演奏乐器的家庭中长大，我们可能会对音乐产生兴趣。

然而，克拉普也强调，情境的特点也会产生巨大影响。即使我们对某个领域并没有持久的兴趣，特定的情境也可能激发我们的兴趣。比如，一位在会议上表现出色的演讲者可能会让你对以前闻所未闻的话题产生兴趣；又如，墙上的一幅色彩鲜艳的壁画可能会激发你了解更多关于这位艺术家的信息。这种兴趣观与单纯的个体观点有所不同，后者认为兴趣源于个人的成长经历或生理构造，是固定不变的。如果我们认为兴趣是一成不变的，那么人们就可能对某事物感兴趣或不感兴趣，但对此无能为力。然而，科学研究表明，兴趣是可以培养的，环境中的人可以帮助我们发展兴趣。这些观点是兴趣发展理论的重要组成部分。

兴趣是如何发展的

一种兴趣发展理论认为，兴趣是分阶段产生的（Hidi & Renninger，2006）。如图 1 - 1 所示，在第一阶段，即**情境兴趣**阶段，环境中的某样事物会引发你的兴趣。

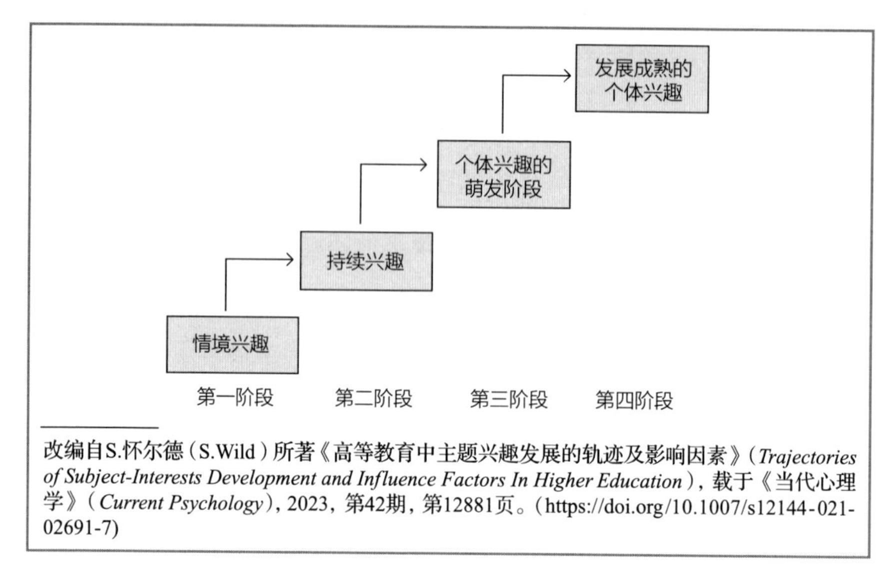

改编自S.怀尔德（S.Wild）所著《高等教育中主题兴趣发展的轨迹及影响因素》（*Trajectories of Subject-Interests Development and Influence Factors In Higher Education*），载于《当代心理学》（*Current Psychology*），2023，第42期，第12881页。（https://doi.org/10.1007/s12144-021-02691-7）

图 1-1　兴趣发展的四个阶段

例如，你可能在翻阅杂志时看到一篇关于冥想的文章。虽然你以前听说过冥想，但文章标题“通过冥想提高专注力”真正激发了你的好奇心。你感到非常兴奋，便开始阅读这篇文章。这种兴趣的第一阶段，即情境兴趣，可能是短暂的，你读完文章后可能就不再关注这个话题了。

然而，这种初步的兴趣火花也有可能使你进入兴趣的第二阶段，即**持续兴趣**。持续兴趣超越了最初的火花，人们会更加投入并坚持不懈地探索相关材料或完成任务。这里的关键在于，人们从内容或任务中找到意义，并与个人有所关联。例如，在冥想的文章中，你可能会将冥想视为你一直在寻找的提高注意力的潜在方法，这一直是你的难题。阅读完那篇文章后，你可能会查阅参考文献，看看还有哪些关于这个主题的文章。然而，在兴趣发展的第二阶段，人们仍然需要环境提供一些支持来维持兴趣。例如，如果没有方便的渠道了解更多关于冥想的知识，这个话题可能会被遗忘。

在兴趣发展的第三阶段，即**个体兴趣的萌发阶段**，个人继续对该主题保持积极的感受，通过发现更多的东西和尝试来增加自己的知识，并清楚地看到了这项活动的价值。在这一阶段，个人不再依赖他人提供的信息或渠道，而是主动寻找。例如，你可能会在谷歌网站搜索“冥想与集中注意力”，寻找并加入当地的冥想课程。

兴趣的最后阶段是**发展成熟的个体兴趣**。在这一阶段，个人对某主题产生了持久的兴趣，并不断回到该主题上。

此时，个人已经积累了更深的知识，并对其有强烈的价值感。你可能会投入大量精力，但却感觉毫不费力！例如，你可能最终参加多个冥想课程，将冥想融入日常生活，并与亲朋好友分享相关信息。

兴趣对于维持工作热情和培养毅力显然至关重要。虽然兴趣可能会成为一种持久的东西，但它最初也可能是由一位优秀的教师、一次参观新地方的机会或一本引人入胜的书引发的。因此，我们应当将兴趣视为一种可以培养的品质，而非与生俱来的特质。同时，正如我们在后续讨论环境时会看到的那样，兴趣很容易被那些使内容变得枯燥乏味、对我们逼得太紧、不允许我们积极追随自己兴趣的环境所消磨。兴趣固然重要，但另一个因素也起着关键作用，尤其是当人们并没有立即被某个领域或某项任务所吸引时。这就是价值。

努力必须有价值或意义

珊迪在浏览她成为社区欢迎委员会志愿者所需学习的在线课程时发现，“与他人共事”和“接近新成员”这两个标题很有意义，于是她迫不及待地下载了材料，开始学习课程。最后一门、也是最长的一门名为“为社区组织融资”的课程让她大惑不解。**既然我无意参与组织的财务工作，为什么还要学习这门课程？**她开始学习这门课程，但仍然不明白为什么一定要学这门课。她干脆一边快速翻阅课程资料，一边趁机给朋友打电话。

近三十年前，杰奎琳·埃克尔斯和艾伦·维格费尔德（2002）提出了“期望—价值理论”。该理论强调，人们对自己和所遇到的任务有自己的信念，这些信念将决定他们是否积极参与任务、对任务做出的选择以及最终的表现。

这些信念包括他们对成功的预期以及他们认为任务或情境所具有的价值。关于对成功的预期，当人们面临任务时，他们会问自己：**“我能做到吗？”**他们会考虑，**“我在即将到来的这项任务中能做得多好，我有能力取得成功吗？”**如果他们觉得任务远远超出了自己的能力范围，那么他们甚至连尝试一下都不太可能。数十年的研究表明，当人们不期望在某项任务中取得成功时，他们就不太可能参与其中。在第七章中，我们将讨论能力或效能感对动机的重要性，在这一章中，我们将破除“人们清楚自己的能力水平”这一神话。在这里，我们将重点讨论对活动的重视程度的科学原理，以及它如何对动机产生影响。

除了兴趣外，我们对一项活动的重视程度也会决定我们的积极性，尤其是对那些本身并不有趣或令人愉快的活动。如果我们认为这些活动是有价值的，就会对这些活动产生同样的动机。根据期望—价值理论，当我们觉得某项活动或任务对我们有意义时，动机会增强。我们会问自己：“我为什么要做这件事？”然后考虑它的价值。期望—价值理论强调了不同类型的价值，并对这些类型进行了区分。

价值类型

期望—价值理论描述了四种价值类型。首先是**实用价值**，指任务或活动对个人当前或未来目标的有用程度。例如，你可能认为学习数学有助于实现成为建筑师的目标，或认为学习吉他可以在一天工作后放松心情。其次是**实现价值**，即任务或活动对个人的重要性。例如，如果你认为自己是一个健康的人，那么健康饮食对你来说可能很重要，因为这符合你追求健康生活方式的自我认知。再次是**兴趣价值**，即任务或活动可能会让你感到快乐，你能从中获得乐趣。比如，你可能会觉得弹吉他很有趣。最后是**成本价值**，即期望—价值理论所认为的，任务可能产生成本或负面影响。例如，任务可能需要耗费大量时间和精力，从而导致焦虑，或让你失去做其他事情的机会。任务的成本会降低其总体价值，从而减少你的积极性。

所有这些价值类型——实用价值、实现价值、兴趣价值和成本价值——都会影响我们对活动的感知价值，以及是否愿意参与。如果人们看不到任务的价值或意义，就不容易投入精力去完成。

科学原理：兴趣和价值的影响

科学研究表明，兴趣和价值对人们参与活动、坚持活动和取得高水平成绩有着深远的影响。例如，维格费尔德等人（1997）对一群从小学一步步升入高中的孩子进行了为期十年的研究。他们调查了孩子们对学好数学的期望以及他们每年对数学的重视程度。研究发现，孩子们对学好数学的期望越高，他们的数学成绩也越好。此外，学生对数学的重视程度越高，他们就越有意愿继续选修数学课程。这些因素之间也存在相互作用，即如果你认为数学很重要，你就会更加努力，成绩也会更好；而你的数学成绩越好，你就越相信自己的能力，数学对你就越重要。信念可能会影响成绩，而成绩又会反作用于信念。

兴趣和价值对活动的重要性不仅适用于儿童，对成年人也同样适用。例如，在戈杰斯和坎德勒（Gorges & Kandler，2012）的一项研究中，德国大学生有机会选修一门新课程，且授课语言为英语。选修这门课需要学生付出额外的努力，而且可能影响他们的成绩。学生们被问及对学好这门课的期望（如“我的英语能跟上讲课进度吗？”）以及学习英语的价值（如“是否计划去英语国家留学”）。研究发现，期望能学好这门课的学生更有可能积极选修这门课程。学生越相信这门课程对实现他们的目标有价值，他们的选课积极性就越高。因此，对成功的预期和活动的价值是预测人们动机的重要因素。正如我们将要看到的，环境也会影响人们对自己能否成功以及活动是否有价值的信念，从而影响学习动机。

什么促成了兴趣和价值

好消息是，兴趣和价值可以通过环境来培养。情境兴趣是兴趣培养的第一阶段，我们知道，教学内容的呈现方式可以激发情境兴趣。大多数关于这一问题的研究都是在课堂上进行的。那么，教师如何激发学生的兴趣呢？一种方法是帮助学生对他们正在做的事情产生积极的和可选择的感觉。我们将在第二章重点讨论自主性时对这一因素进行深入探讨。例如，丽萨·林能布林克–加西亚（Lisa Linnenbrink-Garcia）及其同事研究了参加为期三周的暑期科学课程的青少年。

他们询问了学生对科学的整体兴趣以及对科学课程的情境兴趣。例如，他们问学生是否同意“当教师上科学课时，会做一些吸引学生注意力的事情”。同时，他们还考察了学生对老师的看法：教师是否让学生选择如何完成课堂任务？是否通过征求学生意见和鼓励小组合作来增强学生的参与感？教师是否平易近人、友好？是否能将课堂内容与现实生活联系起来？

研究结果表明，教师对学生的兴趣和价值感受有着深远的影响。特别是，学生感受到的选择权越大，教师越平易近人，学生的兴趣就越高。教师越是将教学内容与学生的生活紧密联系起来，学生就越会觉得所学知识有价值。重要的是，学生在课程开始时对学习的兴趣越浓厚，他们对学习的趣味性和价值的感受越强烈，在课程结束时反馈的个人兴趣也会越多。因此，创造一个充满选择和温暖的学习环境，并使教学内容具有相关性，似乎能够有效激发学生的兴趣。如果这种兴趣得到积极环境的支持，就有可能转化为更持久的兴趣。

能否通过干预提高兴趣和价值

尽管我们已经证明兴趣是可以培养的，且背景和情境因素与兴趣和价值感受有关联，但重要的是还要证明干预措施可以成功地提高这些因素。一些研究人员在实验室以及高中和大学课堂上都进行了研究，以探讨这一点。

在提高兴趣方面，卡洛尔·桑索内（Carol Sansone）及其同事让本科生完成了一项相当枯燥的任务：

在字母矩阵中抄写字母。研究人员让参与者提出一些使任务更有趣的策略。参与者的建议有：增加任务的挑战性、使过程更具艺术性、在背景上做文章（如播放音乐）以及改变操作步骤（如使用不同的笔）。然后，研究人员安排另一组学生进行这项活动，其中一些人使用了这些提升兴趣的策略，另一些人则没有。正如研究人员所预测的那样，使用了提升兴趣策略的学生表示他们更喜欢这项任务，并且更愿意将字母矩阵带回家，继续完成更多的字母抄写任务。

研究还发现，增加活动的价值也能有效提升兴趣。例如，在前述研究中，向参与者说明活动的理由（如对健康的益处），能够使他们在字母抄写任务中表现得更好，尤其是在使用提升兴趣策略后。这些关于相对枯燥任务的研究结果具有重要意义，因为我们日常生活中会做很多这样的任务，但通过活动价值来提升兴趣对于那些潜在的有趣和重要的活动也同样重要，因为人们对这些活动的兴趣各不相同。因此，许多旨在提升价值和意义的干预措施都集中在数学和科学领域。这有几个原因：

首先，美国高中生对高等数学和科学课程的兴趣不足，这一现象令人担忧，因此提升对科学、技术、工程和数学（STEM）的兴趣成为国家教育的当务之急。其次，数学和科学领域特别容易受到“有些人有动机，有些人则没有动机”这种观念的影响。我们常听到有人说“我不喜欢数学”或“我不喜欢科学”，好像对这些学科的兴趣只是存在与否的问题。如果我们能够改变这种看法，证明对科学和数学的兴趣和其价值是可以激发和培养的，那将会带来怎样的变化呢？

大多数旨在提升活动价值的干预措施都集中在实用价值上，即帮助人们认识到任务或活动对个人目标的有用性，或者了解如何应用这些任务或活动。例如，杜里克和哈罗克维茨（Durik & Harackiewicz, 2007）向学生展示了一种心算技巧，即在头脑中进行数学计算。对于一些学生，他们以有趣的方式展示了这一技巧，内容丰富多彩，还添加了图片；而对另一些学生的展示则仅限于黑白两色。这样做的目的是看能否引起学生的兴趣。此外，一些学生还了解到心算知识对他们生活的实际帮助，例如，老师告诉他们："你们可以用心算来计算餐厅的小费，或者查看你们的银行账户余额。"而其他学生则没有获得这些信息。

心算教学中的微小变化对学生的兴趣产生了显著影响。相比于那些用平淡无奇的方式呈现数学知识的教师，那些以彩色、有趣的方式呈现知识的教师能更好地激发学生学习心算技巧的兴趣，尤其是对那些原本兴趣不高的学生。此外，那些获得任务潜在价值信息的学生，比未获得信息的学生对活动表现出更高的兴趣。有趣的是，这种影响在兴趣本就较高的学生身上尤为明显。因此，以有趣和引人入胜的方式展示内容，似乎能够激发原本可能不存在的兴趣，而对于那些已有一定兴趣的学生来说，强调内容或活动的价值确实能提升他们的兴趣。

总结

干预措施可以通过多种方式提高兴趣，例如增加任务的趣味性或挑战性，让人们了解活动对个人目标和生活的实际价值，或要求人们提出任务与生活相关的个人想法（Tibbetts, 2015）。

这些策略可以真正提升人们的兴趣，从而提高他们的参与度。我们还可以通过创造一个支持参与者做选择的环境来培养兴趣，让人们有机会积极参与活动；以有趣和引人入胜的方式介绍信息，并明确活动的价值。如果环境未能提升人们的兴趣，我们不应感到惊讶，也不应责怪他们，而应记住，正如前文所讨论的，动机对于不同的领域，甚至是相同领域内的不同任务，都会呈现变化。每个人都有动机，但他们的动机各不相同，我们可以通过促进和培养兴趣来解决这一问题。

将科学原理付诸实践

我们可以采用一些策略来提高自己和他人的兴趣、对成功的期望以及对任务价值的感知。以下是我们总结的一些有效策略。我们在下文表 1－1 中留出了一些空白处，供大家在应用这些策略时填写自己的想法。

1. 找出缺乏动机的原因

对自己

当你感到缺乏动机时，不妨反思一下为什么会这样。可能是因为内容或任务提不起你的兴趣，无法激发你的积极情绪，让你充满活力地投入其中。或者是因为你没有看到活动的价值。切莫因为没有动机而自责！并非每个项目或任务都能引起你的兴趣。遗憾的是，任务的呈现方式对你的动机有很大影响。除了对活动的兴趣及其本身的价值外，还要考虑其他可能影响因素（这些因素将在其他章节中讨论），如任务是否显得过于繁重或困难？

评估自己的胜任力（见第七章）和将任务分解为可管理小块的策略（见第四章）可能会有所帮助。你是否感到完成任务的压力？增强自主感的策略可能有助于缓解压力（见第二章）。你是否感到与他人脱节？第二章还讨论了增强与他人联系的策略。

对他人

首先，不要直接假设某人对任务或活动缺乏动机就意味着他是个缺乏动机的人。换句话说，考虑一下可能导致缺乏动机的原因，先设想这可能与任务本身、任务的呈现方式或他面临的更大障碍（如社会历史层面的歧视）有关。了解了这些潜在因素后，试着探究冷淡的行为或态度背后的真正原因。你可以主动询问对方为什么看起来没有积极地去完成任务，例如问："你对这项任务有兴趣吗？还是说它让你感到无趣？"或者"你知道为什么要做这件事吗？这件事对你有什么用处吗？"

如果这些问题没有帮助你解释对方缺乏参与感的原因，那么可能是任务的某些方面让他感到困扰。也许他觉得任务过于困难，超出了他的承受能力。有关评估胜任力和提升效能感的建议，请参考第七章；有关处理和拆解任务的策略，请参见第四章。如果在执行任务时他感到被逼迫或压力很大，请参考第二章关于增强自主感的策略。完成任务时，如果他感到孤立无援，请查看第二章和第十章，了解增强自主感的技巧。一旦你了解了他缺乏动机的原因，就可以努力改变这种状况，挖出每个人都有的动机！

2. 准确定位并提高兴趣

对自己

并不是每个主题或活动都会引起你的兴趣，但你可以通过一些方法来提升兴趣。一个有效的策略是将活动与有趣的事物结合起来。例如，整理文件夹可能乏味无趣，但加上色彩鲜艳的装饰标签可能会让这项任务变得更有吸引力。另一种策略是将任务与你已有的兴趣关联起来。比如，如果你需要写论文，尽量选择一个与你想了解的事物相关的主题。你还可以把活动变成游戏，比如在清理阁楼时放音乐，挑战自己在歌曲结束前完成一定区域的打扫。

对他人

我们常常要求别人做一些他们不感兴趣的事情，但别灰心，激发他们的兴趣是可能的。首先，了解对方的兴趣和爱好，并尝试将这些兴趣与活动联系起来。例如，如果你要布置读书报告，可以帮助学生选择一本与他们兴趣相关的书籍。也可以在活动中加入有趣的元素，例如让演讲更丰富多彩，加入笑话或漫画，甚至创作一首歌（比如打扫歌），这样时间会过得很快。增加活动的多样性也很有效，可以让人们每天都有不同的任务，并使任务具有挑战性。当任务难度略高于个人能力时，人们的兴趣会更高。

让参与者从一开始就参与到项目的开发中，也能提升他们的兴趣。征求他们对主题、内容、任务完成方式甚至评估标准的意见。当人们参与活动的安排工作时，他们更可能会对活动产生兴趣！

3. 传达活动的意义和价值

对自己

做一些看似毫无意义或不重要的事情，常常会让人感到缺乏动机。即使是平凡的活动，我们也应该努力找到其中的意义或价值。例如，可以思考你正在做的事情如何对他人产生积极影响，或者这项活动如何符合你的整体价值观。比如，清理阁楼这项任务可能在你的待办事项清单上待了很久，你实在没动力去清理，但如果你意识到你重视一个整洁的家，并希望为孩子们树立榜样，你可能会觉得这项任务更有意义。虽然这可能不会让活动变得有趣，但至少你会觉得这段时间的投入是值得的。

对他人

当任务或活动不能让人自发地感到有趣或愉快时，重要的是让人们知道为什么要进行这些活动，或者为什么他们应该参与其中。如果我们不了解参与某项活动的目的，就容易缺乏积极性。要赋予活动意义，就要提供明确的理由，帮助人们理解参与的必要性。当这些理由与参与者的个人目标相关联时，它们的效果会更显著。例如，在前面讨论过的要求社区志愿者参加财务课程的例子中，你可以解释说，社区委员会将需要制定预算，而了解相关的财务知识对明确组织的资金如何运用至关重要。

也可以将活动与参与者的实际生活联系起来，展示它们的实际应用。比如，生物课上的学生可能对植物遗传学不感兴趣，但如果他们关注健康，那么当了解到学习植物遗传学可以帮助他们选择非转基因食品时，他们可能会更愿意参与。最后，鼓励大家思考任务或活动如何与他们的生活相关，或对他们有实际帮助。

表1-1 基于科学的动机水平提升策略

策略	对自己	对他人
找出缺乏动机的原因	自问：活动是否无趣？你觉得做这项活动有价值吗？	这项任务是否吸引你？你是否明白为何要做它以及它的价值所在？
准确定位并提高兴趣	任务中是否有你感兴趣的方面？你如何能让它变得有趣？	发现并支持对方喜欢和感兴趣的事物
传达活动的意义和价值	提醒自己活动或任务的意义	为何要求他们参与，给出有意义的理由

尝试这些提升动机水平的策略

我想激励自己去完成的事情：

我将尝试以下策略：

我想帮助他人提升动机水平的领域：

我将尝试以下策略：

尾声

回到本章开头的情景：珍妮尔相信“有些人有动机，有些人则没有”的观点，这可能让她觉得女儿索菲是个缺乏动机的人。珍妮尔可能忽视了索菲的兴趣与她自己的不同，她可能没有考虑到索菲在第一学期要学的课程很难，或者她打算加入一个女生联谊会。如果我们能帮助珍妮尔从新的角度看待索菲，认识到她也是一个有自己兴趣的、积极进取的人，珍妮尔就能理解索菲的目标，并采取有效的策略来鼓励她，帮助她取得成功！

格伦是一名保险推销员，他深爱自己的两个孩子，愿意做任何事情来帮助他们取得成功。在过去的几年里，他获得了可观的奖金。他的孩子詹妮弗和罗素都是好学生，成绩也不错，但他认为他们可以做得更好。詹妮弗的老师说她在课堂上太喜欢交际，而罗素似乎在家庭作业上花的时间不多。格伦决定在一个学期内，每当孩子们获得一个 A，他就支付十美元，因为他相信这会提高孩子们的学习积极性。詹妮弗和罗素都很喜欢这个主意，并且都在下学期取得了一些 A。当生意不景气时，格伦无力为孩子们的高分买单，于是他在下学期停发了奖金。让格伦感到意外的是，孩子们的成绩开始下滑，对学科的兴趣也大不如前。

第二章

有比奖励更有效的激励措施

难道金钱奖励真的有其阴暗的一面？如果确实如此，格伦该如何调整策略呢？

神话：奖励能提高积极性

格伦试图用奖励来提升孩子们的学习积极性，这种做法是可以理解的。毕竟，谁不喜欢获得奖励呢？

奖励的使用随处可见，比如教师用贴纸和额外课间休息激励学生，主管发奖金以激励员工，父母则给做家务的孩子发工资。奖励对各种任务和活动的激励作用似乎是毋庸置疑的。

如果你也持有这样的信念，那你并不孤单。我们的研究显示，在我们的样本中，超过95%的人相信金钱和奖励能够提升动机水平（Grolnick et al., 2022）。在某些方面，这些人的观点是正确的。特别值得注意的是，向人们提供奖励（如果奖励足够高的话）可能会让他们更愿意去做一些事情来获得奖励。比如，如果我给你报酬让你参加调查，你可能比没有报酬时更愿意参与。

然而，奖励是否真的能提升动机水平，科学依据比简单的“是”或“否”要复杂得多。例如，动机有很多种。其中一种动机是，当你参与有趣的活动时，哪怕没有奖励，你无论如何都会去做，这就是我们所说的内在动机（Ryan & Deci, 2017）。还有一种动机是做那些虽然不有趣但非常重要的事情。另一种动机则是做一些你本不愿意做的繁重任务，比如纳税！这些不同类型的动机会影响学习和长期参与活动的情况。在本章后面的科学原理部分，我们会详细回顾这些动机类型，并探讨奖励如何影响它们。不过在这里，我们可以提出一个问题：奖励能有效提高动机水平的信念是否一种普遍信念，换句话说，人们是否在几乎所有的任务和活动中都认同这种信念？

一项研究（Boggiano et al., 1987）探讨了在育儿背景下的奖励信念。在这项研究中，家长和大学生读了几个孩子感兴趣或不感兴趣的小故事，然后，他们询问孩子，哪些策略（包括奖励、惩罚、讲道理和什么都不做）在短期和长期内能最大限度地提升他们的阅读兴趣和乐趣。家长和孩子的意见高度一致，都认为奖励是最有效的手段。换言之，无论孩子对阅读的喜好如何，或者参与者考虑的是让孩子现在阅读还是长期阅读，他们都认为奖励的效果最好，并且奖励越大越好！遗憾的是，正如我们将看到的，奖励对不同类型的动机在短期和长期内产生的影响是复杂且有时甚至是负面的。因此，这种一刀切的想法对我们并没有什么好处。

在另一项研究中（Murayama et al., 2016），参与者了解了之前的一项实验。在那项实验中，人们参与了一个类似游戏的任务：给他们一个自动启动的秒表，他们需要在五秒钟时间点的五十毫秒内让秒表停止。这个任务对他们来说既有趣又好玩。在那项实验中，一半的受试者被分配到奖励组，他们被告知根据任务表现将获得金钱奖励；另一半则被分配到无奖励组，没有任何金钱承诺。实验结束后，受试者被告知研究已经结束，并在一个小房间里等待实验人员的返回。在此期间，当参与者认为自己是独自一人时，他们可以选择继续玩秒表游戏或进行其他活动。

本研究的参与者被要求预测前一项实验中的受试者在知道实验结束后的行为，即获得奖励的受试者会接着玩游戏还是不玩了？令人感兴趣的是，他们预测获得奖励的受试者会接着玩。换言之，他们认为奖励会让人更有动力，即使在奖励不再存在的情况下也是如此。

我们将看到，他们的判断是错误的。早先的研究显示，在不再获得奖励后，曾经获得奖励的受试者继续玩游戏的可能性远低于那些未曾获得奖励的受试者。尽管我们将在科学原理部分探讨许多类似的研究，但此时可以确定的是，认为奖励能激发各种动机的观点确实相当普遍。

为何我们相信这个神话

如前所述，奖励被广泛用于各种领域，如教师用贴纸激励学生，父母为做家务的孩子发工资，雇主则通过奖金激励员工提高效率。此外，奖励也用于鼓励人们自身的健康和安全行为，例如一些医疗保险公司会为减肥成功者支付报酬，保险公司还会追踪驾驶行为，并为安全驾驶者提供储蓄或积分。从表面上看，这些激励措施似乎有效果。我们常常见到成功人士获得奖励（如奖章、声誉），他们看起来十分高兴。我们也可能亲身体验到奖励的积极作用，比如付钱让孩子去倒垃圾，他们可能真的会去倒！因此，我们可能会看到奖励让人们去做事情，这当然会让人们相信奖励是激励人们的好方法。

尽管奖励可能带来一些直接的积极效果，但从长远来看，我们可能无法看到它如何削弱人们的动机并影响他们的工作质量。我们将在下一节中探讨，奖励可能改变人们对活动目的的理解，从而产生负面效果。虽然我们看到运动员或商人因获奖而获得成功，但我们可能并不知道是什么真正促使他们取得优异成绩，也不了解他们在成功之前经历过多少次没有得到奖励的努力。

由于这些原因，加上各个文化对物质奖励的普遍重视，认为奖励是激励人们的有效方法也就不足为奇了。

为何要破除这一神话

如果奖励确实会对不同类型的动机和不同的结果产生不同的影响，那么破除“奖励能够提高动机水平”的普遍神话就至关重要。抱有这种观念可能导致我们过度使用奖励，或使用了奖励，但实际上却削弱了动机。因此，要想有效激励他人，就必须细致入微地了解奖励的实际作用，并明确在何种情况下奖励有益，何种情况下可能有害。此外，由于我们常用奖励来促使自己做事，破除这一神话也有助于我们取得更大的成功。如果我们认识到奖励并不是激励行为的最佳方式，就会更愿意学习其他激励行为的策略，这些策略更有可能促进长期的动机，帮助人们获得更多的快乐和自信，并与我们的激励对象建立更好的关系。

科学原理：有比奖励更有效的激励因素

那么，我们对奖励能否有效提升激励效果了解多少呢？要回答这个问题，我们首先需要考虑不同类型的动机以及我们为何会做出某些行为。在 20 世纪五六十年代，行为心理学及斯金纳（B. F. Skinner，1953）的方法主导了我们的思维。该理论认为，我们所做的每一件事都是因为得到了奖励。就像鸽子因获得食物而啄食一样，我们学习、工作或清理洗碗机，也往往是因为期望得到奖励或避免惩罚。

事实上，如果没有奖励，我们可能会被动地等待外界的推动。然而，20 世纪 70 年代的一些实验提出了“内在动机”的概念，改变了这种观念。

内在动机

如果我们反思一下自己的经历，我们可能会发现，人类并不仅仅为了奖励而做事。比如，婴儿用腿拉移动装置，只是为了看看会发生什么，而成年人在业余时间练习攀岩、学习编织或动手雕刻，又何尝不是如此呢？但科学证据很重要。挑战“奖励是行为唯一动机”的观点的研究实际上始于 20 世纪 30 年代的动物实验。例如，研究发现，大鼠为了探索迷宫中的新奇部分，竟然愿意穿过电网，这种痛苦显然是一种惩罚，但它们仍然乐于接受（Nissen，1930）。同样地，对猴子的研究显示，猴子在没有食物奖励的情况下也会完成任务并解决新的拼图，有时甚至会放弃食物去探索新区域或解决新的拼图（Butler，1953）。哈里·哈洛（Harry Harlow，1950）因研究灵长类动物的母婴依恋关系而闻名，他首次提出"内在动机"这一概念，用以描述人类和动物在没有奖励的情况下表现出的好奇心和探索精神。

自这些研究以来，人们都接受了这样一种观点，即人类具有探索、玩耍和操纵事物的自然倾向。与行为学的观点相比，人们并非完全被动和懒散，进一步说，人们并不是要达到一种不受刺激、毫无感觉的状态，而是在条件适宜时（我们会讲到），主动寻找新的挑战，比如要攀登的高山、要掌握的歌曲、要解决的方程式——即便这些活动会带来一些压力或焦虑。为什么人们会在没有明显回报的情况下追求这些活动呢？

爱德华·戴西和理查德·瑞安（1985）在他们的自我决定理论中提到了内在动机。他们最初的理论认为，我们积极参与活动的背后主要有两种基本需求：能力需求和自主需求。我们之所以接触新事物并努力掌握它们，是因为我们渴望在世界中感到有能力及有效能感。如果我们觉得自己无能为力，我们就不会茁壮成长，也不会有好的精神状态。此外，我们需要有自主感，这意味着我们需要感觉自己是在选择做事，而不是被迫做事。同样，当我们感到被强迫或逼迫时，体验会大打折扣。

在本章后半部分，我们将深入探讨环境如何影响我们的能力感和自主性。我们还会引入第三种需求——归属感。图 2 – 1 展示了自我决定理论中的三种需求。现在，让我们思考内在动机的体验，即纯粹为了乐趣而参与活动。

比如，想象一下你在花园里种植西红柿。你去苗圃挑选西红柿品种，也许是樱桃西红柿和牛排西红柿的混合品种。回到家，你拿出所有的园艺工具，发现土壤有些硬，于是你努力翻土。几个小时后，你

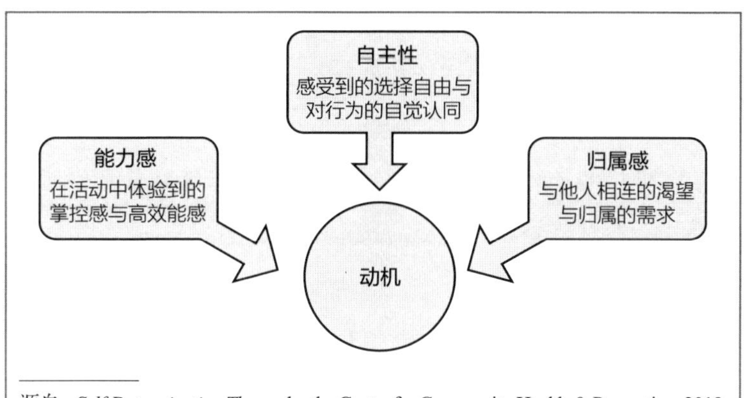

源自：*Self-Determination Theory*, by the Center for Community Health & Prevention, 2019（https://www.urmc.rochester.edu/community-health/patient-care/self-determination-theory.aspx）. Copyright 2019 by Center for Self-Determination Theory. Reprinted with permission.

图 2-1　自我决定动机理论

把土壤整理得刚刚好，并为秧苗找到了合适的位置。当你终于把所有植物都种下时，站在花园里的你会感到一种巨大的成就感。

这个种西红柿的例子展示了激发了内在动机的活动的一些方面。显然，种植西红柿完全是你的选择，你如何进行也由你决定。这其中也有一些挑战，你迎接了挑战，所以最后你觉得自己是有能力的。

心理学家米哈里·契克森米哈赖（Mihaly Csikszentmihalyi，1990）提出了“心流”状态的概念，描述了人们在完全沉浸于某项活动中的状态。这种体验可以很好地诠释内在动机。

当你处于“心流”态时，你会完全沉浸在活动中，而不是关注自己。时间过得飞快，当你看表时，可能会惊讶地发现已经很晚了！契克森米哈赖在研究中询问了人们是否体验过这种“心流”状态，以及他们在这种状态下做的是什么活动。有趣的是，几乎所有人都表示理解这个概念。他们的活动各不相同，但令人惊讶的是，最常见的是工作场景！许多人表示，在工作中，他们有时会深度投入项目，从而体验到“心流”状态。此外，体育运动、休闲活动以及与朋友的社交聚会也常常带来这种感觉。

契克森米哈赖（1990）研究了引发“心流”状态的原因。他推断，当活动的挑战程度与个人的技能相匹配时，人们最容易体验到“心流”状态。换句话说，最佳的挑战，即既不太难也不太简单的任务或活动，最能激发这种体验。如果任务过于艰难，人们会感到焦虑；如果任务过于简单，人们则会感到无聊。

契克森米哈赖开发了一种巧妙的研究方法——体验取样法，来研究“心流”状态。在这种方法中，研究参与者会携带一个电子呼叫器（如今可以用智能手机代替），在一天中的不同时间被呼叫。在这些时刻，他们会报告自己的位置、正在进行的活动以及他们的情绪和体验。他们会评估活动的挑战性和自己完成活动的熟练程度。这种方法已被应用于各种人群的研究，包括学生和成年职工。在一项针对五百多名高中生的研究中（Shernoff et al.，2003），学生们报告说，当他们处于“心流”状态时，也就是当他们的技能与活动的挑战性相匹配时，他们是最投入、最专注、最快乐的。遗憾的是，他们的大部分时间花在了被动活动上，如听课或观看视频，这些活动难以引发“心流”状态。随后的研究进一步证明，“心流”状态对整体幸福感和快乐的重要性显而易见。显然，为自己和他人创造“心流”的机会，应该成为我们追求的主要目标。

外在动机

你可能会觉得，一切听起来不错，我们当然愿意做自己选择的事情，这些事情既有一定挑战性，又能带来乐趣，但那些必须完成的任务呢？比如开会、倒垃圾、送孩子上学、看望生病的朋友，这些活动往往需要**外在动机**。如果我们为了某些目标或结果而做某个活动，而不是为了获得快乐和享受，就需要外在动机。如果你只是顺带听说过外在动机，你可能会认为它只是指那些你获得奖励的活动。然而，根据自我决定理论，外在动机指的是目标各不相同的各种活动，它涵盖了从最不自主到最自主的多种活动形式，即从完全依赖奖励或惩罚的行为，到因为认同其价值或重要性而去做的活动，即使这些活动本身并不有趣。接下来（见图2-2），我们将从最低自主性（外部动机）到最高自主性（融合动机）依次描述这些动机类型。

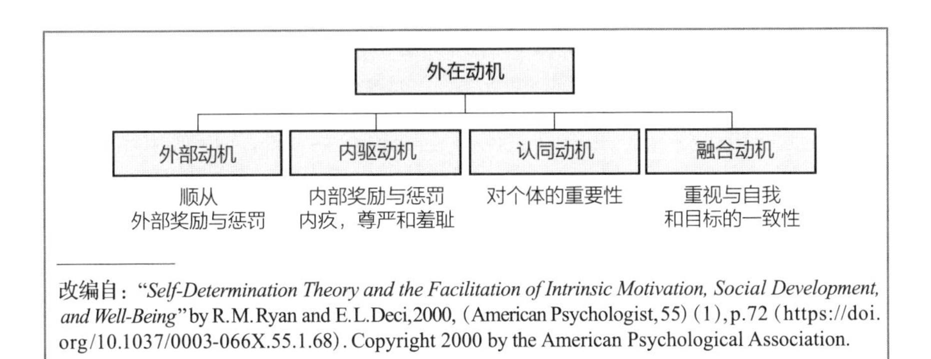

改编自："*Self-Determination Theory and the Facilitation of Intrinsic Motivation, Social Development, and Well-Being*" by R.M.Ryan and E.L.Deci,2000, (American Psychologist,55) (1),p.72 (https://doi.org/10.1037/0003-066X.55.1.68). Copyright 2000 by the American Psychological Association.

图2-2 外在动机类型

外部动机

外部动机是指我们之所以做某事，是因为不得不这样做，以获取奖励或避免惩罚。例如，我们按时交税是为了避免逾期被罚款，我们填写考勤表是为了领取工资。虽然成年人可能会提到他们做事纯粹是为了避免惩罚或争取奖励（例如换机油），但孩子们的例子可能更多，比如，在学校读书是为了获得奖品，遛狗是为了零花钱，打扫房间是为了不挨骂！这种动机虽然在某些情况下有效，但对于需要重复进行的任务或活动来说，未必是最佳选择。

内驱动机

当我们出于**内驱动机**从事某项活动时，我们之所以这样做，是因为认为这样做是对的，或者如果不做会感到内疚或不安。从某种程度上说，这就像是将外部动机转化为内在的自我驱动。换言之，我们不是被外界的人推着走，而是自己推着自己走。例如，有人可能会回收易拉罐，因为如果不这样做，他们会感到内疚。或者，你可能会参加一个社区志愿者委员会，因为你不想让别人觉得你懒惰。重要的是，当内驱力在作用时，我们并不感觉自己在选择，而是觉得必须这样做，以避免自己产生负面情绪。遗憾的是，这种动机也并非最佳，因为它不仅不会让人感到愉快，还可能让我们试图逃避这些活动。

认同动机

认同动机则是一种更为自主的外在动机。当我们认可某项活动时，我们会看到它对我们个人目标的价值或重要性。因为我们参与活动是基于对其价值的认可，所以会觉得自己是在自愿行动，而不是被迫的，而且我们在做这件事时不会感到有任何冲突。如果我们参加会议是因为会议中有我们需要的信息，那就是认同动机（除非只是为了好玩）；如果我们辅导孩子做作业是因为相信这对他们有益，那也是认同动机。如果我们回收易拉罐是因为相信这样能拯救地球，那同样是认同动机。这种动机让人感觉更舒适，更容易维持，我们也将在后续讨论中看到这一点。

融合动机

在外在动机的连续体中，最具自主性的就是**融合动机**。当我们的行为与我们更广泛的价值观和信念体系融合时，这些行为就被称为融合动机。这些行为完全是自愿的，也没有面临冲突，因为它们与我们的核心价值观和信念高度一致。例如，珊迪可能吃很多蔬菜，不仅仅是因为她重视健康饮食，还因为这与她信奉的整体健康价值观紧密相连。吃蔬菜成为她整体健康生活方式的体现，与锻炼身体、定期体检等其他健康行为一起进行。又比如，你之所以会投票，可能是因为你认为表达自己的意见很重要，而投票也可能是你作为公民参与社会事务的更大价值观的体现，这与你在社区做志愿者等其他重要活动相辅相成。

因此，了解我们或他人做事的动机以及这些动机在连续体中的位置是非常重要的。研究表明，外在动机有很多种类型，一些动机（如外部动机和内驱动机）可能让人感觉被迫或受到控制，而另一些动机（如认同动机和融合动机）则让人感受到自我选择和自由。我们的行为是否源于这些不同类型的动机，会直接影响我们的感受和坚持的意愿。在一项研究中，理查德·瑞安和詹姆斯·康奈尔（James Connell，1989）询问孩子“你为什么做家庭作业，为什么做学校作业”，孩子们给出的原因有：因为不做会惹麻烦（外部动机）、因为不做会对自己感觉不好（内驱动机）或者因为可以学到新东西（认同动机）。

那些主要出于外在动机写学校作业的孩子，通常会有更多负面情绪，对挫折的适应能力也较差（比如会扔掉考卷或责怪老师）。与此相对的是，主要出于认同动机的孩子更容易产生积极情绪，对挫折的适应能力也更强（例如，他们更可能寻求帮助而不是责怪他人）。后续研究进一步表明，当人们的自主动机更强时，他们在参与体育运动（Ntoumanis et al.，2014）、环保活动（Pelletier，2002）甚至服用处方药等健康行动（Williams et al.，1998）时，往往会感觉更好，更有毅力。

鉴于这些发现，作为父母、教师、教练、医生等，我们的关键目标显然是帮助他人沿着外在动机的连续体，朝着更自主、更少受控制的方向发展。我们将这种运动称为**内化**，即从被迫做事转变为自愿做事，因为人们能够越来越多地认同自己行为的动机（Grolnick et al.，1997），我们希望病人能内化服药的动机，认识到药物的重要性而服药，而非因为威胁。同样，我们希望孩子们打扫房间是因为他们重视清洁，而不是因为不打扫就不能玩耍。

在研究奖励和其他激励措施如何影响动机时，我们要牢记既要增强内在动机，又要提升外在动机的内化这一目标。基于对动机的这种理解，科学数据揭示了以下几点。

奖励会降低内在动机水平

20 世纪五六十年代，人们普遍认为奖励和惩罚是最有效的激励手段，因为在某种角度上，人们的行为是因为受到奖励或惩罚而做出的。

但是，随着有关内在动机行为的新证据的出现，爱德华·戴西对奖励的首要地位提出了质疑，并提出了这样一个问题：如果人们因为在行为过程中体验到的纯粹乐趣而获得奖励，会发生什么？换句话说，奖励如何影响内在动机行为？

为了解答这一问题，戴西设计了一系列实验，让人们在做愉快的活动时得到或得不到奖励。在其中一项实验中，戴西（1971）让大学生在实验室玩有趣的拼图游戏。学生们玩了一段时间后，他告诉一半的学生，每完成一个拼图，他就会给他们报酬，而另一半学生则未被告知有报酬。在有偿或无偿条件下完成拼图游戏后，学生们被告知实验结束，实验人员必须离开几分钟，他们离开时留下更多拼图游戏和一些杂志。实验人员偷偷观察学生，看他们是否在这段时间继续玩拼图。结果很明显：那些曾经获得奖励的学生在剩余时间里继续玩拼图的兴趣明显低于那些未获得奖励的学生。这表明，当人们因为做自己喜欢的活动而获得奖励时，奖励会削弱他们继续从事这项活动的动机。事实上，戴西发现奖励会降低内在动机水平。

是什么导致了这种结果呢？答案又回到我们关于内在动机背后的原因的讨论。这种现象的原因在于内在动机的本质。从自我决定理论的角度看，参与愉快活动的乐趣部分在于感到自己是自主选择参与的。当人们获得报酬时，他们对行为的**原因**认知发生变化：原本是因为有趣和愉悦而进行的活动，让自己有自主感和能力感，现在变成了获得奖励的手段，是为了达到某种目的而做的。当然，在获得奖励的情况下，人们可能会做得更多。但一旦不再获得奖励，他们就失去了继续从事活动的理由。奖励将游戏变成了工作。

现在，奖励对内在动机的破坏作用已在许多情况下和许多人群中被发现。例如，马克·莱珀（Mark Lepper）和同事（1973）发现，那些因绘画活动获得“优秀玩家”奖赏的儿童，在获得奖励后参与绘画的可能性降低。破坏内在动机的不仅仅是奖励，其他一些给人施加压力的因素，如截止日期、评估和竞争（将在第三章讨论），也会改变人们的行为体验，将原本因乐趣而做的事转变为满足应急需求的手段，如为了赶上截止日期、取得好成绩或在竞争中获胜。

那么，科学是否告诉我们，所有的奖励都有这种负面影响呢？答案是否定的，因为这里面有细微的差别。这种负面效应取决于人们是否将活动视为为了奖励、截止日期或其他紧迫事件而做的事。因此，不会让人产生这种认识的奖励不一定会削弱内在动机。例如，如果你的女儿练习足球几个月了，她非常想进入足球队。选拔赛开始了，她成功了！她和你都非常兴奋！你建议你们一起去她最喜欢的餐厅庆祝。这个奖励是意想不到的——你并不是为了让她练习足球才给予的奖励——这是自发的。你的女儿并不是为了得到这顿特别的晚餐而练习的。奖励并没有改变她对踢球原因的认识。类似地，工作中的薪水也不会改变人们对工作的内在动机。

类似的情况还有领取工资的例子。因为工资并不与任何具体工作活动直接相关，所以它不会对工作的开展产生推动或压力。因此，这些人可能不会觉得自己的行为是为了获得奖励，也不会因此削弱内在动机。

如何发放奖励对动机的影响非常巨大。研究表明，奖励不仅可能影响内在动机，还可能带来其他副作用，如破坏学习效果和削弱创造力。我们将在下一节中详细探讨这些问题。

奖励如何破坏学习和创造力

多年前，理查德·瑞安和我（温迪）在小学进行了一项关于内在动机的研究。虽然老师们对我们的研究很感兴趣，但也有些怀疑。我们的确希望了解我们的做法如何影响内在动机，但真正的核心问题还是学习。奖励、评价和其他激励措施会对孩子们的学习产生影响吗？

这似乎是一个值得探讨的问题，因此我们设计了一项针对五年级学生的实验（Grolnick & Ryan，1987）。我们准备了一些适合该年级的阅读材料，其中一篇讲述了农业的发展史，另一篇则介绍了医学史。孩子们首先阅读了关于农业的文章，并被问及是否喜欢这段文字。随后，我们将孩子们分为三组：第一组被告知他们将阅读另一篇文章，并做阅读测试；第二组被告知他们将阅读另一篇文章，并将被问及一些问题，但这不是真正的测试；第三组没有得到任何特别的通知，他们只是被告知他们将阅读另一篇文章，所以他们很可能会预期自己会被再次问及是否喜欢这段文字。接着，所有孩子都阅读了关于医学的文章，并被要求：（1）写下他们能记住的所有内容；（2）总结这篇文章的主要内容。结果发现，认为自己会被测试的孩子（第一组）和认为自己会被提问的孩子（第二组）相比，记忆了更多的细节。

与没想到会被提问的孩子（第三组）相比，认为自己会被测试的孩子和认为自己会被提问的孩子都能记住更多的事实。但重要的是，认为自己会被测试的孩子在概念性问题（如找出要点）上的表现不如其他两组孩子。在实验的最后阶段，我们在一周后再次要求孩子们写下他们记得的那篇医学文章的所有内容。结果显示，与没有测试压力的孩子相比，接受测试的孩子在两次测试之间遗忘了更多的信息。

这意味着什么？研究结果表明，奖励和评价等压力可能会使人专注于细节，对于死记硬背的学习可能没有问题，但对于深入理解可能产生负面影响。这是因为压力会缩小人的注意力范围，使他们容易“只见树木，不见森林”，这也是为什么在测试条件下，孩子们很难理解文章的主要内容（医学发生了什么变化），而倾向于关注某些细节（比如医生过去使用水蛭）。考试结束后，突发事件过去了，就没有理由继续处理相关信息。回想一下你的学生时代，你是否记得在考试结束后，感觉所有的知识都从脑海中消失了？这种现象被称为“浴缸下水道现象”，即一旦某个突发事件不复存在，为该突发事件所学的信息就像水流一样被冲走。如果学习的目的是深刻理解和融会贯通，从而牢记于心，那么压力和奖励可能适得其反。

一些有关创造力的轶事和研究都与这一理论相吻合。许多作家报告说，第一部小说成功后，再写第二部小说变得非常困难——压力和高额报酬似乎会消耗他们的创造力。特蕾莎·阿马比尔（Teresa Amabile，1982）花了几十年时间研究奖励和评价对创造力的影响。在她和同事的多项研究中，他们让儿童和成人从事艺术创作，如拼贴画或诗歌。

参与者分别在有报酬或评价或没有报酬或评价的条件下进行创作的。获得报酬或期望得到评价的参与者比没有得到评价的参与者创造的作品少。研究人员认为，创造性的努力需要开放的心态，以便产生新想法。尝试新事物时，还须承担一定的风险。如果引入奖励或其他压力，这些过程可能会受到破坏。因此，如果我们希望促进创造力，最好不要施加压力或给予奖励，这样才能让人们有更多的空间去打开思路，跳出框框思考问题。

奖励让外在激励停留在外部，阻碍了内化

我（温迪）在教授动机学课程时，总会用一节课来专门讨论工作动机。一开始，我会问："你做过的最好和最差的工作是什么？"学生们总是提到，最糟糕的工作是一份以佣金为薪酬的工作。一位学生说道："压力太大了，后来每个走进店里的人都像是买家，我整天想着怎么让他们买东西。结果，我变得金钱至上，越来越讨厌这份工作了。"

如果我们能够享受我们工作中的某些部分，甚至是家务中的某些方面，我们可能很幸运。有些人会说他们喜欢打扫卫生！如果是这样，那真是太好了，你的清洁工作可能会受到内在动机的推动（只要奖励不造成干扰）。但是，当我们从事自己并不喜欢的活动时，正如前面所提到的，最理想的做法是，我们之所以做这件事情，是因为看到了它

的价值，而不是为了避免内疚或遭受惩罚，或者是为了获得奖励，所以不得不去做。因此，思考动机如何影响那些未必有趣的任务和活动的动机是非常重要的。

研究发现，控制、截止日期和奖励等压力因素实际上会让人感到“不得不”去做某件事，从而影响人们从“不得不”做事转变为“想”去做事的心理状态。

专门研究奖励如何影响非内在动机的研究相对较少，例如在工作场所、家庭或学校的责任方面。在一项针对工作场所的研究中，古布勒（Gubler）及其同事（2016）考察了一项通过发放礼品卡奖励全勤员工的方案。他们发现，这项计划对那些有守时问题的员工产生了暂时的积极效果，但随着时间的推移，它却降低了那些出勤率优秀员工的内在动机。当员工不再有资格获得奖励时，其守时率反而下降。此外，员工还尝试“钻空子”，例如在迟到不到五分钟内打卡，这样就不会被记为迟到。

另一项研究表明，一家保险公司的绩效薪酬计划减少了自主动机，增加了控制动机（Kuvaas et al., 2016）。自主动机减少与较少的工作努力和更强的离职意向有关。这些结果似乎与我们的直觉——每个人都喜欢奖金——相反！研究表明，对于员工来说，钱并不是最重要的因素。最大的求职招聘网站之一 Glassdoor（2019）的一项研究发现，在所有收入水平中，预测工作满意度的最重要因素是工作场所的价值观和文化，其次是高层领导的素质以及晋升机会。在他们考察的因素中，薪酬和福利是最不重要的工作场所幸福感的预测因素。

虽然关于奖励对外在动机的影响的研究较少，但更多的研究人员关注的是人们受到的待遇。在日常生活中，我们更多地受到与他人互动的影响，而非奖励或其他刺激。处于权威地位的人（如教师、父母、教练、医生）可以采取或多或少有利于增强自主动机的互动风格。权威者可以施加压力，也可以鼓励更多选择和自主性。自我决定理论将这些风格称为自主促进型与控制型。在本章末尾，我们将详细讨论自主促进作为使用奖励和其他压力的一种重要替代方式的情况。在此，我们重点讨论控制型互动风格。控制型方法会对人们的行为施加压力，为人们解决问题，并禁止他们提出意见和建议。例如，如果一个老板告诉员工如何做、何时做，并且斥责那些偏离既定路线的员工，那么他就会给员工带来压力。这种风格会对没有内在动机的任务产生怎样的影响呢？

一项实验探讨了这一问题。爱德华·戴西及其同事（1994）让参与者从事一项相对枯燥的工作——看到灯亮时按下电脑上的空格键。他们在做这项实验时，分别对参与者使用了一些相对咄咄逼人的语言（例如“你应该按”或“你必须参加”）和一些让人感觉有更多选择的语言（例如“你可以按”或“这需要你的参与”，并向参与者解释了这项活动的重要性）。

在任务进行了一段时间后，实验员告诉参与者实验结束，然后将他们留在房间里，让他们继续使用电脑或做其他任务，并提到可以在实验员出去的空档选择做其中的任何一项。由于任务非常无趣，参与者只有在认为任务重要或内化了任务的价值时才会继续进行。有趣的是，与没有压力的人相比，在有压力的条件下完成任务的参与者不太可能继续完成任务。看来，在控制条件下工作会阻碍人们接受这项活动的内在价值，因此，人们之所以从事这项活动，是因为他们认为这项活动在某种程度上很重要。

如果我们仔细想想就会发现，对于任何我们认为重要的活动或任务，或者希望人们看到其价值的活动或任务，使用奖励、推动和压力可能会适得其反。这些措施传递的信息是，这项活动本身并不值得去做——你只是为了奖励才去做。虽然这些措施可能在短期内促使人们去做某事，但如果我们希望他们真正接受活动的价值并主动去做，压力和奖励可能会起反作用。例如，虽然我们希望孩子们打扫房间，但许多家长其实是希望向孩子们灌输清洁和整理的价值观。我们可以让孩子打扫房间，但无法让他们自愿打扫。因此，虽然压力和奖励可以促使孩子们去打扫，但它们可能会破坏孩子们将这种行为视为自己重视的并主动去做的长期目标。

奖励与做好事

有时，人们会考虑是否应该奖励帮助他人和其他类型的亲社会行为。例如，在费尔贝恩女士的学前班教室里，老师鼓励孩子们做好事，比如帮助完成任务遇到困难的同伴，或捡起看到的杂物。看到孩子们做这些事，老师们会给他们发贴纸。有些学校和组织会使用积分或代币的方式来促进学生的公民意识。这些想法好吗？

研究表明，答案是否定的。在一项此类研究中（Warneken & Tomasello，2008），研究人员分别对帮助他人的幼儿给予奖励和不给予奖励。结果发现，获得奖励的儿童随后参与帮助行为的可能性较低。可见，给予奖励将自然和积极的行为转变为获得奖励的任务。而事实证明，我们并不需要这样的奖励，因为帮助他人和为社会做贡献本身就是一种奖励，当人们参与这些活动时，他们会更有幸福感（Martela & Ryan，2016）。尤其是当人们因为真正想帮助他人而非为了获得某种有形的奖励时，情况尤为如此（Weinstein & Ryan，2010）。因此，我们不应假设帮助和关爱行为的动机是奖励，也不应认为提供奖励来激励帮助和关爱行为是个好主意。顺便提一下，尽管费尔贝恩女士幼儿园里的孩子在得到贴纸后增加了助人行为，但他们开始东张西望，确保自己被老师发现，甚至在行动前就叫老师来观摩。这当然不是我们想要鼓励孩子（或我们自己）拥有的助人为乐精神。

总之，奖励、推动和压力在短期内可能有效，但从长远来看，对于那些重要的或本身具有内在价值的活动，它们必定适得其反！

如果没有奖励，我们如何激励人们提高毅力和幸福感呢?

我们已经论证并希望证明，奖励和其他压力因素，如评价和控制性指令，实际上会削弱内在动机，阻碍人们通过重视和从事外在动机的活动来内化对自身行为的调节。那么，我们该怎么做呢?

自我决定理论认为，要帮助人们向认同动机和融合动机转变，我们可以支持他们的自主性。支持自主性有许多特点，可以通过多种方式体现。在探讨这些问题之前，我们有必要澄清支持自主性的真正含义。支持自主性并不意味着什么都不做或任由人们随心所欲。相反，支持自主性是一个积极的过程，我们要让人们感到自己是有自主性和能动性的。支持他人的自主性需要一定的时间和思考。例如，为孩子系鞋带或大吼大叫让他们系鞋带显然比鼓励他们自己系鞋带要容易得多!

现在，有大量针对不同角色的个人（包括父母、教师、医生和教练）的研究表明，支持自主性会让人们接受期望行为的价值，并因为其重要性而去做，而不是因为不得不去做，这就是所谓的自主性动机。例如，对孩子的自主性支持较多的父母，其子女在学校的自主性动机较强，对自己的成败更有掌控感，表现也更好（Grolnick & Ryan，1989）。这种积极影响已在全球各地的不同文化中得到验证，包括俄罗斯（Chirkov & Ryan，2001）、中国（Wang et al.，2007）和加纳（Marbell & Grolnick，2013），也在不同人群中得到验证，如发育迟缓儿童（Green，2014）和注意力缺陷/多动症儿童（Lerner & Grolnick，2023）等。教师对学生自主性的支持与学生更高的内在动机（Reeve & Jang，2006）和更好的学习成绩（Vansteenkiste et al.，2004）相关联。教练的支持自主性也能预测运动员的需求满足程度和自尊水平（Coatsworth

& Conroy，2009），以及他们的自主性动机和表现（Gillet et al.，2010）。因此，一个有利于激励的环境包括对人们的活动、选择感和意志的支持。

支持自主性的行为和做法

虽然我们知道支持自主性是对奖励的一种重要替代，但我们可能仍然想知道如何将这一知识转化为行动。以下是一些支持自主性的关键要素：

了解他人的想法

支持自主性的第一步是尝试理解他人的观点或看法。例如，你可能希望孩子六点半起床，七点半赶校车。但从他的角度来看，这毫无意义！他可能觉得自己只需要十五分钟准备，因此七点一刻起床就可以。当然，你知道这不可能，因为他还要吃早餐，还要带狗出去，但即使你不同意，也要理解这是他的想法，你所做的任何事情都会被他从自己想法的角度去解读。因此，了解人们的想法，尝试理解他们的观点，是支持他们自主性的第一步。

换位思考，理解他人的观点

表达对他人观点和感受的理解，可以帮助你与他们建立联系，让他们感受到被理解。被理解的感觉会让人们敞开心扉，从而更乐于倾听你的要求。

例如，肯德拉的丈夫有时会比较沉默。当她下班回家时，他可能会一边整理房间一边说："开始做饭吧。"肯德拉说："现在我知道他并不是想对我发号施令，他总是在做他分内的事，但他说的话还是有些命令的感觉。如果他说'我知道你今天很累，可能最不想做的就是做晚饭。如果你能在我洗衣服的时候开始做饭，那就太好了'，会有何不同呢？虽然要求一样，但被理解的感觉让我更愿意开开心心去做沙拉！”

提供选择

许多育儿书籍提倡父母为孩子提供选择，但往往没有解释为什么这很重要。

提供选择能让人们感到自己是动机的源头（Patall et al., 2008），这也能让他们感觉更有行动的自主性。但重要的是，选择必须是合理的——让他们在两种极其不愿接受的惩罚之间做选择并没有帮助。选择面也不一定要很大。例如，孩子们可以选择先做哪个家务；在混合办公环境中，员工可以选择哪天到办公室工作。

提供有意义的理由

当我们要求他人做一些未必有趣的事情时，关键在于给对方一个解释，说明为什么做这件事很重要。例如，在前面讨论过的戴西和他的同事（Deci et al., 1994）的研究中，当参与者了解了做无聊任务的理由（例如，这可以磨炼注意力），他们在实验结束后就更愿意继续完成任务。我们需要提供一个明确的理由，否则人们可能不会把任务当作自己的事来做。但正如提供选择一样，并不是所有的理由都是一样的。理由必须与个人的目标或价值观相关。例如，仅仅告诉孩子他需要打扫房间（因为你喜欢整洁的环境），这并没有从他的角度提供有意义的理由。但如果告诉他，房间干净了他能更容易找到自己的游戏机，也就能有更多时间玩游戏，这就更具吸引力。

在传达理由时，重要的是不要施加压力或进行劝说。在前述的戴西等人（Deci et al., 1994）的实验中，如果在解释理由时避免使用控制性语言，并且承认活动可能不太有趣（进行换位思考），那么当实验结束时，参与者更愿意继续参与活动。

在另一项研究中，受试者需要学习一节呈现方式相对枯燥的汉语会话课（Reeve et al., 2002）。关于为何要在课上认真学习，他们可以在三个理由中选择一个，或者一个都不选。第一个理由是，他们可能会在未来的课堂上用到这些材料，该理由也展示了同理心——他们可能会觉得这些材料枯燥乏味。第二个理由是，他们应该好好学，因为课后会有测试，这个理由使用了控制性语言。第三个理由则强调，他们之所以要好好学，是因为这是他们“应该”做的事情。那些选择了支持自主性理由的受试者认为这堂课更重要，出于更多自主性的原因去学习，而且投入了更多的努力。

总的来说，科学研究表明，为那些相对无趣的活动提供合理的理由是提升动机水平的关键。但要确保这些理由与个人的实际情况和目标相关，同时在提供理由时不要施加压力或控制，要有同理心。

共同解决问题

在帮助他人提升积极性的过程中，难免会遇到各种困境和冲突。与其替他们解决问题，不如与他们一起合作，找到最佳的前进方案。因此，与其直接告诉孩子提前十分钟起床以免上学迟到，不如问：“你觉得我们可以做些什么来确保你准时赶上校车？”或者问病人：“你有什么好主意能帮助你更容易记住按时吃药吗？”要倾听对方的想法并讨论可能的解决方案，因为这有助于他们对自己的行为产生更多的自主性，从而更积极地参与问题的解决。此外，共同解决问题还能增进彼此的联系感，满足对归属感的需求。有了这种联系，人们会更愿意采纳建议，更容易妥协，也更有可能将这些建议内化并付诸实践。

支持个人的自主性

特别是对于那些人们出于兴趣或自愿参与的活动，你可以询问他们需要什么支持，或者鼓励他们努力，但不要施加压力。有趣的是，尽管我们常常认为精英运动员的父母往往爱施加压力或强迫孩子，但实际上对前奥运选手的采访显示，大多数运动员的父母并非如此（Sanders，2000）。他们通常被描绘为在幕后默默奉献的支持者，预见并提供孩子所需的一切助力，而非仅仅是在前方牵引他们前行。因此，我们要关注孩子的兴趣，并支持他们，比如，如果孩子对恐龙感兴趣，带他们去图书馆找相关书籍会是个好主意。在下次团队会议上留出时间，让新员工有机会提出他们的新想法，或者带一名有潜力的棒球新手去观看当地球队的比赛。这些活动都通过开发个人兴趣、鼓励积极尝试来支持自主性。

一些旨在提升父母、教师、医生及工作主管支持自主性能力的干预措施，已经被证明取得了显著的成功。因此，不妨尝试这些有科学依据的策略，看看它们如何发挥作用。

支持另外两种需求：胜任感和亲情

支持自主性有助于人们感受到更多选择权，提升他们的自主性动机水平。然而，正如我们在本章开头讨论的，胜任感也是一个关键需求。如果人们不知道如何取得成功，或者觉得自己没有能力取得成功，他们可能也不会感到有选择的余地。因此，我们需要通过提供结构来支持胜任感，而结构正是我们的胜任感所需的信息。这包括明确的指导方针、对如何前进的期望，以及对表现的反馈。在第八章中，我们将探讨如何以一种不会让人感到被逼迫或控制的方式来提供结构，从而最大限度地促进人们的参与和积极性。

支持自主性和胜任感对激发动机至关重要。但除了这两点，人们还有一个重要的需求，那就是联系感。联系感指的是与他人的联系和参与感，或者说我们需要一种归属感（Baumeister & Leary，1995）。如果我们的归属感需求得不到满足，就会感到与他人脱节，觉得他人不关心或不支持自己，这会削弱我们的幸福感（La Guardia & Patrick, 2008）。

人们对周围活动的价值和重要性的认同，部分来源于他们与持有这些价值观的人的关系。例如，孩子采纳父母的价值观会使他们与父母的联系更加紧密，从而满足了对归属感的需求。与老师、教练甚至老板的关系也是如此。因此，创造一个让人感到被重视和关爱的环境是非常重要的。

我们可以通过参与来实现这一点，这里“参与”指的是向他人提供资源（Grolnick & Slowiaczek, 1994）。这不仅仅是指提供时间和关注，也包括提供实际的资源，如所需的书籍和设备。这还可以表现为关心和爱护。当然，参与还包括温暖和情感支持。

大量证据表明，当父母、老师、上司和教练被视为积极参与并关心他人的人时，人们会感到更加快乐和有动力。这不仅仅适用于处于权威地位的人，我们还需要感受来自同伴和同事的重视和尊重。因此，当归属感需求得到满足时，动机和内化也会得到提升，前提是对自主性和胜任感的支持也到位。如果我们想要激励他人，建立关怀的关系是一个至关重要的基础。而当我们试图激励自己时，做一些事情来增强与他人的联系感也可以对长期坚持起到关键作用。因此，你可以和朋友一起锻炼，在做出艰难决定时打电话咨询他人，以及在他人面对挑战时给予支持。

有些人需要控制吗？区分控制与结构

当我（温迪）为父母或教师举办关于支持自主性的研讨会时，我经常听到这样一个问题：**难道有些人不需要控制吗？**在讨论这个问题时，我们会发现，人们通常会形成一种理论，认为动机与最佳激励措施之间存在匹配关系。大致是这样的：如果人们的动机水平较低，或者是出于被迫去做某事，那么奖励和其他外在激励效果最好。如果人们的动机更多来自自主性，那么给予选择、允许他们表达意见以及使用其他支持自主性的做法就更为合适。

很少有研究探讨这种理论，尽管这种观念在教师中非常普遍，但这是我们最喜欢的研究之一。德梅耶及其同事（De Meyer et al., 2016）研究了九十五节体育课，询问学生上体育课的原因。有些学生是因为必须上（外在动机），而有些则因为喜欢体育或认为运动很重要（认同动机或内在动机）。接着他们向学生展示了一个体育老师教学生翻筋斗的视频，视频中的老师分别使用了控制型风格（指令性很强）和支持自主性风格。然后他们询问学生，如果他们是该老师的学生，会有什么感受以及参与度如何。结果显示，无论是动机水平较低的学生还是动机水平较高的学生，都表示在支持自主性风格的老师那里，他们会感到更满意，参与度也会更高。

事实上，对于动机水平较低或外在动机更多的学生来说，拥有一位支持自主性的老师更为重要！

看起来，无论人们的初始动机如何，支持自主性似乎都是一种最佳策略。那么，为什么我们会认为有些人需要控制呢？这可能是因为我们常常把控制与结构混淆了。结构指的是设置环境来促进人们的能力。这涉及设定期望、制定规则和提供指导方针，来帮助人们了解期望是什么，如何才能取得成功。那些缺乏动机的人可能需要更多的结构，因为他们可能对某项活动缺乏自信，或觉得活动不够有价值，因此需要更多的指导和明确的期望来帮助他们取得成功。但这并不意味着他们需要更多的控制。在第八章中，我们将深入探讨结构及其如何以同时促进胜任感和自主感的方式实施。此外，在第三章关于竞争的部分，我们将讨论反馈的重要性，特别是当人们缺乏自信时，如何以不使他们感到受迫或被批评的方式给予反馈。有了这些知识，我们可以帮助所有人沿着内化的轨迹前进，朝着更自主的动机发展，从而培养出更能坚持、更快乐的人。

是否应该使用奖励

科学研究表明，奖励可能会削弱内在动机，并阻碍人们对活动的价值认同和自主性动机的发展。那么，我们是否应该使用奖励和其他压力呢？

在某些情况下，奖励是有帮助的。例如，对于一些我们不在乎人们是否重复或内化的活动，偶尔给予奖励可能有效。

如果人们完全没有动机，奖励可能是让他们尝试某项活动的一种方式。例如，你可以尝试这个新的健身课程，作为奖励可以免费获得另一节课。此外，正如我们之前所看到的，意外的奖励不一定会产生负面效果。但我们要记住，基于奖励的动机长期来看并不是最佳策略，对于那些有一定重要性的活动，你应该尽快摆脱这种策略。

对自己使用奖励也是如此。虽然偶尔我们可能会因为坚持完成一项繁重的工作——比如整理衣柜或读完一半无聊的手册——而奖励自己一份冰激凌，但过度依赖这种方法会降低活动本身的价值，使得没有奖励时更难以坚持。更好的方法是找到活动的价值，或者做一些让活动变得有趣的事情（见第一章）。

总结

虽然奖励似乎是激励他人的好方法，但科学研究告诉我们，奖励可能会以各种方式适得其反。特别值得一提的是，给有趣或令人愉快的活动设立奖励可能会改变这些活动的体验方式，因而实际上可能削弱人们的内在动机。而且，奖励可能会阻碍人们因为活动本身的价值和重要性去做事情，反而让他们依赖于奖励，导致一旦取消奖励，就停止了行为。使用包括提供选择、共同解决问题和与个人目标相关的理由在内的替代策略，可以促进人们朝着更能进行自我调节的方向发展。对于那些有趣的活动，可以支持个人的自主性并提供他们追求爱好所需的资源，这是一个很好的方法。接下来，我们将给出一些使用这些策略的建议，无论是对自己还是对他人。

将科学原理付诸实践

与其使用可能削弱兴趣并阻碍人们理解活动价值的奖励，不如尝试以下激励方法（见表2-1）：

1. 理解与共情

对自己

如果你对某项任务或活动缺乏动机，试着理解为何感觉这项任务繁重。可能有一些可以理解的原因，比如周六不愿意开始工作或清理车库。对自己要宽容，不要因为这样的感觉而自责。

对他人

在要求他人做某事时，试着理解对方的观点。即使他们的看法与你不一致，只要他们感到得到了理解，就会更愿意接受你的请求。要使用能共情的语言来表达你的理解。例如，如果你让孩子停止玩游戏来吃晚饭，你可以说："我知道玩游戏很有趣，你很难停下来，但晚饭已经准备好了，我们在等你。"如果你让员工多上一天班，向他们表达一些理解会大有帮助。你可以说："这一周很长，我知道再来一天确实很累。但我真的会很感激……"

2. 传达有意义的理由

对自己

当我们做一些不愿意做的事时，尝试找到与自己价值观和目标相关的意义会很有帮助。例如，清理人行道可能是个繁重的工作，但如果你关注家人的安全，那么即使面对恶劣的天气，你也会觉得这项工作至关重要。看到你行动的价值时，你更可能觉得自己可以坚持下去。

对他人

在要求别人做某事时，解释一下为什么你想要他们做这件事，并尝试将理由与他们的目标联系起来（而不是你的目标）。例如，作为教练，如果你要求队员额外进行一些训练，就要告诉他们，这样做是为了帮助他们实现赛季末加入首发阵容的目标。当人们看到活动与他们的目标之间的联系时，就更容易投入其中，并感到更自主。正如你知道自己的努力有意义时会更有动力，帮助他人看到活动的价值也能带给他们同样振奋人心的体验，让他们知道自己在为目标而努力。

3. 提供选择

对自己

即使某项活动必须完成，通常我们也可以选择如何、何时、何地去做。因此，考虑一下你希望何时清理阁楼、在家委会中扮演什么角色，以及去哪里度假等。当你感觉到自己有选择时，更容易投入到活动中。

对他人

在要求别人完成必做的任务时，尽量提供一些选择。例如，孩子们可以从一系列家务中选择自己愿意做的，或选择哪个日子负责家务。确保这些选项合理且能让人接受。例如，不要说“打扫地板，否则就解雇你——你自己决定！”

4. 共同解决问题

对自己

思考一下为什么你会感到没有动机。可以请教他人，探讨如何安排事情以最大限度地激发自己的动力。例如，如果你在申请大学的过程中进展缓慢，可以和朋友一起制订一个计划。

对他人

将动机挑战视为需要解决的问题，并邀请他人一起解决。例如，如果你难以让孩子按约定的时间上床睡觉，可以让孩子和你一起想办法解决这个问题。你可以问孩子："你有什么好主意，既能做你想做的事情，又能准时上床睡觉？"然后和孩子一起讨论这些想法的利与弊。当人们参与到问题的解决和方案的制定中时，他们更容易坚持下去。

5. 对一次性活动要适量使用奖励

对自己

有时你需要一点自我激励来开始行动。承诺完成任务后给予自己奖励可能会给你额外的动力。例如，你可以承诺在完成论文后去冰激凌店大吃一顿。但尽量不要对任何活动都过分依赖奖励，因为这样一来，没有奖励就很难再去做这件事了。而且，这可能会让活动显得更加繁重，似乎只有奖励的推动才能完成。

对他人

如果他人极度缺乏动机，而其他技巧（如表达同理心、提供选择、给出理由）也都不奏效，你可以考虑通过奖励来促使他们采取行动。比如，你可以给承担额外工作的员工放一天假，或者如果孩子在晚饭前完成了作业，就奖励他多玩一个小时。但你要小心，不要过分依赖这些小奖励。如果奖励过于频繁，人们会觉得没有奖励就不值得去做这些事，并会期待奖励或拒绝行动。然而，有时候，一点小小的推动力就能帮助人们意识到，活动其实并没有那么困难或繁重，他们也能成功完成。这能对动机产生一些辐射作用。

表2-1 基于科学的动机水平提升策略

策略	对自己	对他人
理解与共情	试着理解为何感觉这个任务繁重	让他人知道你理解他们为什么不想做或者难以激励自己。与对方共情
传达有意义的理由	关注这项活动或任务对你自身目标的重要性	提供与他人目标相符的理由，增强他们的认同感
提供选择	为活动增添多种方式的选项	提供关于如何和何时做事情的选择
共同解决问题	集思广益，探讨如何以更自然的方式安排活动，使其更符合你的目标。与值得信赖的人讨论你面临的挑战	邀请他人共同探讨如何更具激励性地安排任务或活动，鼓励不同的观点和意见
对一次性活动要适量使用奖励	为艰难的琐事奖励自己一些健康的小奖励（如散步、吃点心、打个电话给朋友）	为一次性且相对不重要的活动提供健康的奖励

尝试这些提升动机水平的策略

我想激励自己去完成的事情：

我将尝试以下策略：

我想帮助他人提升动机水平的领域：

我将尝试以下策略：

尾声

我们理解为何格伦的首选策略是向孩子们提供奖励。尽管可能需要更多的时间和努力，但了解孩子们表现的原因会是更为明智的策略。探究珍妮弗为何在课堂上与朋友交谈，以及理解是什么阻碍了罗素完成家庭作业，可能会揭示出有助于他们长期成功的关键信息。对他们的处境表示同情，与他们一同解决问题，并给出他们应该尝试的充分理由，这样的方法更为有效，也更有可能激发孩子们长期的学习动机和对求知的热爱。同时，这也将加深他与孩子们之间的情感纽带。

凯瑞感到沮丧。他刚刚做了年度体检，但结果却不尽如人意。医生告诉他，他处于糖尿病前期，建议他避开一些最喜欢的食物，并在三个月后再来检查。他回忆起高中时期自己是运动员，每周跑几次步，心里便重新燃起了动力。他向同样爱跑步的哥哥发起挑战，约定在接下来的一个月里，每周至少跑两次两英里。尽管近几年他都没有规律地运动过，但他相信与哥哥的这场竞赛将是他重启运动计划的契机，并决定在第二天下班后就开始第一次跑步。然而，第二天跑步时，他只跑了一英里便疲惫不堪，只得走回家，他得知从未间断跑步的哥哥那天下午跑了三英里。在连续两周都跑不过哥哥之后，他决定放弃跑步，尝试其他活动。

第三章 竞争其实可能令人丧失动力

为什么看似能激励人的竞争却适得其反？

神话：竞争总是能提高动机水平

人们普遍认为，若在某种情境或背景下引入竞争，人们的动机会不可避免地增强。

在我们的一项针对 495 名美国成年人的调查（Grolnick et al., 2022）中，四分之三的受访者或多或少地认同竞争能增强动机的观点。此外，41.6%的受访者在一定程度上同意或强烈同意，让人们相互竞争有助于他们更专注于任务。这些关于竞争的观念构成了《减肥达人》（*The Biggest Loser*）等电视节目以及现实世界中许多竞赛的基本前提。然而，尽管某些类型的竞争可能会激发某些人的动机，但这种动机的增强可能并不持久，而对于另一些人来说，竞争反而可能削弱他们的动机。

此外，研究表明，在某些情况下，竞争可能产生有害影响。特别是那种让人们只关注胜利而忽视其他一切的竞争，即破坏性的竞争，它实际上会降低内在动机水平。在一项研究（Deci et al., 1981）中，大学生须快速完成拼图，以超越对手。其中一半学生被告知“唯一重要的是胜利”，而另一半则被要求“尽自己最大的努力”。那些只关注胜利的学生在实验结束后更不愿意尝试继续完成更多的拼图。一旦引入竞争，拼图就从一种享受的活动变成了达到目的（赢得比赛）的手段。

除了削弱内在动机外，竞争还可能促使人们采取各种行为来增加获胜的机会，包括不道德甚至犯罪的行为。以 1991 年和 1994 年美国花样滑冰冠军托尼亚·哈丁（Tonya Harding）为例，她是一位出色的滑冰选手，是第二位在比赛中成功完成三周半跳的女选手。然而，在1994年1月，哈丁涉嫌攻击竞争对手兼队友南希·克里根（Nancy Kerrigan），导致克里根退出美国锦标赛，而哈丁则赢得了冠军。值得一提的是，克里根在1994年奥运会上获得了银牌，而哈丁则名列第八，并在1994年6月被美国花样滑冰协会剥夺了美国冠军头衔，并终身禁止参赛。

除了破坏友谊和降低合作精神外，高风险竞争还可能侵蚀同事之间的信任并破坏团队合作。此外，将自己与他人进行比较，尤其是与在某个领域出类拔萃的人比较，可能会导致“何必尝试”的心态，从而降低动机水平。在本章中，我们将回顾竞争对动机影响的科学研究，并详细探讨竞争何时有用、何时有害（Worrell et al., 2016）。

为何我们相信这个神话

这个神话之所以普遍存在，有几个原因。首先，竞争在当代社会中无处不在。事实上，竞争一直是人类历史上最常见的社会交往形式之一，并将持续存在（Fülöp & Orosz, 2015）。提到竞争，人们最常想到的或许就是体育竞赛，如奥运会、温布尔登网球锦标赛和世界系列赛等，但竞争几乎渗透到我们生活的方方面面。K-12学校设有科学展览、数学奥林匹克竞赛、地理和拼写比赛，高中生的排名也是基于他们在毕业班中的位置，从状元一直排下去。高中生为了进入顶尖本科院校而竞争，研究生为了发表论文和博士后奖学金而竞争，科学家为了获得研究经费而竞争，求职者为了获得知名公司的职位而竞争，而公司则为了争夺日益增长的市场份额而竞争。我们甚至可以通过正在进行的竞赛来判断时间——如波士顿马拉松、疯狂三月篮球赛、世界小姐选美、奥斯卡颁奖典礼以及普利策奖和EGOT奖（即艾美奖、格莱美奖、奥斯卡奖和托尼奖）的揭晓。此外，几十年来，竞赛一直是广播行业的支柱（如《危险边缘!》），自真人秀节目兴起以来，这一趋势更是大幅增加，如《美国偶像》《老大哥》《幸存者》《顶级大厨》《极速前进》《鲁保罗变装皇后秀》《美国好声音》，等等。

其次，成功往往与竞争力紧密相关。罗杰·克莱门斯（#45）、泰格·伍兹（#40）、莫妮卡·塞莱斯（#37）、科比·布莱恩特（#22）、兰斯·阿姆斯特朗（#16）、约翰·麦肯罗（#6）、迈克尔·乔丹（#2）和穆罕默德·阿里（#1）——这些在体育界耳熟能详的名字，均被纳入2011年评选出的历史上最具竞争力的五十位运动员榜单中（Langford，2011），括号内的数字代表他们的排名。再来看塞雷娜·威廉姆斯，有人称她是史上最佳网球运动员。曼弗雷德（2013）认为，她的坏脾气“是她疯狂竞争力的副产品”。若不是有着对胜利的无限渴望，就无法在三十一岁时登顶网球世界。在科技界，据说史蒂夫·乔布斯通过将其竞争对手的手机与“更优越的苹果手机”进行功能对比，从而“妖魔化”并“系统性摧毁”了（比喻意）这些手机（Trapulionis，2020）。简而言之，竞争力被视为一种能激发卓越表现、优异成果以及整体成功的动力源泉。但正如本书所揭示的，当我们更仔细地审视这些神话时，会发现真实情况要复杂得多。

为何要破除这一神话

如果我们假定竞争对动机的影响始终是正面的，并基于这一假设行事，那么我们可能会降低某些我们努力激励的个体追求目标的动机。正如本书中的其他神话一样，竞争对动机的影响也是复杂的。你将看到，竞争有多种类型，对竞争的态度也各不相同，其中一些甚至可能抑制而非增强动机。因此，一定要了解竞争和竞争力是什么、它们是如何运作的，以及在何种情况下竞争可能真正提升动机水平，这一点至关重要。我们还需要了解竞争可能增强的动机类型（如内在动机与外在动机），因为正如我们在第二章中学到的，并非所有动机都是平等的。

科学原理：竞争实则可能削弱动机

要想理解竞争可能对动机产生的潜在影响，首先要了解竞争这一概念。竞争是指个体或团体之间相互较量的情形，其中一个或多个个体或团体被宣告在某方面表现优于其他个体或团体。想象一下两个人或两个团队进行比赛，胜者晋级下一轮，或者几家公司争夺一个只有一家公司能获得的丰厚合同。这些就是本章所讨论的竞争类型。我们特别关注直接竞争，即竞争者之间知道彼此在相互较量的情形。基于这一普遍理解，我们现在可以探讨竞争如何以及何时会增强或削弱动机，以及关于竞争的有科学依据的结论。

合作超越竞争

在“美好生活基金会”的一则特奥会电视广告中，一群年轻人正在赛跑，其中一名身着七号牌的年轻男子不慎摔倒。一名身着八号牌的女士停下脚步，将他扶起，随后所有参赛者都停下脚步，手挽手，共同冲向终点线。广告结尾的标语是：“真正的胜利——传递下去。”这则广告传达了一个关于竞争与合作的早期重要概念化范式，即将竞争视为合作的反面。在人们的观念中，合作与竞争代表两个极端，是两种截然不同且相互排斥的方式，个人可以通过这两种方式达到同一目标，其中竞争允许一个人或少数几个人实现目标，而合作则能让所有人或大多数人达成目标。那么，如果对合作与竞争的结果进行比较，会有何结论？在最早对合作与竞争进行比较的一项研究中，学生们两人一组，分别被分配到竞争或合作的情境中。在这两种情境中，每组都收到了一系列需要数周时间解决的问题。在合作情境中，学生被告知，每组的排名将基于他们处理问题的有效性，最终排名最高的组将获得奖励。在竞争情境中，学生被告知，组内个人将被排名，最终排名最高的个人将获得奖励。这项研究的结果表明，合作情境下的学生更能协同合作，任务分配更加均衡，沟通更顺畅，更愿意接受同伴的想法，且产出作品的数量和质量均高于竞争组的学生。该研究的基本结论是，为实现目标而合作的小组表现优于为实现目标而竞争的小组。这一发现已在该领域的多项研究中得到证实（Johnson et al., 2014）。

研究还发现，在某些情况下，竞争更能促进表现，而非学习目标，这可能导致负面后果，正如第六章所讨论的那样。此前，关于竞争对目标影响的大部分研究都是在西方和实验室环境中进行的。因此，林（Lam）等（2004）研究了竞争对中国香港中学生的影响，这些学生被招募参加了一门打字课程。学生被随机分配到竞争或非竞争情境中。在竞争情境中，学生被告知在课程结束时，他们将获得一份结业证书，证书上将注明他们的姓名以及根据三次测试成绩列出的在课程中的排名。在非竞争情境中，学生被告知他们将在课程结束时获得一份结业证书。课程分为基础部分和高级部分，每部分结束后都会进行一次测试。基础部分测试设计得较为简单，而高级部分测试则设计得较难，目的就是要让学生不及格。

在课程高级部分结束时，研究人员让学生参加了一次模拟期末考试，为正式考试做准备，学生可以考 A 卷或 B 卷。A 卷与基础部分测试相似，学生能够回答大部分问题，这反映了表现目标导向。B 卷则与高级部分测试相似，学生可能答不出一些题，但他们能学到更多，这反映了学习目标导向（Johnson et al., 2014）。

两组学生对授课的清晰度、节奏，以及教学的有效性和课堂纪律的评价相似，且两组学生在第一次和第二次测试后的愉悦感水平也相似。然而，与非竞争情境下的学生相比，竞争情境下的学生认为课程更具竞争性。重要的是，在竞争情境中，有 92% 的学生在期末考试中选择了 A 卷（表现目标），而在非竞争情境中，这一比例仅为 44%。因此，竞争导致学生即使面对能带来更好学习体验的挑战时，也缺乏接受挑战的意愿。此外，在高级部分测试不及格后，竞争组的学生认为自己在能力上不如另一组的学生。因此看来，在竞争环境中失败的经历可能导致比在非竞争环境中失败更负面的后续自我评价。

在早期的一项职场研究中，布劳（Blau，1954）对比了公共就业机构中的两组面试官。一组面试官之间相互竞争，以填补职位空缺，而另一组则合作完成。在竞争组中，成员们私藏了职位通知，而不是按照公司政策进行发布。相反，在合作组中，成员们会相互告知空缺职位。研究结果显示，合作组最终填补的职位更多，这是衡量该公司成功与否的关键指标。

竞争与合作与其他动机因素的关系的研究也得到了类似的结果。在游戏领域，竞争无处不在，林和侯（Lam & Hou，2022）研究了一组大学生在增强现实教育棋盘游戏中的竞争与合作互动。他们发现，两组学生的学习效果都有显著提升，但竞争组的学习效果反馈反而高于合作组。然而，在学习的各个动机维度（如注意力、自信心和满意度）上，合作组均有改善，而竞争组仅在注意力和满意度上有所提升。类似地，一项对比合作与竞争在问题解决质量上影响的研究综述指出，合作组的表现始终优于竞争组（Qin et al.，1995）。

综上所述，研究一致表明，在竞争与合作的对决中，合作更能激发动机并提升表现。这一研究与一个普遍观念相吻合，即如果我们携手合作，每个人都能成为赢家，这也是“双赢局面”这一说法在多个场合中流行的原因。例如，在鼓励博士生合作时，我们会提醒他们成绩不是排名制的，只要完成必要的工作，每个人都能获得学位。竞争并不是达成能力和卓越的必要条件，在某些情况下，合作甚至可能更容易实现这些目标。

当竞争聚焦于击败他人时，其消极影响最为显著

有些情况下，竞争是任务或活动的一部分。比如网球，网这边的

一方须努力从网那边的对方手中得分。那么，既然竞争是某些情况不可或缺的一部分，研究是否表明，竞争对动机总是有害的呢？事实并非如此，这里存在一些细微差别。一个需要考虑的变量是竞争被感知为压力的程度。正如我们在第二章中看到的，无论是截止日期还是奖励带来的表现压力，都可能改变行为体验，使其从一种自由选择甚至有趣的体验转变为一种感到压力或被强迫的体验。因此，赢得胜利的压力可能是一个重要的变量。

里夫和戴西（Reeve & Deci，1996）进行了一项研究，以确定究竟是竞争本身还是赢得胜利的压力对动机的影响最大。在这项研究中，大学生们被配对进行活动，与他们搭档的实际上是实验人员，但学生们并不知情。根据研究要求，他们要使用“快乐立方体”（一种三维木块）来组合成各种形状，以完成拼图。在非竞争条件下，他们被要求“尽自己最大的努力”。在两种竞争条件下，实验者要求参与者“尝试通过比对方更快地完成拼图来超越对方”。在其中一个竞争条件下，实验者增加了赢得胜利的压力，他说：“解决每个拼图的速度快慢不重要，是否能弄清楚拼图的工作原理也不重要。唯一重要的是你们之间谁能赢得这场竞争。所以，请全神贯注于成为赢家。”之后，两人共同完成拼图，实验者宣布实验结束，并离开房间去取材料，留下参与者独自有机会继续玩拼图。

除了后文将讨论的胜负影响外，研究结果表明，在非竞争性和竞争性条件下，那些没有获胜压力的受试者更有可能在实验结束后继续玩拼图，尤其是尝试新拼图，相比之下，那些有获胜压力的人则不然。似乎获胜的压力剥夺了游戏的乐趣，反而让他们觉得必须成功才能不失面子。这种情境降低了他们的内在动机水平。

当我们思考西方社会对胜利的重视程度时，这项研究的结果令人深思。它表明，帮助人们保持动机的一种方法是减少对胜利的关注，而更多地关注人们是否享受这个过程或对此感觉良好。

让竞争的影响更为复杂的是，一些研究表明，当竞争被用来促进任务参与而非击败对手时，它可能不会削弱动机。例如，中国台湾的一组研究人员（Du et al.，2020）招募了没有解剖学知识的大学生，并使用三种方法教授他们解剖学。

第一组为对照组，使用教科书和讲义进行教学；第二组和第三组则使用两款虚拟现实游戏，第一款教授肌肉和骨骼的名称，第二款则教授肌肉和骨骼的正确位置。第二款游戏还内置了竞争元素，学生需要保卫城堡，或是对抗计算机（第二组），或是对抗其他玩家（第三组）。为了保卫城堡，玩家必须正确组装人体，每正确组装一个身体，就会获得一个守卫来帮助保卫城堡。

所有三个组的学生——第一组（教科书）、第二组（与计算机竞争）和第三组（与其他玩家竞争）——在第一天、第五天和第十二天完成了关于解剖学知识的多项选择题测试。同时，研究人员还评估了第二组和第三组学生完成正确组装身体的数量，这两组学生还完成了一份问卷，以评估他们的内在动机。结果表明，三组学生在第十二天的得分均高于第一天，且第三组（与其他玩家竞争）的得分高于第一组（教科书）的得分。就竞争对内在动机的影响而言，第二组和第三组在兴趣、能力和重要性等内在动机方面均表现出高分，这表明竞争本身并未影响内在动机（Du et al.，2020）。然而，第三组也报告了比第二组更高的压力水平，这表明即使人们对某项活动持积极态度，竞争也可能增加压力。

因此，不以获胜为目的而是以学习为目的的竞争可能不会对动机产生负面影响。但这种情况适用于所有人吗？我们将在下一节中通过考察个体对竞争态度的差异，并探讨对于某些个体或群体而言，合作与竞争是否可以共存来解答这个问题。

个体和群体对竞争的态度存在差异

任何长期与群体合作的人都知道，有些人几乎会把每项活动都变成竞争，而另一些人则会不惜一切代价避免竞争。我们现在知道，正如存在不同类型的目标导向（如掌握导向、表现导向、表现回避导向，见第六章）一样，也存在不同类型的竞争导向，这些竞争导向对动机行为有影响。研究竞争的研究人员已经确定了几种竞争导向（Ryckman et al., 1996）。

具有过度竞争导向的个体认为，在任何竞争中，“获胜”都是最重要的，他们愿意“不惜一切代价赢得胜利”。我们在本章前面提到了超竞争性的典范——托尼亚·哈丁，在体育界也有许多这样的例子，如棒球和自行车比赛中使用兴奋剂的运动员。休斯敦太空人队的作弊丑闻仍然让球迷们耿耿于怀。在政治（如理查德·尼克松）、金融（如伯尼·麦道夫）和当代科技初创公司（如 Theranos 联合创始人伊丽莎白·霍尔姆斯）等领域也有这样的例子。甚至像《单身汉》这样的电视节目中也有为了获胜而不择手段的行为。过度竞争实际上可能会增强做错事的动机，以便赢得胜利。

自我发展型竞争导向则更注重内在而非外在。具有自我发展型竞争导向的个体将竞争视为掌握知识和提升自我的方式。从这种观点来看，竞争对手不仅仅是需要击败的对手，而是可以用来衡量自己进步速度的参照物。

具有这种导向的个体并非不想获胜，而是获胜的欲望被超越自己过去表现的欲望所掩盖。这种导向体现在特立尼达和多巴哥音乐节的口号中——自 20 世纪 60 年代以来，该音乐节的宗旨一直是让竞争对手在追求卓越的道路上相互激励，而非争夺奖项。

那些受焦虑驱使、具有回避竞争导向的个体，会将竞争视为压力，并在任何竞争环境中感到痛苦。我（弗兰克）年轻时曾参加过一次钢琴比赛。当裁判摇铃示意表演开始时，我的双手因焦虑而剧烈颤抖，根本无法弹奏。虽然这件事已过去很久，但它依然历历在目，至今我仍经常回避公开比赛。

研究人员还发现了第四种竞争导向，即缺乏竞争兴趣。这种导向的特点是个体既对竞争不感兴趣，也不受竞争激励（Orosz et al.，2018）。

研究已经发现，这四种导向与不提升动机水平的因素相关。虽然受焦虑驱使的竞争导向与高标准（这是好事）正相关，但它也与完美主义信念相关，比如认为自己的最佳表现永远不够好，并感觉这种完美主义阻碍了表现。此外，具有这种导向的人往往不够坚韧，表明在困难情况下他们不太可能坚持下去。而那些缺乏竞争兴趣的个体，往往不满足于一份完成得很出色的工作。然而，自我发展的竞争导向则与完美主义的积极方面（将其作为动力）、掌握导向、坚韧性和对完成任务的满足感以及认为自己永远做得不够好的感觉相关（Orosz et al.，2018）。

这项研究告诉我们，过度竞争、受焦虑驱使和缺乏兴趣的竞争导向可能是适应不良。前者可能导致为赢得比赛而从事问题行为，而后两者则可能导致在竞争环境中动机水平降低。另一方面，自我发展型竞争导向与掌握和享受相关，这反映了内在动机。

上述研究还表明，了解你想要激励的个体的竞争导向很重要，这一假设在文献中得到了一些支持。宋等（Song et al.，2013）研究了竞争和竞争力对内在动机的影响。基于竞争是玩电子游戏的重要因素这一前提，这些研究人员挑选了高竞争性和低竞争性的本科生，并将两组学生随机分配到任天堂 Wii 游戏的竞争和非竞争条件下。非竞争条件下的参与者被告知，他们将参加抽奖，有机会获得二十美元的礼品卡；而竞争条件下的参与者则被告知，他们将与其他三名玩家竞争，得分最高的玩家将获得二十美元的礼品卡。

在这项研究中，内在动机通过自我报告（通过问卷衡量的享受）和行为（在规定的十分钟游戏时间结束后选择继续玩游戏）来衡量。在不同竞争性和竞争与非竞争情境下，参与者的享受程度存在差异。高竞争性的学生在竞争条件下更享受游戏，而低竞争性的学生在非竞争条件下更享受游戏。

在行为衡量方面，非竞争条件下低竞争性的学生玩游戏的时间比竞争条件下低竞争性的学生更长，但两个条件下高竞争性学生之间没有差异。在竞争条件下，低竞争性的学生反馈的自我效能感较低、情绪较消极、游戏体验较负面，而非竞争条件下低竞争性的个体相对好一些；而在竞争条件下，高竞争性的学生反馈了更积极的体验（如情绪更好），这支持了竞争对个人的影响因其竞争导向而不同的观点。

此外，除了个体对竞争的反应存在差异外，不同人口群体和文化群体对竞争的反应也存在差异。一项针对小学生的研究表明，在竞争条件下，男孩的创造力得分高于女孩，而在非竞争条件下，女孩的创造力得分高于男孩（Conti et al., 2001）。此外，在性别隔离的群体中，这些差异更为明显。虽然后续研究没有重复这一发现，但它确实表明，根据儿童性别角色量表评估，男性化程度较高的学生在竞争中反馈的内在动机水平更高，而男性化程度较低的学生在竞争中报告的内在动机水平更低。在最近的一项研究中，男性受试者在体力任务中的反应速度比女性受试者更快，也更有耐力（DiMenichi & Tricomi, 2015）。

不同文化对竞争的重视程度也不同。例如，对英格兰、匈牙利和斯洛文尼亚的课堂进行比较发现，在英格兰和匈牙利的小学课堂上，竞争更为频繁，而在斯洛文尼亚的课堂上则较少；在匈牙利的中学课堂上竞争更为频繁，而在英格兰或斯洛文尼亚的课堂上则较少（Fülöp et al., 2007）。

这些研究人员得出结论："三个国家之间教师、学生和日常教学中的差异……并非偶然，而是……源于每个国家的教育文化实践和整体文化环境（Fülöp et al., 2007, pp. 278 – 279）。"

在另一项跨文化研究中，竞争领域的领军研究者马尔塔·富洛普（Márta Fülöp, 2004）考察了两种国家背景下人们对竞争的态度：日本（被视为集体主义国家，即个体是群体不可或缺的一部分）和匈牙利

（被视为个人主义国家，即将个人利益置于群体利益之上）。她假设，这些文化背景下的人们可能对竞争有不同的理解。研究结果确实揭示了一些态度上的差异。例如，69%的日本受访者表示，竞争的最重要功能是促进自我提升，而匈牙利受访者中这一比例仅为18%。同样，53%的日本受访者认为竞争具有激励作用，而匈牙利参与者中这一比例为32%。此外，匈牙利受访者更倾向于从个人角度理解竞争（即“竞争激励我”），而日本受访者则从群体角度理解竞争（即“在竞争中，我们相互激励”）。

相比之下，更多匈牙利人（44%）认为竞争是选拔最优秀、最聪明人才的途径，而持此观点的日本人比例较低（29%）。日本人更倾向于将竞争对手视为朋友或表现的刺激因素（分别为22%和70%），而匈牙利人则相对较少（分别为4%和33%），这或许并不令人意外。这些研究表明，对于日本受访者而言，“竞争过程更多的是针对自我（即自我改进），而不是针对‘敌人’或‘对手’（即打压或排挤）……而匈牙利人则更多地关注于在竞争过程中击败对手”（Fülöp，2004，p. 149）。

换言之，不同文化背景下对竞争的观念存在差异，这些观念影响了竞争对动机产生的影响是偏正面还是偏负面。

与集体主义文化中竞争被视为自我提升的重要方面，而非击败对手的方式的假设（Watkins，2007）相一致，金及其同事（Kim et al.，2012）研究了中国香港697名中学生的竞争导向和掌握导向与表现目标和掌握目标之间的关系。与西方研究中竞争性与表现目标相关而与掌握目标不相关的情况不同，这些研究者发现：（1）竞争力能够同时预测表现目标和掌握目标；（2）表现目标和掌握目标均能预测学习深度。

这些研究告诉我们，与其他许多心理因素一样，竞争的概念化、体验方式及其对动机的影响存在个体差异和文化差异。竞争中的自我发展导向——即将竞争视为自我提升的有用工具——以及对日本、中国香港等更偏向集体主义文化的竞争的研究也表明，竞争与合作可以共存，这种更具建设性的竞争观非但不会削弱动机，反而能增强动机（Fülöp，2009）。

当竞争被视为不公平或不平等时，会削弱动机

电影《阿基拉和拼字比赛》（*Akeelah and the Bee*）（Atchison，2006）中展现了一个充满诚信的竞争实例。

当阿基拉和迪伦成为斯克里普斯全国拼字大赛的最后两名决赛选手时，阿基拉在听到迪伦的父亲因他未能获胜而责骂他后，决定让迪伦获胜，于是她故意拼错了一个单词。然而，迪伦意识到阿基拉的用意，并在那一刻认定胜负并非一切。他也故意拼错了一个单词，并利用上厕所的机会告诉阿基拉，他希望在公平的竞争中获胜，这就要求阿基拉也要全力以赴去赢得比赛。

这部电影突出了竞争削弱个体动机的一种方式。理想情况下，竞争中的所有个体或团队都应有“获胜的机会”，正如这部电影中阿基拉和迪伦势均力敌一样。正因如此，职业体育联赛中战绩不佳的球队会在选秀中优先于战绩更好的球队挑选球员，这样它们就有机会引进顶尖人才，提高下一个赛季的胜率。同样，初赛、四分之一决赛和半决赛的过程也是为了增加赛季末竞争球队实力相当的可能性，尽管这一结果并非总能实现。然而，基本理念是竞争应当是公平的。

在早期研究中，哈尔瓦里（Halvari，1989）发现，早年加入田径运动并与经验更丰富的青少年竞争的儿童会产生对失败的恐惧，这会削弱他们的动力。似乎与一个你认为远远比你优秀、你根本赢不了的对手竞争会对你的努力产生负面影响。这种现象被称为“不利的超级明星效应”（Brown，2011），在高尔夫球领域尤为明显，当时泰格·伍兹是主宰者。在回顾有泰格·伍兹参加和无泰格·伍兹参加的高尔夫

锦标赛成绩时，研究人员发现，当泰格·伍兹参赛时，其他顶尖球员在第一轮的表现比泰格·伍兹不参赛时差。

而那些没有获胜机会的排名较低的球员则不受伍兹参赛的影响。如果我们希望竞争具有激励作用，就需要确保竞争被视为公平的。

竞争情境中的负面反馈会降低动机水平

研究表明，相较于正面反馈，负面反馈会降低内在动机水平（Feng et al., 2019）。当然，在竞争情境中，反馈几乎是不可避免的，即使这种反馈是隐性的。在竞争中获胜的个体会收到关于其表现的正面反馈，而未成功的个体则收到负面反馈。因此，学者们一直对竞争情境中反馈的影响感到好奇，研究也表明，竞争获胜者感知到的自我胜任感比失败者要高，不仅如此，获胜者还反馈出更高的内在动机水平，这部分归因于其所感知到的自我胜任感的提升（Vallerand & Reid, 1984）。

在之前讨论过的里夫和戴西（Reeve & Deci, 1996）的研究中，研究人员除了探究是否存在竞争外，还考察了参与者收到的反馈。首先，不提供反馈的竞赛对动机没有影响，尽管这种竞赛在实验室中比在现实生活中更为常见。其次，在无获胜压力的竞争环境中，对获胜的正面反馈会产生更高的内在动机水平。但在有获胜压力的竞争环境中，即使是获胜者的内在动机也会受到削弱，这种控制环境下的内在动机水平下降与感觉被控制或受到压力有关。类似地，在一项使用计步器作为自我监控体育活动方式的研究中（Donnachie et al., 2017），那些觉得计步器的使用具有控制性的男性停止了使用设备，并且没有达到他们的减肥目标。

一个有趣的发现是，即使竞争是隐性的，负面反馈也会削弱动力。例如，佛利亚蒂与布西（Fogliati & Bussey, 2013）发现，女性在得知男性在即将参加的测试中通常表现优于她们后，如果随后又收到负面反馈，那么她们参加旨在帮助她们提高的辅导班的动机水平就会降低。

但非正面的反馈并不总是削弱动机。即使在失败的情况下，支持自主性的变革反馈也能增强动机。支持自主性反馈基于自我决定理论，它具有几个特点：第一，这种反馈是共情的，会考虑个体的感受和目标（例如，它的给出方式是私密的且具有支持性的，并认可个体对自己所尝试行动的看法）；第二，这种反馈为个体提供了前进的选择，使被反馈者对自己的行动感到自主；第三，支持自主性反馈为提出建议提供了理由，以便令反馈者理解为什么给出了变革建议；第四，反馈提出的改变措施必须是被反馈者确实能够做到的，即提出的改变是可实现的。

在关于这种反馈的一项研究中，乔艾尔·卡彭捷与吉娜维耶夫·马乔（Joelle Carpentier & Genvieve Mageau，2013）在训练结束后立即对教练和运动员进行了调查。他们发现，教练的支持自主性风格越强，他们使用的变革导向性的反馈方式就越多（如共情、明确且可实现的目标、解决方案的选择）。此外，使用变革导向性反馈与运动员的更高水平的动机、幸福感、归属感、胜任力和自主性相关，且与较低水平的消极情绪和动机不足相关。变革导向性反馈的质量也与运动员的表现呈正相关。这些发现表明，即使在负面反馈的情境中，自主支持性的变革反馈也能增强动机。

总结

如前几页所述，显然，尽管竞争常被视为一种明确的动机源泉，但它也可能对动机产生不利影响。当代研究人员承认，竞争既可以具有破坏性，也可以具有建设性（Fülöp & Takács，2013），建设性竞争能增强动机，而破坏性竞争则会削弱动机。近年来，许多故事既展示了竞争作为积极动机源泉的一面，也展示了竞争如何引发出个体最糟糕的一面。

以2022年12月18日的卡塔尔世界杯决赛为例。法国队和阿根廷队都迫切希望赢得比赛。法国队作为卫冕冠军，希望成为第三个连续赢得世界杯的国家。阿根廷队自1986年以来一直未能夺冠，因此希望此次再度夺冠，并为梅西的传奇地位加分。两队都奋力杀进决赛，且在决赛中势均力敌。两队在决赛中都拼尽全力，各进两球，将比赛拖入加时赛，最终双方各进三球。比赛通过点球大战决出胜负，阿根廷队险胜法国队。这场比赛展示了一群热爱竞争并发挥出色的球员。的确，多位评论员称其为最精彩、最令人兴奋的世界杯决赛，球员在建设性的竞争中势均力敌。与公平的竞争形成鲜明对比的是，也有很多新闻故事突出了与破坏性竞争相关的“不惜一切代价获胜”的心态(例如，政客伪造记录以赢得选票)。在下一部分，我们将讨论如何利用竞争来增强动机。

将科学原理付诸实践

使用以下策略可以在不进行破坏性竞争的情况下激发高水平的表现，如表3-1所示。

1. 允许个人选择非竞争性活动

对自己

如果你不是一个具有竞争导向的人，请选择你喜欢且不需要竞争的活动。如果你喜欢户外活动，可以参加徒步、跑步或攀岩。如果你喜欢文字游戏，可以购买填字游戏和其他基于文字的游戏书籍，甚至可以观看游戏节目。例如，你可能不想参加《危险边缘!》或《财富之轮》这样的竞赛节目，但你完全可以坐在电视前享受游戏的乐趣。

对他人

帮助家人和朋友进行他们喜欢的活动，而不是强迫他们加入竞争性活动。与他们交谈，了解他们的爱好和兴趣，并帮助他们评估自己的快乐程度。人们在闲暇时间选择的活动，往往能透露出他们的动机所在。鼓励那些身处自己并不喜欢的竞争环境中的人去选择类似的非竞争性活动。

2. 使用合作情境而非竞争情境

对自己

当你想要完成某个项目时，考虑与他人合作。比如，如果你想多锻炼，不妨邀请邻居或家人一起加入你的日常锻炼计划。有人同行，你更有可能开始并坚持下去。在我（弗兰克）的社区里，就有四位女士每天早上一起散步。我读研究生时，和一个朋友每天早上都打壁球，持续了好几年。我们从不计分，因为目的不是分胜负，而是享受那一小时的体育锻炼。同样，参加美国心理学会的会议时，我有两位同事每天早上都和我一起散步，有他们相伴，我散步的可能性大大提高。

对他人

你也可以帮助他人找到可以共同工作或玩耍的群体。比如，为你的孩子报名参加注重良好体育精神和参与乐趣的体育联赛，而不是那些旨在培养未来体育明星的联赛。我们鼓励研究生合作撰写论文，这样他们既能得到支持，又有动力为团队贡献自己的力量。我（弗兰克）的一位学术导师，就与他在读研究生时的三位同学保持联系，四人及其导师在毕业后二十年间，每年合作发表五篇文章，每人轮流担任一篇文章的主笔。

3. 关注个人最佳表现而非胜负

对自己

在追求目标的过程中，你可以设定代表你当前个人最佳水平的基准。如果能绘制进度图，你可以设定一个目标，旨在每周或每月达到个人最佳。然后逐步增加每个月达到个人最佳的次数，从两次增加到五次，以此类推。

专注于达到个人最佳表现，比外部标准更能激发动机。一旦达到初步目标，就可以设定另一个更具挑战性的目标。

对他人

你也可以帮助家人和朋友关注竞争中的自我发展方面。比如，在孩子参加完比赛后，不要先问他们是否赢了，或是表扬他们赢了，或是问他们怎么做才能赢。相反，询问他们参与过程中的感受，以及对自己表现的看法。了解他们通过比赛对自己有了什么认识，以及如何利用这些收获来改进未来的表现。

同样地，如果朋友希望在某项游戏中提高水平，你可以帮助他们评估当前的水平和能力，并协助他们设定一个适度有挑战性的合理目标，争取在下个月内实现。重点在于提升他们的表现，而非单纯击败对手。

4. 使用变革反馈

对自己

在追求目标的过程中，你需要明确自己未来的打算以及为何这些目标对你如此重要。你可以列出实现目标的几种方法。要提前规划好备选方案和应急措施（比如遇到雨天或出行时），这可以大大增加达成目标的可能性。同时，面对未能实现目标的情况，应避免采取惩罚性措施或过于苛刻、绝对化的反应，而应给自己一些宽容，并设定应对策略来克服最初未能达成目标的原因（详见第四章）。

对他人

在与他人合作时，同理心和支持至关重要。与对方共同确定想要达成的目标，并帮助他们阐明这些目标对他们个人的重要性。协助对方制定多样化的实现目标的方法，并教会他们如何面对未能达成目标的情况。在此过程中，务必保持开放和协商的态度——给予支持而非指令，不要指责或羞辱对方。当目标未达成时，鼓励他们回顾行动的理由，并鼓励他们接受自己，继续前行。

表3-1 基于科学的动机水平提升策略

策略	对自己	对他人
允许个人选择非竞争性活动	如果你不喜欢竞争，可以选择一些可以独自或与他人合作进行的活动。不要强迫自己参与竞争项目，而是参与那些你真正想参加的活动	帮助每个人决定自己想参与的项目，而不是强迫他们加入竞争性活动
使用合作情境而非竞争情境	选择那些能让你与他人共同参与的活动	帮助他人发现与他们兴趣相关的非竞争性活动
关注个人最佳表现而非胜负	记录自己的进步，并为小小的成就点赞	帮助他人跟踪他们的成就，并努力设定切实可行的目标
使用变革反馈	关注你未来想要实现的改变，而不是过去那些未能成功的事情。思考可以追求的潜在选择，以及选择背后的理由	以同理心和情感支持的方式提供反馈，鼓励他人发现能够提升自己表现的改变
尝试这些提升动机水平的策略		
我想激励自己去完成的事情：		
我将尝试以下策略：		
我想帮助他人提升动机水平的领域：		
我将尝试以下策略：		

尾声

那么，为何与哥哥的竞赛未能促使凯瑞继续跑步呢？原因可能有很多。首先，凯瑞可能已经没有了跑步的习惯。其次，在高中时，与队友们一起跑步是团队协作的体现，虽然他们努力打破个人记录，但日常跑步的乐趣很大程度上来源于团队间的友谊。最后，竞赛带来的一系列失败可能让凯瑞觉得整个跑步计划都是徒劳的。如果凯瑞能够明确自己为何需要开始锻炼，制订一个从走路开始、逐步恢复跑步的计划，并邀请哥哥与他一同跑步而非竞赛，他或许能更有效地展开锻炼。

拉肖恩（LaShawn）满心渴望搬离父母的住所。二十五岁的她深知自己已准备好租下属于自己的小天地。朋友们都已纷纷离家自立，而她仍住在家里，这让她感到尴尬。更何况，她迫不及待地想装饰自己在城里的未来新家，为此她已翻阅多期《南方生活》杂志，汲取设计灵感。再者，父母的催促也让她倍感压力。她向往着自己给自己制定规则的生活，不再受命于人。可以说，她搬出去的决心无比坚定。然而，六个月过去了，她依然与父母同住。

第四章 仅有动机不足以取得成功

拉肖恩显然对拥有自己的公寓充满强烈动机。既然如此，为何她仍未付诸行动呢？科学告诉我们，动机或许并非成功的唯一要素。那么，拉肖恩还需要做些什么，才能实现租房自立的目标呢？

神话：仅凭动机就足以成功

我们每个人都有动机，但同时也面临着难以仅凭一腔热血便能达成的挑战。为何我们会对某个目标充满热情，却终究未能如愿以偿？

原因在于，动机虽重要，却非成功的充分条件。我们还需要具备达成目标所必需的技能和知识。若仅有满腔热情而缺乏实践所需的技能，失败便难以避免。此外，我们还需要具备调节自己行为的能力，以使行为朝实现目标发展，即设定目标、制订计划、监控进度并在必要时调整策略。这一过程被称为自我调节。若缺乏这些自我调节能力，我们的努力从一开始便注定徒劳。

以新年决心为例，为何它们往往以失败告终？新的一年，你满怀激情地设定了一个大目标，要变得更健康，包括改善饮食、规律运动和减肥。你的动机高涨！今年一定要实现目标。你甚至为此购买了新的运动装备和健身车。起初两周，你坚持每天锻炼、健康饮食。但随后一切开始走样——运动次数从五天减至两天，精心准备餐食和采购食材变成了吃快餐，营养也不足以让你保持能量。不久，你的计划便彻底泡汤。别灰心，这种情况屡见不鲜。那么，那股最初的动力哪去了呢？答案在于，仅凭动机难以成就成功。我们还需要掌握其他技能，即能够在动机起伏不定的情况下，依然坚持自我调节，确保行动与目标保持一致。

在我们针对美国人群进行的一项关于动机信念的调查中（Grolnick et al., 2022），超过四分之一的人认同“仅凭动机就足以成功”这一神话，而另有超过20%的参与者表示不确定这一观点是否是个神话。这意味着近半数的人相信或不确定动机是否是成功的充分条件。

诚然，动机是成功的必要条件，但绝非充分条件。如果即使拥有强烈动机也会失败，那么，为何如此多的人仍坚信拥有动机就足以成功呢？

为何我们相信这个神话

篮球史上的传奇人物迈克尔·乔丹被誉为史上最具动机的运动员之一。他是个不折不扣的竞争者，无论是在场内还是场外，他都渴望胜利，并几乎总能如愿以偿。乔丹曾率领六支冠军球队问鼎冠军，并五次荣膺最有价值球员奖。他不仅在篮球场上风光无限，还曾是一名职业棒球运动员。场外的他同样充满激情，他创立的名为“飞人”的服装品牌如今已成为众多职业运动队队服上的显眼标志。退役后，他更是跃身为身价数十亿美元的商界巨擘，并拥有一支 NBA 职业篮球队——夏洛特黄蜂队。乔丹无疑是史上最具动机的人物之一。从表面上看，人们或许会认为，他之所以成功，全凭强大的动机。

我们时常目睹成功且充满动机的人物，这让我们误以为动机是成功的关键要素。然而，我们往往忽视了成功背后的全貌。以乔丹为例，他在高中二年级时曾参加校篮球队的选拔，选拔后，教练张贴了入选校队的名单，上面没有他的名字。那天下午，他回到家，将自己关在房间里痛哭了一场。面对挫折，他有两个选择：放弃篮球或加倍努力提升球技，争取来年入选。他选择了后者，从此每天刻苦训练，一直坚持到下一次选拔。这才是他成功的真正秘诀。

每当他感到疲惫时，便会回想起更衣室名单上未出现自己名字的那份刺痛，这份痛楚随即点燃了他持续训练的热情。关键在于，他通过自我调节，让训练从未止步。仅有动力对迈克尔·乔丹而言是远远不够的，他还需要自律的能力来推动自己不断训练。此外，他还需要了解如何高效训练，以及哪些策略能助他取得最大成功。这是人们在谈论迈克尔·乔丹时，往往忽视的重要一环。他的动机，仅是成功拼图中的一小块。

我们对他人的误解——将动机视为成功的关键——同样适用于我们自己。每当我们取得成功时，我们总会注意到那一刻自己满怀动机。跨过终点线的瞬间，我们便能感受到动机。因此，我们误以为自己只需保持动机，便能达成目标。但我们往往忽视成功的其他因素，比如技能与训练。也就是说，每当成功降临，总有动机与之相伴，我们便错误地将动机等同于成功，忘却了途中的不懈奋斗。这皆是近因效应（Baddeley & Hitch, 1993）使然，即人们更倾向于记住最近发生的事情，将其视为成功的原因，而忽视其他诸多因素。通常，这最近发生的事情就是动机。

目睹成功人士的强烈动机，便将自己的成功也单一归因于动机，忽视了自身的辛勤付出，这会使我们陷入误区，认为仅凭动机就足以成功。这样的想法看似微不足道，但实则不然。谁又在乎呢，只要有动机，一切就都会好，对吧？答案并非如此简单。这样的神话实则对人的表现和未来动机有着不利影响。接下来，让我们探讨为何破除这一神话至关重要。

为何要破除这一神话

简而言之，如果你仅依赖动机，那么达成目标的可能性将大大降低。若没有掌握完成任务所需的基本技能和知识，单凭动机是远远不够的。为了达成目标，实施获取成功所需技能的策略至关重要（Fiorella & Mayer, 2016）。若不采用策略来达成目标，我们的动机可能会大受打击。

当我们满怀动机却遭遇失败时，未来的动机将岌岌可危。也就是说，如果我们竭尽全力追求目标却未能如愿，这可能会对我们的自我效能感或自信心产生负面影响。自我效能感是我们对自己能够成功完成某项任务的信念（Bandura，1982）。数十年的研究表明，自我效能感是影响动机的关键因素。如果我们满怀动力却因缺乏成功的策略而失败，那么我们的动机水平可能会下降（Usher & Schunk，2018）。更糟糕的是，如果自我效能感降至过低水平，人们可能会陷入习得性无助，即完全放弃尝试（Maier & Seligman，1976）。因此，除了动机之外，采取策略性的行为对于减少放弃的可能性并提高成功的概率至关重要。

对于许多高中生而言，动机似乎足以保证成功。然而，当他们步入大学后，动机便不再那么够用了。在高中时期，他们的行为受到父母和老师的严格监管。父母会提醒孩子作业截止日期、何时备考，以及完成作业前不要与朋友外出。本质上，这些学生是被他人监管的，即他们的学习行为由父母掌控。而他们的总体动机则决定了他们在学业上的成败。遗憾的是，当他们进入大学后，父母与教授之间通常缺乏沟通，大学生也不再由父母来监管他们的行为。如果他们没有接受过如何自我调节学习策略的训练，那么这种技能的缺失就可能导致他们不学习且成绩不佳（Wolters & Benzon，2013）。我们时常看到这样的现象：曾经的高中学霸因不知如何自我调节学习行为而从大学辍学。这些学生虽然动机十足，但缺乏在大学取得成功所必需的自我调节能力。对于这些学生而言，动机并不足以保证成功。接下来，我们将探讨为何会出现这种情况，以及人们如何构建自我调节策略，以取得成功。

科学原理：仅凭动机不足以成就成功

为何强烈动机并不足以达成目标？成功还需哪些额外因素？最新研究表明，人们需要在日常生活中有目的性地管理或调节自身行为。

自我调节是指理解并管理自身行为的过程（Bandura，1991）。具体而言，当人们设定目标后，便会努力监控、调整和控制自己的思维与动机，以实现这些目标（Zimmerman，2000）。教育心理学家巴里·齐默尔曼（Barry Zimmerman）与亚当·莫伊兰（Adam Moylan）于2009年提出，自我调节包含三个阶段：预思、执行与自我反思。在这三个阶段中有效管理自身行为，是达成目标的关键。你或许拥有满满的动力，但若无法调节行为，使其导向目标，这份动力便不足以引领你走向成功。下面，让我们逐一深入探讨这三个阶段，如图4-1所示。

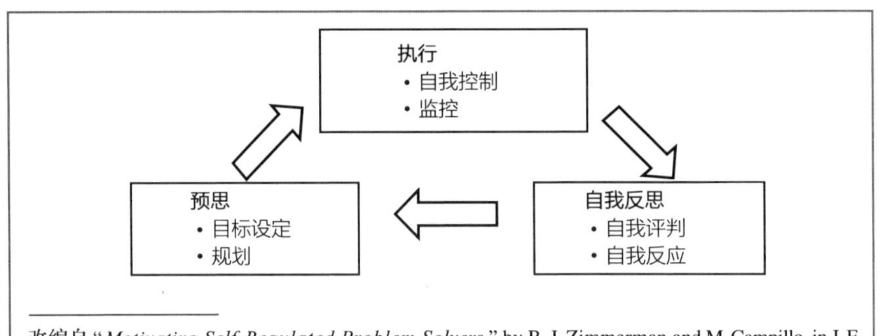

改编自"*Motivating Self-Regulated Problem Solvers*," by B. J. Zimmerman and M. Campillo, in J. E. Davidson and R. J. Sternberg (Eds.), *The Psychology of Problem Solving* (p. 239), 2003, Cambridge University Press. Copyright 2003 by Cambridge University Press. 经许可后改编。

图4-1　自我调节过程

计划先行，成功在望

研究表明，达成目标须历经多个阶段。第一阶段即为**预思阶段**，其核心在于规划。在规划阶段，人们会进行三项活动：目标设定、制定实现目标的策略，以及估算达成目标所需的时间、精力和其他资源（Schunk，2001）。

目标设定

如第五章将详细探讨的，目标设定是一项重要技能。要最大可能地实现目标，我们须学会如何设定可实现的目标。最有效的目标是将长期目标分解为多个短期、适度具有挑战性的子目标（Zimmerman，2004）。设定短期目标之所以重要，是因为它们更易实现，能持续激发你的动力。例如，如果你立志重返校园攻读博士学位，这便是一个低效目标，它可能令人望而生畏，因为拿到博士学位至少需要四年时间，且过程中涉及诸多步骤，容易让人半途而废，丧失动力。如果将这个整体目标拆分为若干个短期小目标，每个目标都更容易实现，那么这些小目标的达成就会为你带来成就感，激励你继续保持动力，向大目标迈进。因此，若想成功获取博士学位，不妨先设定一些易于实现的小目标——如目标1：申请入学；目标2：注册课程；目标3：通过考试（这一步可细分为多个小目标），等等，直到你成为博士！设定短期目标是保持动力和朝着梦想前进的有效方法。关于目标设定的详细步骤，请参见第六章。

规划

规划是预思阶段中不可或缺的一环。虽然设定目标很重要，但仅有目标是不够的，人们还须制定有效的策略来实现这些目标，需要预思阶段来确定实现目标所需的资源。仍以攻读博士学位为例，除了设定长短期目标外，你还需要规划如何实现这些目标。比如，你打算在何时、何地进行学习？如何在繁忙的日程中安排大学课程？此外，你还需要估算实现这一目标所需的资源。比如，大学学位将花费多少费用？你如何支付这笔费用？你每周需要投入多少时间进行学习？

规划对于实现目标至关重要，它超越了动机。学会如何设定目标并成功规划，是自我调节过程中迈向实现目标的第一步。

持续聚焦目标导向行为可助力目标达成

在自我调节模型中，第二阶段即为**执行阶段**。这一阶段的核心在于自我控制与监控，以确保我们始终沿着既定轨道前进。

自我控制

自我控制是一项重要且复杂的技能，它涵盖了诸多子要素。从最基本层面来看，自我控制即保持对当前任务的专注（Luszczynska et al.，2004）。这意味着在实现总体目标的过程中，人们需要运用策略来持续聚焦于各个子目标。这些策略包括自我指导、时间管理、环境构建以及寻求帮助。

自我指导就是人们在执行任务时与自己对话的过程。也就是说，他们可能会边做边描述完成任务所需的步骤。研究者发现，自我指导是一种有效的自我调节行为策略（Harris，1990）。所以，别担心自言自语会让你显得古怪，恰恰相反，这是帮助你保持专注、让目标始终占据脑海首位，并推动你持续向目标迈进的好方法。此外，重复任务所需的步骤还能让这一行为逐渐成为一种习惯。比如，如果你的目标是减肥，那么你可能需要早起锻炼。此时，通过自我指导，明确你要做什么以及为何这么做，就能助你更好地坚持这一行为。

你可以大声对自己说："好，我要在六点半起床，锻炼半小时再准备上班。如果我能坚持这样做，就能开始减肥，整体健康状况也会更好。加油，我能行！"久而久之，你就不再需要自我指导，早起锻炼会成为一种习惯，你甚至可能在闹钟响起之前就已经自然醒来！

谈到闹钟，我们进入了执行阶段的另一个重要概念——**时间管理**。时间管理对每个人来说都是个挑战，仿佛一天中的时间总是不够用。但我们可以采取措施，更好地理解日程安排、为重要任务设定优先级，并更有效地管理时间，以便更突出目标导向。在优化时间管理方面，我们需要洞察哪些活动耗时较多，调整在这些活动上投入的时间，并通过更好的日程规划、任务优先级设定以及应对突发事件的计划来提高效率（Claessens et al.，2007）。

很多时候，我们并不清楚自己一天中到底把时间花在了哪些活动上。如果我们记录自己的行为，就能逐渐明白为何没有足够的时间去做想做的事情。比如，下班回家后，我们可能会做饭、追剧、刷手机，然后睡觉。如果我们记录下这些时间，就会发现自己在手机上漫无目的地浏览了一个小时。认识到这一点后，我们就可以调整在这些任务上的时间分配，比如将刷手机的时间缩短到十五分钟，转而每晚增加三十分钟的锻炼时间。这样，我们就能将时间重新分配给对我们更重要的事情上，比如保持健康。实质上，这相当于在监控我们的一天，并为融入更多高效行为制定策略。

与时间管理和自我调节密切相关的另一个重要因素是拖延。在追求具有挑战性的目标时，拖延是常见现象。我们可能动力满满，但不知何故，一到该做事的时候，就会找些其他事情来做。作家们常说，打扫房间的最佳时机是手头有写作任务时。这是因为作家们会拖延写作，转而去做其他任何事情，包括打扫厕所。但这并非因为他们缺乏动力，相反，作家们内在动力十足，因为热爱写作；外在动力则来自截稿日期的压力。但写作并非易事，我们往往会回避那些需要付出巨大努力的任务。研究表明，自我调节技能能够预测拖延行为。塞内卡尔等（Senécal，1995）对五百名大学生进行了调查，发现自我调节技能（或缺乏这些技能）解释了他们四分之一的拖延行为。简而言之，自我调节技能越少的人，越容易拖延，这对目标达成产生负面影响，即便是最有动力的人也不例外。

一种基于自我调节的应对拖延的有效方法是关注任务的重要性和紧迫性。在范尔德（van Eerde，2003）的一项研究中，他在工作场所实施了一项干预措施。参与者学会了如何使用决策策略来优先处理工作，即将任务按照重要性和紧迫性放入矩阵中。如果任务既不紧急也不重要，可以完全忽略；如果紧急但不重要，可以尝试委托给他人；如果重要但不紧急，可以延后处理，等有时间时再回头做；而当任务既重要又紧急时，则必须尽快完成。范尔德发现，除了关注最佳工作时间和应对干扰的方法外，这一干预措施显著减少了员工的拖延行为。因此，关注任务的重要性和紧迫性有助于你更好地安排任务优先级。

首先处理紧急且重要的任务，并尽量避免在那些不重要和不紧急的事务上拖延。这是一种实用的时间管理自我调节策略，有助于减少拖延。

环境构建是自我控制（self-control）阶段的另一个重要方面。自我调节行为的一部分在于学会如何构建环境，以减少干扰并让你能最大限度地专注于手头任务。谢等人（Xie et al., 2019）进行了一项研究，他们评估了学生在课外的学习情况，并询问了他们学习环境的相关方面。他们收集了关于学习地点（宿舍、咖啡店、图书馆）、学习伙伴（独自学习或与同学一起）、学习时间（早晨、下午、晚上）、学习地点的噪声水平，甚至照明情况（明亮或昏暗）的信息。他们发现，不同的环境特征可以预测学习投入度。例如，在安静的地方与同学一起学习预测了更高的投入水平。

学生可以利用这些信息来选择最有利于他们投入度的学习地点。也就是说，他们可以构建适合自己的学习环境以进行有效学习。例如，如果一名大学生需要为考试而学习，那么在嘈杂的宿舍与室友一起学习显然不是最佳计划。嘈杂的背景会分散注意力，学生可能会忍不住加入玩乐之中。相反，学生应该调整环境，以使其更有利于学习。他们可以请室友去另一个房间聚会。更好的做法是，他们可以彻底改变环境，转移到像图书馆这样的安静地方去学习。

这一原则适用于所有目标导向的行为。如果你的目标是写一本书，就构建一个最能支持写作的环境。或许你可以每天早上都去星巴克写作一小时。如果你的目标是减肥健身，而在家锻炼有太多干扰，你可以设立一个没有电视机、只有健身单车的健身房。

你可以从环境中移除一些不健康的提示。比如，如果你晚上看电视时总吃零食，而电视又离冰箱很近，那么你可以上楼看电视，这样就不会受到吃零食的诱惑。识别哪些环境特征有助于成功并重新构建环境，是自我调节中促进目标实现的关键部分。

另一个可用于自我调节行为的重要策略是**寻求帮助**。即使我们拥有世界上最强烈的动机，如果没有更懂行的人的帮助，我们可能仍然无法完成任务。因此，知道何时以及如何寻求帮助对于成功至关重要。研究表明，寻求帮助与成功密切相关（Newman，2008）。当然，坚持克服困难并尝试独立完成任务是重要的。那么，如何知道何时以及如何寻求帮助呢？成功寻求帮助有八个阶段：（1）确定是否存在问题；（2）确定是否需要帮助；（3）决定是否寻求帮助；（4）决定寻求哪种帮助（让他人直接解决问题还是获得帮助自行解决）；（5）决定向谁求助；（6）请求帮助；（7）获得帮助；（8）处理获得的帮助（Karabenick & Dembo，2011）。这个过程需要努力、实践和接受他人帮助的意愿。

寻求帮助可能决定了你是成功还是失败。我们常常害怕寻求帮助，或者自尊心作祟，不愿求别人。我们可能认为寻求他人帮助显示了自己的无知或软弱。但事实绝非如此。几乎所有最成功的人都曾在奋斗之路上寻求并获得了帮助。例如，迈克尔·乔丹认为他之所以如此成功，是因为他愿意接受指导。他的大学队友注意到，他就像一块海绵，对学习充满渴望（Hehir，2020，22：47－23：38）。有趣的是，他并不认为自己的动力或天赋是成功的原因。这位历史上无可争议的最伟大的篮球运动员并未说成功全靠动机，相反，他运用了自我调节技能向教练寻求帮助，以提升球技。动机无法让你走得很远。要想进步，你最终很可能需要专家的帮助。披头士乐队曾一语中的："有了朋友的一点帮助，我就能应付。"

监控

自我调节执行阶段的最后一部分是监控，即观察你向目标迈进的进度。监控自己的进展很重要，因为观察我们的行为能让我们注意到成长的机会。也就是说，如果我们能观察自己朝着目标努力的行为，我们就能看出策略是否有效。如果策略有效，我们就可以继续使用；如果无效，我们可以换一种策略。研究表明，监控进展可以预测目标实现（Veenman et al.，2006）。因此，我们需要学习的一项重要技能是，在追求目标时如何监控我们正在使用的自我调节策略。

那么，如何学习监控自我调节过程呢？施密茨和佩雷尔斯（Schmitz & Perels，2011）进行了一项研究，他们要求大学生在学习时记录自己使用自我调节策略的情况。他们记录了自我调节的每个阶段，包括学习计划、监控策略和对学习行为的反思。他们发现，当学生写下他们的自我调节过程时，他们更可能进行有效的自我调节行为。他们还发现，写下自我调节策略的学生比没有写下的学生更有信心。最后，他们发现，坚持写自我调节日记的学生在数学考试中得分更高。因此，监控我们的自我调节策略可以提高我们的表现。

掌握自我调节的方法对我们的日常生活有着深远的积极影响。我们既可以通过实体日记来记录，也能在设备上创建Word文档，或是与同伴交流自我调节的过程。我们可以清晰追踪自己的计划和表现，进而反思计划的成效，并在必要时做出调整。比如，科技公司的销售人员可能整天为打销售电话而苦恼，他们可能会制定一套自我调节策略来确保电话量的达成。一个有效的方法便是记录下自己为保持工作状态所做的每一次尝试。通过整理这些自我调节的经历，他们能总结出更有效的策略，从而更有可能完成销售配额。接下来，他们需要审阅并反思这些策略的效果，若策略有效则继续执行，若效果不佳则进行调整。监控不仅是实现目标的有力工具，还能为我们铺设成功的道路，无论我们的动力是否充足。

表现评估能进一步促进自我调节

在自我调节模型中，第三阶段是**自我反思阶段**。在制订计划并监控目标进展后，下一步便是评估自己的表现。自我评估是一项至关重要的自我调节技能。你需要评估策略的实施效果，然后参与到自我反思过程中，包括调整策略，以提高其有效性。若策略行之有效，就继续采用；若效果不佳或进展缓慢，就修改策略或尝试全新的方法，并重新开始自我调节过程：通过自我反思来调整策略，制订实施计划，监控目标达成进度，再次进行自我评估。

自我反思是达成目标的关键。让我们深入探讨与自我反思紧密相关的两个关键因素。

自我评判

自我反思的首要关键因素是自我评判，即人们对自己表现及目标进展的评估。与此相关，帕纳德罗等（Panadero，2019）提出了“**评价性评判**”这一概念，指个体对自己工作质量做出评判的能力。评价性评判是一项重要的终身学习技能，因为自我反思被视为达成目标所必需的技能。评价性评判包含三个评判要素：情境、质量标准（如何完成任务）和评估标准（任务如何被评估）。首先，人们必须理解表现发生的情境。不同情境可能具有一些影响表现的特征，评估情境以了解在该特定环境中成功是什么样子是一项重要技能。例如，在“多邻国”APP上练习西班牙语与在课堂上参加西班牙语考试就大相径庭，每种环境下的成功标准也不同。

其次，人们必须了解适用于表现结果的质量标准。每项行动都有其质量标准。在课堂和工作中，标准往往显而易见。老师会解释获得分数的必要标准，老板也会明确给出员工须达到的销售配额以获取奖金。然而，有时质量标准较难发现。比如，如果你想减肥，你的锻炼计划的质量标准是什么？这时，你可能需要自行设定质量标准。了解如何寻找或制定质量标准并坚持执行，对于自我调节至关重要。

最后，要知道任务将基于哪些评估标准进行评价。这一点很重要，因为你可以根据这些标准来调整自己的表现方式。比如，你的老板是使用清单来检查你是否达标，还是采取更具反思性的方式来评估你与上一季度的表现相比的进步？每种评估方式都有其独特的评价方法，了解这一点将使你能够以更贴近评估技巧的方式来展现自己的表现。认识到表现的情境、质量标准和评估标准对于达成目标至关重要。

自我评判或自我评估是学生、员工以及我们日常生活中每个人的重要技能。那么，如何提高自我评判能力呢？与大多数事情一样，关键在于实践。研究发现，为人们提供自我评估的脚本是提高自我评判能力的有效方法。该脚本列出了有效自我评估的步骤。例如，脚本可能会指导学生思考自己的表现，写下自己做得好的地方及原因，再写出可以改进的地方及原因，并指出特定表现的具体方面。

在一项研究中，研究者创建了脚本来教学生如何进行自我评估。帕纳德罗等（2013）将使用脚本进行自我评估的学生与使用评分标准的另一组学生进行了比较。他们发现，在进行干预后，使用脚本组的学生所反馈的自我调节水平更高。因此，脚本可以成为参与自我调节中自我评判部分的有效工具。这对自我激励和激励他人具有重要意义。若要教他人如何进行自我评估，你可以编写描述自我评判步骤的脚本，并促进其实践。如果我们需要学习如何评估自己的表现，可以向老板、老师或更懂行的人求助，帮助我们制定可以遵循的自我评估脚本。

另一种已被证明对学习自我评估有效的方法是建模。也就是说，让他人示范如何进行自我评价，可以帮助你或他人学习评估判断（Allal，2020）。因此，我们建议你寻找能够有效自我评估的导师。比如，有没有同事可以向你展示他们的自我评估过程？你可以观察他们如何进行自我评价，就他们的评估过程提问，练习自我评价策略，并寻求反馈。对于他人，你可以策略性地为他们分配有能力进行自我评估的导师。这些榜样可以作为导师和指导者，教你和他人如何成功地进行自我评估。自我评估之后，你需要利用这些信息通过一个被称为自我反应的过程来提高你的表现，下面将详细讨论这一点。

自我反应

自我反应涉及人们对自身表现的感受，包括自我满足的过程，即对个人表现感到积极影响的程度（Zimmerman，2002）。当我们对自己的表现感到高度自我满足时，未来我们会更有动力参与该活动（Schunk，2001）。反之，如果我们对自己的表现感到自我满足感不足，未来参与该活动的动力就会减弱。因此，对自己的表现感到满意至关重要，因为这样接下来就会有动力。但并非总是如此。如果失败了怎么办？大多数情况下，失败会导致不满足。面对失败，你可以采取两种类型的自我反应。第一种是防御性反应，指的是从活动中退缩，以避免未来再次失败，保护自信心和自尊。例如，一个孩子可能在某项运动中失败，他没有坚持下去，而是采取了防御性立场，完全放弃了这项运动。这保护了他的自尊，但也导致未能坚持下去，甚至可能过早放弃。

更健康的反应被称为适应性反应，指的是根据表现结果调整练习、策略或表现（Greene，2018）。因此，理想情况下，与其放弃，不如评估你的表现，并采取适应性反应来修整你的表现，看看这种修整是否能帮助你表现得更好。比如，你努力备考，却未能及格，这并不意味着你应该放弃这门课程（这是一种防御性反应），相反，你可以反思自己的学习策略。你是怎么学习的？是不是死记硬背？也许你可以尝试为每个需要学习的概念编故事。研究表明，这比死记硬背更有效（Frisch & Saunders，2008）。改变你的学习习惯就是一种适应性反应，它很可能带来更好的表现。自我反应对动机有很大影响，我们可以有意识地控制自己对表现（无论是成功还是失败）的反应。

总结

当人们有强烈的动机时，自我调节策略可能是实现目标所需的额外要素。遵循对如何成功驾驭自我调节的预思、执行和自我反思阶段的指南，是达成目标的有效方式。首先设定目标并制订行动计划，然后构建你的环境并管理时间，最后，评估你的表现，并在必要时调整你的行为。自我调节是一种重要的认知策略，当你有动机时，它可以带你达到新的高度。接下来，我们将探讨将自我调节科学的原理付诸实践的方法。

将科学原理付诸实践

以下是一些基于证据的方法，你可以使用它们来参与自我调节过程，以在动机不足以成功时实现你的目标。这些方法及其详细内容见表4-1。

1. 管理时间

对自己

时间管理就是设定时间表、坚持执行，并在必要时做出调整。你可以使用电子表格来规划你每天的时间安排。例如，你可以花一小时回复电子邮件，三小时开会，四小时写报告。每个周末记录一下这个时间表的有效性。你可能会发现你需要更多时间写报告，而花在电子邮件和会议上的时间应该减少。根据需要调整，并继续反思你的时间分配。同时，确保优先处理重要任务。

对他人

当人们拖延时，通常是因为他们感到不知所措，不知道该从何做起。这里有一个建议，可以让人们列出他们一整天需要完成的所有事情，然后根据重要性和紧急性重新排列这份清单。接下来就按照顺序开始完成任务。比如，假设你的孩子在上大学，需要完成以下任务：为下周的代数考试复习、撰写周五截止的论文、填写明天截止的助学金申请表，以及为周末酒吧的知识竞赛之夜复习。你可以教他们根据重要性和紧急性对这些任务进行排序。助学金文件非常重要且明天截止，所以先填写那份。接下来是周五截止的论文。

然后是下周的代数考试复习。虽然知识竞赛之夜在代数考试之前，但它的重要性较低，可以放在清单的底部。按照紧急性对任务进行排序，是一种有效的时间管理方法，可以避免拖延。

2. 优化环境

对自己

关注你的环境，思考什么最能提升你的表现。哪里干扰最多？哪里能让你最专注？问问自己：你更喜欢独自工作还是团队合作？在家工作效率高还是咖啡馆？工作地方噪声如何？光线怎样？有哪些干扰因素？然后根据你的偏好调整环境。比如，你可能喜欢在家工作，但每次打开电脑，总有事情让你分心：洗衣机里的衣服要拿出来、厕所漏水、邻居敲门，还有，哦，对了，狗狗需要散步。一天结束，家里焕然一新，但你的工作却毫无进展。问题可能不在于你，而在于环境。在咖啡馆工作可能更适合你，因为那里干扰少，还不用打扫！这样你就能专注于手头任务，高效完成。

对他人

帮助他人找到最适合实现目标的环境，即一个更少干扰和诱惑的环境。即使某个人处于理想环境，也可能因为缺乏完成任务所需的知识而无法完成任务。这时，他们需要学会求助。你可以营造一个让人敢于求助的氛围，即让人们知道不懂或犯错是正常的，求助是几乎所有成功人士都会采用的有效策略。此外，还要教会人们何时以及如何求助。比如，新来的同事工作进展缓慢，你担心他难以在公司立足。你可以找个时间告诉他，不懂就问完全没问题，遇到难题时可以找你帮忙，你会帮他重回正轨。求助是调节我们的行为和取得成功的重要方面。

3. 监控表现

对自己

关注自己的表现并评估进展是一项需要学习的重要技能。仅仅制订计划还不够，还需要监控计划执行情况，确保其有效。设定目标时，可以制作一张进度跟踪表。如果进展顺利，继续保持！一定要记录下对你有效的方法。如果落后于进度，试着找出原因，并在必要时调整策略。比如，你的目标是减肥，可以设定一个子目标：每周锻炼四次。记录每周锻炼次数，如果少于四次，思考原因。可能是因为你每天下班后看一小时电视，没时间锻炼了。那你就要每天锻炼后再看电视，如果没锻炼，就不看电视！

对他人

像大多数事情一样，自我调节需要努力，而且我们很少明确地练习。你可以通过让他人记录目标、制订计划、描述监控表现的方式和评估表现来指导他们进行自我调节练习。比如，你弟弟想采取健康饮食，但却坚持不下去，你可以建议他记录自我调节过程。他可以在笔记本上设定健康饮食目标，制订不吃垃圾食品的计划，然后记录饮食习惯的执行情况。最后，你可以阅读他的日记并与他一起反思表现。明确反思自我调节是学习和掌握自我调节技巧、实现目标的有效方法。

4. 评估表现

对自己

这里重申一下，自我评估的关键在于练习和反馈。练习评估自己的表现，并请老板、老师、家人或朋友给出反馈，以验证你的自我评估是否准确。在自我评估时，要确保了解表现的背景、评判标准和外部评估方式。比如，如果你想在工作中获得加薪或晋升，首先要了解工作环境的背景。你的单位经常加薪吗？何时加薪？一定要了解加薪或晋升的标准。是否有需要满足的标准？你的工作有配额要求吗？还要弄清楚他们如何评估你。是否有个评估加薪或晋升的标准或清单？然后，你可以开始采取行动来达成目标，赢得那份应得的加薪或晋升。

对他人

学习自我评估的一个好方法是观察他人的成功实践。这之所以有效，是因为人们可以观察他人成功自我评估的策略，并尝试复制这些行为。此外，他们还可以从这些人那里获得反馈并改进自己的过程。因此，你可以通过向他们展示你如何自我评估来为他们树立榜样。或者，你可以推荐一个能够展示自我评估过程的榜样。

比如，如果在工作中有一位新销售员不会自我评估表现，你可以给他找个导师，教他如何自我评估。这种示范教学是一种教授他人如何参与自我评估过程的有效方式。

表 4 -1　基于科学的动机水平提升策略

策略	对自己	对他人
管理时间	制定一个日程表，监控进度，及时调整计划，并优先处理重要任务	教授他人如何根据任务的重要性和紧迫性进行排序，并按照顺序完成任务列表
优化环境	找到最适合自己表现的环境，消除干扰，提升专注力	帮助他人打造一个减少干扰与诱惑的环境，教他们何时以及如何寻求帮助。提醒他们，寻求帮助并不是弱点，而是成功人士常用的有效策略
监控表现	记录达到子目标的进展，并每周进行回顾	协助他人监控目标达成情况，鼓励他们明确记录自我调节的过程，保持记录自我调节日记
评估表现	练习自我评估并寻求反馈。确保理解评估的背景、标准和类型，心中牢记这些因素进行自我评价	提供一个示范，让他人了解如何进行自我评估

尝试这些提升动机水平的策略

我想激励自己去完成的事情：

我将尝试以下策略：

我想帮助他人提升动机水平的领域：

我将尝试以下策略：

尾声

那么，拉肖恩要怎么做才能搬出父母的家呢？她动机十足。但正如我们刚刚学到的，仅仅有动机是不足以达成目标的。仅仅因为你想要某样东西，并不意味着它就会发生。拉肖恩可以利用动机学的原理，运用自我调节技能来实现她的目标。她需要制订计划，监控自己向目标迈进的进度，评估自己的表现，并在必要时对计划进行调整。在学习了自我调节之后，拉肖恩将搬家的目标分解成若干个子目标，包括寻找室友和搜索出租房源。对于每一个子目标，她都制订了行动计划(比如，在网上发布寻找室友的信息)，并规划了在自己忙碌的日程中何时执行每个计划。她还向刚经历过这一过程的朋友寻求了帮助。经过三个月的监控、评估和调整，她找到了室友和一个她负担得起的理想住处。明晚，她将邀请朋友们来她的新家聚会。虽然家里的装饰还达不到《南方生活》杂志的标准，但她为自己能够达成“离巢”的目标而感到自豪。

写小说是吉姆的梦想。事实上，他能在脑海中清晰地看到那本闪闪发光的书，封面上赫然印着他的名字。然而，每当他坐下来准备写作时，总有一些事情会将他拉走，无论是工作任务、新一集的奈飞剧集，还是出去钓鱼的机会。那本书始终浮现在他的脑海中，但书页却始终空白。

第五章 幻想成功，并不能带你抵达彼岸

吉姆会成为下一个斯蒂芬·金吗？还是会满足于在奈飞观看斯蒂芬·金的新剧集？

神话：幻想成功就能成功

作为人类，我们有能力运用想象力去构想我们想要的未来。吉姆对自己想要写的书的想象可能对他来说非常真实——真实到让他感觉它几乎就要实现了！想象事件和情境被称为**心理模拟**（Taylor & Schneider, 1989）。心理模拟可以包括回放已经发生的事件，比如回想与伴侣的争吵；构建假设情境，比如你决定选择这个度假地点而不是另一个会发生什么；或者尝试不同情境下的不同方法，比如你将如何与同事对峙。

这些心理模拟可以成为解决问题的重要部分。它们让我们能够在没有实际后果的情况下尝试各种可能性。

因此，可以合理认为，幻想成功的结果——比如你要写的新书、试卷上的 A 以及与你心仪之人步入婚姻殿堂的旅程，将推动你走向成功。虽然这些看起来像是值得做的事情，但事实证明，专注于结果实际上并不是达到这些结果的非常有用的策略。事实上，专注于结果可能会阻碍你真正去做那些能达成成功结果的事情。

遗憾的是，认为幻想成功就能成功的观念普遍存在。在我们的调查中（Grolnick et al., 2022），超过 67.5% 的受访者或多或少、或强烈同意这一观点。只有 15.3% 的受访者表示反对。这可以理解，因为它看起来如此合理且积极！但如果我们真的想要实现目标，就需要挑战这一观念。

为何我们相信这个神话

媒体、生活教练，甚至是像托尼·罗宾斯（Tony Robbins）这样的励志大师都在倡导通过幻想成功来实现目标。例如，马特·梅伯里（Matt Mayberry）曾告诉你（2015）："要像阿里那样想象自己获胜。想象自己像吉姆·凯瑞那样在技艺上无人能敌。想象你的下一次投篮就是制胜一球，就像迈克尔·乔丹那样。想象自己取得成功，实现每一个目标，完成每一项任务。"玛拉·塔巴卡（Marla Tabaka）在她的文章《以你的方式幻想成功（真的！）》[*Visualize Your Way to Success*（*Really!*）2012] 中写道："当我们习惯性地、有意地幻想一个期望的结果，并坚信它是可能的，我们的大脑就会增加使其发生的动力。我们变得越来越坚定，愿意做任何事情来实现我们的目标。"

诺曼·文森特·皮尔（Norman Vincent Peale）则建议道（1982）："在心中牢牢树立自己成功的形象，生动地想象它，这样当渴望的成功到来时，它似乎只是选择了一个早已存在于你脑海的现实。"如果我们的大脑真的能像这些生动的话所暗示的那样运作就好了。虽然这些建议很有说服力，但遗憾的是，科学并不支持这些想法。

除了励志大师们的言论，我们可能还因为这一观念看起来非常积极和乐观而相信它。想象自己站在终点线上，手捧奖杯，或坐在梦想中的办公桌前，感觉真棒！但如果这一切没有成真，你发现自己仍然坐在家里的躺椅上，那么白日梦可能会变成噩梦。摆脱这一策略可能感觉不那么美好，但更有可能让你更快、更有效地到达目的地。

我们也可能因为心理学家所说的**易得性启发法**（Tversky & Kahneman，1973）而相信幻想成功就能成功。这一现象认为，越容易想象到的场景，我们越可能相信它们会真实发生。这是我们大脑用来帮助我们决定做什么的一种捷径。它减少了我们做决定所需的努力。所以，如果轻易地就能想象自己手握泰勒·斯威夫特演唱会的门票，那么，你或许会认为自己抢票成功的概率比实际要大得多。你可能没有留意到，那十万名注册成为粉丝的人都有资格购票。因此，你或许就不会费力去寻找其他购票途径，而这些途径恰恰能让购票成功更有可能。所以，这种很好想象却难以实现的结果，可能会将我们引向最终让成功变得更加渺茫的道路。

我们之所以相信幻想成功是一个绝佳的策略，是有很多原因的。但正如我们所见，将梦想变为现实，还有更多更有效的方法。

为何要破除这一神话

幻想自己成功的画面固然能带来愉悦与积极情绪，然而，这种暂时的振奋可能与我们的实际成就背道而驰。它可能导致我们高估成功的概率，从而阻止我们采取那些更有可能实现目标的行为。而当这一切未能如愿——当我们所幻想的自己从未成为现实——我们可能会开始质疑自己达成目标的能力，进而放弃那些本可以实现的梦想。尽管这乍听起来不那么悦耳，但放弃这种看似积极的策略，转而采用更加高效的设想与规划方式，才是实现目标的关键。有时候，眼前的艰难正是通往最终成功的高效阶梯！

在接下来的几节，我们将通过科学证明，仅仅幻想成功并不一定能引领我们到达彼岸。同时，我们也将提供一些更有可能帮助我们达成目标的策略。

科学原理：幻想成功并不等于成功

幻想我们想要实现的结果或许并非达成目标的最佳策略，但科学支持了许多其他极为有效的方法，能够帮助我们向成功迈进。与其单纯幻想成功，不如采用以下三种策略来推动我们走向成功：幻想过程而非结果、运用执行意图以及采用元认知策略。下面我们将阐述这些成功策略背后的科学依据。

幻想过程比幻想结果更有效

假设你的目标是完成一场十公里赛跑，让我们对比两种幻想赛跑目标的方式。

第一种方式，你想象自己轻松地跨过终点线，抬头便看到屏幕上闪烁着比预期还要快的成绩，朋友们和家人在场边为你鼓掌，你感到无比自豪与喜悦。而另一种方式是，你幻想的是达成终点所需的每一步。清晨的闹钟响起，你早起晨跑，看了看时间，才早上六点。你泡了杯咖啡，等了几分钟让咖啡发挥作用——这将是一场艰难的奔跑，但你看到自己坚持到底。你的呼吸变得沉重，你停下来稍作喘息。你最终抵达了终点，疲惫却满足。

第一种方式——即想象自己轻松跨过终点线，被称为**结果模拟**（Taylor et al., 1998）。在这种方式中，你幻想的是想要达成的结果——终点线、期末论文的 A 或新单位宽敞的办公室等。而在第二种方式，即**过程模拟**中，你幻想的是实现目标所需的具体步骤，包括途中可能遇到的困难和挫折，比如面试表现不佳或深夜学习时犯困。那么，哪种方式更有可能助你成功呢？

雪莉·泰勒（Shelley Taylor）及其同事在一系列研究中正是围绕这一问题展开探讨。在其中一项研究（Taylor & Pham, 1999）中，他们招募了即将参加第一次期中考试的心理学入门课程的学生。他们将学生带入实验室，教授他们如何进行心理模拟。其中一半学生接受了过程模拟训练，被要求幻想自己以何种方式学习才能获得 A 等，比如想象自己复习课堂笔记、排除干扰（如关掉电视或音乐）以及拒绝朋友出去玩的邀请。而另一半接受结果模拟训练的学生，则被要求想象自己获得 A 等的场景，比如站在成绩公布栏前，依次往下看，看到自己的名字旁边写着 A 等。他们被要求想象自己感受到的喜悦。每种条件下的学生都被告知要练习所学内容，并在考试前的五天中每天进行。

哪一组表现得更好呢？进行过程模拟的学生组更早地开始学习，并投入了更多时间。此外，他们的成绩比没有进行任何模拟的对照组高出近八分。相比之下，结果模拟组的学生并未获得太多益处，他们的学习时间并未超过对照组，成绩也仅高出两分。作者建议，并在其他研究中证明，过程模拟更有可能促使人们制订计划并实际执行对实现目标有益的行为（Taylor & Pham，1999）。结果模拟或许能带来即时的满足感，但这种满足可能会干扰那些积极且有时艰难，但能让你接近目标的行为。

加布里埃尔·厄廷根（Gabrielle Oettingen）及其同事通过一系列实验，进一步深入解释了为什么结果模拟没有过程模拟有效（Kappes & Oettingen，2011）。他们认为，如果人们想要将幻想变为现实，就需要有付诸行动的能量。遗憾的是，积极的结果幻想似乎并不能产生这种能量。例如，在一项研究中，幻想在征文比赛中赢得两百美元且一切顺利的成年人，在模拟后所反馈的能量感低于那些幻想可能得不到奖、甚至幻想事情可能不顺利的幻想者。在另一项研究中，人们被诱导幻想一个一切顺利的理想一周，或者只是想象接下来一周会发生什么。那些进行积极幻想的人所反馈的能量感低于采用中性策略的人，且在实际接下来的一周中，他们取得的成就也较少。

在理解这些发现时，我们再次建议，要想让愿望成为现实，就必须制订计划并应对可能出现的问题。想象那些积极完美的结果确实能让我们感觉良好，但并不会产生让愿望成真的能量。这就像我们的大脑满足于这些积极的画面，仿佛它们就是现实。但遗憾的是，并不是。

因此，科学支持的观点是，想象达成目标的过程比想象达成目标本身更富有成效。它给予我们前进的动力，并让我们专注于成功的路径。但仅仅想象过程并不足以保证成功。在下一节，我们将阐述具体计划的重要性以及如何制订它们以实现最佳成功。

确立执行意图，引领目标成功

在新冠疫情期间，和许多人一样，我（温迪）有了很多额外的时间。我真的很想学弹吉他。我知道这会很困难，因为我没有什么特别的音乐天赋，而且年纪也不小了！但我一直想学吉他，并认为它能在这段艰难时期给我带来安慰和安定。我找出了孩子的一把旧吉他，他曾经弹过，但现在已经买了更好的乐器。我该如何开始呢？我制订了一个计划。首先，我报名参加了一个在线教程。其次，我计划每周利用三天时间，在下午四点工作结束后，分配一小时来练习吉他。我考虑到很可能很多天我都不想弹，因为可能会感到疲惫，所以计划在每周其余四天里，用这一个小时来弹奏我已经学会的简单歌曲。我开始了！

你可能会好奇结果如何。计划基本上奏效了！我现在能弹奏大多数主要和弦，以及一些简单的歌曲，可以唱给我的小孙子听。虽然我永远不会成为吉他专家，但弹吉他确实给我的生活增添了不少乐趣。

就像本章开头的吉姆一样，我们都有想要实现的目标。有些是小目标，比如清理衣柜，有些是大目标，比如写一本小说。但遗憾的是，对许多人来说，梦想只是梦想，目标始终未能实现。这是因为设定目标和为之努力是两码事。努力需要坚持并克服执行中的问题。当然，最重要的是要确定一个目标，这被称为**目标意图**（Gollwitzer，1993）。目标意图是指你表述“我打算执行 X 行为或实现 Y 结果”。这是一个好的开始，因为它意味着你有了实现某事的决心。但下一步是启动目标导向的活动。对于你以前做过的或比较常规的事情来说，这可能很容易。但在很多情况下，这并不容易。原因有很多。首先，可能有很多开始的方式，选择其中一种可能很困难。即使你分配了一些时间，也可能会花在考虑这些选择上。我现在是弹吉他好呢，还是整理衣柜更好？下午四点真的是最佳时间吗？其次，你可能忙于其他事情，可能会错过向目标迈进的好机会。例如，在超市购物时，你可能错过一些健康食品，因为你没有提前想到你的健康饮食目标与购物方式之间的联系。你可能错过了在邮件收发室与老板交谈的机会，因为你没有计划在那个环境下与他交谈。执行意图是解决这些困难、追求目标并可能取得成功的有力方式。

确立执行意图

执行意图是一个具体计划，包括你将在何时、何地、如何采取行动以实现你的目标（Gollwitzer，1993）。执行意图是一种制订计划的方式，使用“如果—就”的格式，听起来像是“如果情况 Y 出现，我就执行行为 Z”。这种格式明确了导致行为的线索或情境。例如，如果现在是下午四点，我就拿出吉他练习一个小时。或者，如果你的目标是与同事建立友谊，你可能会说：“如果我在邮件收发室遇到她，我就问她是否愿意周五一起去吃午饭。”关键是要明确一个参与目标导向行为的机会，这样你就不会错过这些机会。

执行意图的确立过程分为两大步。第一，你需要明确一个行为，这个行为将推动你朝着目标前进。这个行为可能是借助在线课程练习吉他，可能是组建学习小组以复习材料，从而达成考试拿 A 的目标，也可能是多走几步以保持身材。

第二，你需要预见一个能够触发你行动的场景。我为自己设定的是每周四天的下午四点，因为那是我在完成其他工作后渴望转换状态的时间点。对于想要增加步数的人来说，这个场景可能是走进工作单位，准备前往五楼的办公室——当这种情况发生时，你每天都会选择走楼梯而非乘电梯。明确在遇到特定场景时的行动方案，就能绕过我们许多人常遇到的“开头难”的问题。当遇到可能是实现目标的好机会的场景时，我们可能会犹豫不决：我今天真的想弹吉他吗？要不要等到新的一周开始时再邀请同事共进午餐？我今天有点累，要不要乘电梯呢？执行意图消除了这些疑问，让你在遇到特定场景时就知道该做什么——比如，到四点就练习，看到同事就邀请她共进午餐，上楼时就选择走楼梯。

那么，确立执行意图是否真的对实现目标有所助益呢？彼得·戈尔维策及其同事通过一系列实验来解答这个问题。在一项研究（Gollwitzer Brandstätter，1997）中，他们在12月8日至12月18日期间询问大学生希望在圣诞假期期间完成哪些个人项目。接下来，他们评估了学生是否有实现这些目标的执行意图，比如是否有包括行动时间点的具体计划。四周后，他们再次评估学生是否完成了项目。结果显示，没有执行意图的学生中，仅有22%完成了目标，而有执行意图的学生中，高达62%完成了目标。对于较难实现的目标，这一差异尤为显著。

在另一项相关实验研究中，戈尔维策和布兰德施塔特（1997）给本科生布置了一项圣诞假期的作业：写一篇关于他们如何度过平安夜的作文。一半学生被要求确立执行意图，包括何时何地写作；另一半则没被要求这样做。结果显示，在确立了执行意图的条件下，71%的参与者在规定时间内提交了作文，而对照组中只有32%做到了这一点。这项研究表明，拥有执行意图对于及时达成目标至关重要。

确立执行意图不仅包括“如果—就”的计划，即你将会做什么，还包括当你分心或不想继续时该怎么办。比如，当下午四点到来时，电话可能会响起，或者你可能会忍不住去回复一些邮件。确立执行意图的一部分目的就是预见这些障碍，并提前规划好当它们发生时你将如何应对（比如，不接电话，设置自动回复）。

在一项研究（Gollwitzer & Shaal，1998）中，参与者被要求完成一项需要长时间集中注意力的任务。

在他们执行任务的过程中，会播放获奖广告作为干扰。一半参与者制定了关于如何应对这些干扰的执行意图（“一旦我看到画面或听到声音，我就会忽略它们”），而另一半则没有。结果显示，那些确立了抗干扰执行意图的参与者在任务中表现更佳。类似的效果也出现在对数学任务感到焦虑的学生身上（Parks-Stamm et al.，2010）。

研究表明，儿童也能从执行意图中受益。在一项研究中（Wieber et al.，2011），六岁儿童被要求在电脑上对交通工具（船、汽车、卡车）和动物（猫、牛、狗等）进行分类。同时，他们会在屏幕顶部看到极具吸引力或吸引力较低的干扰性卡通片，或者听到这些卡通片的声音但看不到画面。一半儿童接受了执行意图指令："如果有干扰，我会忽略它！"另一半则只是有忽略的意图："我会忽略干扰。"对于吸引力较低的干扰性卡通片，两组儿童在任务表现上没有差异；但对于吸引力较高的卡通片，那些确立了执行意图的儿童表现更好。这些结果都表明，拥有非常具体的"如果—就"计划来应对潜在的干扰，对于成功至关重要，尤其是当干扰极具吸引力时。无论是手机铃声、起身找零食，还是被当下更吸引人的事情吸引，我们都需要一个计划来应对那些让我们偏离目标的不可避免的分心因素。

在计划中融入心理对比

加布里埃尔·厄廷根（Oettingen，2000）在她的**心理对比**研究中，进一步发展了实施计划以追求目标的理论和策略，以期将积极的想法和理念转化为对目标的承诺和实际行动。

心理对比涉及同时思考期望的未来结果和阻碍你实现目标的现实状况。具体来说，心理对比首先要求你思考一个关于行为改变的愿望，比如更加努力地学习、吃得更健康，或是邀请某人约会。接着，你可以想象一下在成功改变行为后的美好未来——换句话说，如果你做出了这个改变，会发生什么？比如，如果你更加努力地学习，你可能会在考试中表现出色；如果你吃得更健康，你可能会感觉更好或更有活力；或者，如果你邀请了你心仪的人，你们可能会共度一个美妙的约会！接着，你将这个积极的未来图景与阻碍你实现未来目标的消极现实进行对比。比如，朋友的打扰让你无法专心学习，夜晚的无聊驱使你放弃健康饮食，面对心仪之人却不知如何开口邀约。通过同时幻想积极未来与消极现实，你会开始将现实视为待征服的障碍，而一旦这看似可行，你对目标的承诺便会更加坚定。

心理对比可以与另外两种思维模式——放纵与沉溺现状并置比较。放纵是指一味幻想美好未来，而不考虑当前现实的阻碍；而沉溺现状则是只关注眼前阻碍目标实现的现实，却不去憧憬那令人向往的未来。那么，与同时考虑这两者的心理对比相比，它们又如何呢？厄廷根及其同事（Oettingen et al., 2001, 2005）认为，将放纵与沉溺现状并置观察，能够将两者联系起来，并增强克服障碍、达成目标的决心。

心理对比真的有效吗？有大量证据表明，它确实有效。例如，厄廷根及其同事（Oettingen et al., 2001）询问了一所职业学校中计算机编程专业的青少年，他们认为自己在数学方面取得优异成绩的可能性有多大。

他们将这些学生分成三组，第一组进行心理对比，既思考数学优异带来的积极未来，也反思现实中的障碍；第二组仅思考积极未来（放纵）；第三组则仅关注消极现实（沉溺现状）。实验两周后，那些对成功抱有合理高期望且进行了心理对比的学生，比其他两组同样抱有高期望的学生更加坚定地致力于提高数学成绩。在另一项研究中，厄廷根及其同事（Oettingen et al., 2005）让参与者幻想自我提升，并告知他们，通过参加自我效能感培训课程可以实现这一目标。参与者被分为三组：一组进行心理对比，既憧憬培训带来的益处，也正视实现这一益处的现实障碍；另两组则只关注其中一方面。结果显示，与其他两组相比，进行心理对比的参与者之后对参加培训的兴趣更浓，也更愿意付出努力。这些研究表明，心理对比是推动我们向目标迈进的有效策略。

结合执行意图与心理对比——制胜策略！

尽管心理对比是增强目标承诺的绝佳方式，但正如我们在执行意图部分所论述的，仅仅有追求目标的意图还远远不够，你还需要一个详细的计划。而执行意图策略正是这样一个计划，它通过“如果—就”的句式明确了行为和情境（比如，“如果朋友来找我时我正在学习，我会请她五点再来”）。

因此，理论家们建议将心理对比与执行意图相结合（MCII），这一策略已被证明在学术、个人目标追求以及不同人群中均取得了成功。

在一项针对儿童的研究中，安杰拉·达克沃斯（Angela Duckworth）及其同事（Duckworth et al.，2013）教授了一组五年级学生使用心理对比与执行意图，而另一组学生则接受了与学业愿望或目标相关的积极思维训练。两个月后，接受 MCII 干预的学生在学业上表现更佳，到校也更准时，且得到了老师更好的行为评价。仅仅三小时的干预就能带来如此显著的改善，足见这一技术的强大力量！

MCII 在健康行为方面的积极作用也得到了证实。例如，施塔德勒等人（Stadler，2009）比较了两种提高女性运动量的干预方法：一种是提供健康信息，另一种是信息加 MCII。结果显示，后者在干预后运动量加倍，且这种差异在随后的四个月内得以保持。在其他领域的研究中也发现了类似的积极效果，如不健康的零食习惯（Adriaanse et al.，2010）和减少就寝拖延以确保充足睡眠（Valshtein et al.，2020）。

总之，仅仅想象成功（或仅仅沉溺于当前的问题）并不能改变我们的处境。运用心理对比并确立强有力的执行意图，包括为分心和其他不可避免的障碍做好计划，是朝着目标迈进的强大方式。

反思我们的思考：另一制胜策略

我们已论证并提供证据表明，仅仅想象自己达成目标可能并非实现目标的最佳策略，但关注我们思维的力量并以其他方式运用我们的内心语言却能帮助我们。我们的许多目标——无论是工作还是个人生活中的——都要求我们学会如何掌握挑战并以新方式解决问题。为了最大限度的成功，这类任务需要我们积极分析任务，并在任务前后及过程中运用思考和反思的策略。著名心理学家约翰·弗拉维尔（John Flavell）在20世纪70年代提出了“元认知”一词（Flavell，1987），用以描述儿童如何理解和控制自己的记忆。现在，该领域讨论的是元认知策略，即儿童和成人在学习和解决问题时使用的策略，它要求我们思考自己的思考方式，换句话说，就是在解决问题时反思自己的技能和所使用的策略。

第四章介绍了一个自我调节模型，帮助人们达成目标。而在本章中，我们将采用类似的模型，但重点放在可以用来最大化成功的内部思维过程上。你可以把它看作是心灵的自我调节。在这方面，元认知策略可以分为两大类：**元认知知识**和**元认知调节**（Schraw & Dennison，1994）。元认知知识指的是人们对学习的了解，包括对自己认知能力的认识——比如，知道哪些对自己来说难或易，对特定任务的认识（即哪些部分最具挑战性），以及对可能尝试的不同策略的了解。策略的例子包括使用记忆法来记住吉他弦的顺序或定期自测以检查记忆效果。

元认知调节则涉及人们在任务执行过程中的行动，具体分为三个环节：计划、监控和评估。计划是指思考目标，并考虑如何接近任务以及可能采用的策略。

你可能会问自己：“我试图做什么？我会使用哪些策略？我以前用过的哪些策略可能有用？”

接下来是监控，即执行计划，跟踪自己的表现，并评估达成目标的进度。如果策略不起作用，你可能会决定做出改变。这时，你可能会问自己：“我现在使用的策略有效吗？是否需要尝试不同的方法？”最后是评估，即确定你使用的策略在帮助你实现目标方面的成功程度。你可以自问：“我做得怎么样？哪里出了问题？下次可以有什么不同的做法？”元认知并非我们自然而然就会的，但它可以通过学习和实践来获得。

使用元认知策略与生活中诸多领域的更高目标承诺、进步和成就密切相关，比如儿童（Brown & Palincsar，1989）和成人（Ohtani & Hisasaka，2018）的学业，健康与健身目标（Burke，Wang，& Sevick，2011），以及实现具有挑战性的个人目标（Kiaei & Reio，2014）等。例如，在数学问题解决中运用更多元认知策略的中学生和高中生，在数学方面取得了比使用较少此类策略的学生更高的成就（Young & Worrell，2018）。接受元认知使用指导的人在学习和其他任务上也表现更佳。例如，艾米莉·费芙（Emily Fyfe）及其同事（2022）向一年级和二年级学生教授数学等价性时，一半学生被训练在课程中提出元认知问题，如"我需要采取哪些步骤才能得到正确答案，我如何检查答案是否正确"，另一半则没有接受这种训练。结果显示，接受训练的学生在数学问题解决上表现更好。另一项研究表明，训练参与者自我监控饮食和运动对于减肥效果显著（Burke，Conroy et al.，2011）。

那么，如何在追求目标的过程中运用元认知策略呢？帕特里夏·陈（Patricia Chen）及其同事（2020）建议人们培养一种策略心态。策略心态促使你运用元认知策略，它涉及在追求目标前向自己提出一系列问题。这几位研究者认为，有些人在开始任务前会问自己问题，比如"我能做些什么来帮助自己"。这些问题能引导你使用包括计划、监控和评估在内的元认知策略。为了测试这些策略问题是否会导致更多元认知策略的使用，陈及其同事要求大学生反馈他们的策略心态情况，并对诸如"当你遇到困难时，你多久会问自己'我能做些什么来帮助自己？'和'有没有更好的方法？'"等问题并做出回答。然后，他们询问这些学生在课堂上是否使用了元认知策略，并根据从"1 分"（从不）到"5 分"（大部分时间）的尺度进行评分，如"在学习课程时，我倾向于跟踪我的学习方法是否有效"。

研究发现，学生的策略心态越强，就越有可能使用元认知策略

（Chen et al., 2020）。相应地，学生使用元认知策略越多，他们的平均学分绩点（GPA）就越高。最终，研究证明，通过增加元认知策略的使用，策略心态提高了学生的 GPA。在第二项研究中，他们进一步证明，策略思维不仅对学术追求有效，对实现更广泛的个人目标也同样有效。研究中的参与者反馈了他们是否拥有策略心态，然后列出了当前的职业或教育目标（如学习 Excel）和健康/健身目标（如减重十磅）。

接着，他们报告了在实现这些目标时使用元认知策略的频率，并最终报告了他们在实现每个目标方面所取得的进展。这些研究者发现，与第一项研究相似，拥有策略心态增加了元认知策略的使用，而元认知策略的使用则促进了更多的目标进展。

在最后一项研究中，他们设计了一项干预措施，教授人们如何运用策略心态（Chen et al., 2020）。一半的研究参与者接受了该培训，另一半则没有。然后，所有参与者都被分配了一个破壳分离蛋清、蛋黄的任务。为了激励他们，他们被告知，如果能收集到最大量的蛋清，就能赢得一百美元。接着，他们记录了参与者在执行任务时是否使用了元认知策略。不出所料，接受策略心态干预的参与者更有可能使用元认知策略，而且使用的策略越多，他们完成任务的速度就越快。同时，干预组的参与者获得的蛋清也更多。

总结

我们都习惯于憧憬美好结果，在白日梦中我们在沙滩上沐浴着阳光，或是得到梦寐以求的工作岗位，这一切都在自然不过。然而，当梦想照进现实，仅仅聚焦于那美好的结果，往往难以推动我们前行。科学告诉我们，我们需要关注的是实现目标的过程，即便这过程中不乏艰辛与不易。此外，我们可以确立执行意图，即明确的“如果—就”句式，引导自己在特定情境下采取具体行动。这样一来，我们便不需要猜测未来该如何行动。我们可以将达成目标的愿景与现实状况相结合，让当前现实成为待征服的挑战。

最后，我们可以成为策略思考者，在追求目标的过程中不断自问，规划行为、监控进展、评估成果。有了这些工具，我们就不再是单纯地幻想理想情境，而是真正地生活在其中。在下一节，我们将对如何在你和他人的生活中执行这些策略给出一些建议。

将科学原理付诸实践

仅仅在脑海中幻想成功并不足以带来成功，但运用我们的心智力量去反思手头的任务，规划、监控并评估我们的行为，则更有可能助我们达成目标。你可以运用我们已总结在表 5 - 1 中的策略，它们将助你迈向成功：

1. 专注于达成目标的过程，而非结果

对自己

在追求目标的过程中，与其想象你想要达到的结果，不如专注于那些能助你达成目标的具体行为。比如，与其在脑海中浮现一本封面闪闪发光的书，不如想象自己正坐在书桌前，埋头写着书的第一页。你甚至可以在想象中加入一些细节，比如尽管坐下很难，但你仍然手捧咖啡走进办公室，关上门，埋头苦干。

对他人

鼓励他人不要只盯着目标的最终成果或结局，而是建议他们关注那些能引领他们走向成功的具体行为。你可以让他们列出为实现目标需要采取的行为。比如，如果你的朋友想买一辆新车，与其想象自己驾驶着闪亮的新车驶出停车场，不如让他们想象自己正在研究哪款车最符合他们的需求，并逐一探访各个车行。与销售人员的艰难对话也可以成为想象的一部分！

2. 为目标确立执行意图

对自己

选定一个能推动你向目标前进的具体行为，然后针对这一情境制定一个“如果—就”的指令。“如果”部分可以包括能提示你采取行动的时间、地点或情境。比如，如果你想要一个整洁的办公桌，你可以说：“如果早上我走进办公室，我会先花五分钟整理桌面，然后再开始工作。”同时，为可能遇到的干扰和障碍制订一些“如果—就”计划。例如，“如果我在整理桌面的五分钟内收到短信，我会等整理完再查看。”这种清晰具体的计划让你在面对情境时无须猜测如何行动，并确保你不会错过任何向目标迈进的机会。

对他人

向他人解释，达成目标需要的不仅仅是良好的意愿，还需要我们称之为“执行意图”的具体计划。给出一个“如果—就”指令，这能明确他们为实现目标将采取的行为以及触发这一行为的情境或提示。可以给他们举一个简单的例子，比如：“如果日间电脑课程发布，我就会报名参加。”帮助他人构建这些“如果—就”计划，同时构建一些应对潜在干扰和障碍的计划。比如，“如果首选的早课已满，我就报名参加晚课。”建议他们将这些“如果—就”计划写下来，并贴在显眼位置的便利贴上，这样计划就会更加具体，也更容易实现。

3. 将心理对比与执行意图相结合

对自己

在构想目标时，要同时考虑理想的未来和当前的现实。将当前现实视为障碍，并思考克服这一障碍的行为。比如，假设你的目标是在工作会议中更积极地发言。采用心理对比的方法，你首先会思考（或写下）更积极发言带来的正面结果，比如让你的更多想法融入日常工作之中。然后详细阐述这一可能的结果。接着，你可以考虑这一情境中的负面现实。比如，你可能认为几位同事在会议中非常强势，占据了大量的时间和空间，留给你的发言机会很少。现在，这就是你需要克服的障碍。你可以决定为会议做更充分的准备，提前构思几个观点。或者与你的上司谈谈你的目标，看看他们是否能在会议开始时为你留出一些时间。在每种情况下，你都可以创建“如果—就”指令——比如，“如果我这周见到上司，我就会和他讨论如何让每个人都有机会在会议中发言。”运用这些技巧，你将亲眼见证理想中的未来变为现实！

对他人

虽然他人可能认为专注于理想的未来就能实现目标，但你要向他们解释清楚，同时考虑负面现实并将两者联系起来也同样重要。鼓励他们反思目标或理想的未来以及它们将带来的好处，然后让他们也谈谈负面现实。接着强调，他们已经识别出需要克服的问题，现在可以开始着手解决了。让他们生成能够克服问题的行为，并据此制定可执行的“如果—就”指令。比如，吉姆可能会思考如果他写完书会发生什么，比如，他将获得一些额外收入，并在写作界获得一些认可。

但负面现实是他几乎没有空闲时间投入写作。接着，他可以思考如何挤出时间，比如，“如果现在是早上八点，我就会先写一小时，然后再开始其他工作。”很快，一些章节就会写成，吉姆也将踏上成功之路。

4. 培养策略思维与运用元认知策略

对自己

在着手新任务或设定新目标前，先向自己提出几个关键问题，比如：“我究竟想达成什么？我将采用哪些策略？过去哪些方法解决过类似问题？”比如，在撰写本书第一章之初，我（温迪）感到有些力不从心。我回想过去哪些方法奏效过，我记得在正式写作前，先阅读文章并做好笔记的方法很有效。意识到有了一套可行的方案后，我的焦虑感也随之消散。你也可以试试这个策略！

对他人

不要急于解决问题或开始任务，而是帮助他人退后一步，反思即将面对的挑战。鼓励他们问自己一些关键的问题，比如："我将采取哪些策略来应对这项任务？过去哪些方法成功过？"比如，对于即将考试的学生，你可以建议他们考虑考试的形式、哪些资源有助于复习（如课堂笔记、模拟试题、阅读教材、教授答疑时间），以及他们计划如何使用这些资源。进而，提醒他们在学习过程中监测学习方法是否有效。考试后，让他们反思考试表现如何反映了他们的学习方式。每次这样做，都是为下次的成功奠定基础。

表5-1 基于科学的动机水平提升策略

策略	对自己	对他人
专注于达成目标的过程，而非结果	重心放在达成目标的具体步骤上，而不是最终结果上。设定每周、每日甚至每小时的任务，逐步达成目标	帮助他人理清达成目标所需的步骤
为目标确立执行意图	确定计划中包含的行为和提示，并严格遵循	帮助他人识别需要针对的行为以及相应的情境或提示
将心理对比与执行意图相结合	想象你未来想要实现的目标以及目前的现实，视当前现实为需要克服的障碍	鼓励他人将期望的未来与当前现实结合在想象中，看到当前情况是一个需要克服的障碍
培养策略思维与运用元认知策略	在开始任务或追求目标之前，问自己关于如何处理任务的关键问题，规划使用的策略。监控任务进展，最后评估结果	建议他人在开始之前反思自己解决问题的方法和策略，并在执行过程中检查和评估进展与表现

表5-1 基于科学的动机水平提升策略（续）

策略	对自己	对他人
尝试这些提升动机水平的策略		
我想激励自己去完成的事情：		
我将尝试以下策略：		
我想帮助他人提升动机水平的领域：		
我将尝试以下策略：		

尾声

我们提供了多种利用想象力和思维力量将愿望和目标变为现实的方法。我们崭露头角的作家吉姆可以专注于写作过程，运用心理对比和执行意图来制订前进计划和克服障碍的策略，同时监控并评估自己的进度。我们在撰写本书时采用了这种方法，吉姆同样可以！

阿赫迈特是一名医疗器械销售员，收入颇丰，足以养家。但他一直梦想成为一名厨师。他喜欢为伴侣和朋友烹饪美食，还喜欢看《顶级大厨》等烹饪节目。他总说有一天要申请去上烹饪学校。他经常对伴侣说:“时机一到，我就申请。我迫不及待想每天创造新菜谱！”然而年复一年，阿赫迈特仍在向医院推销医疗设备。每次看《顶级大厨》时，他又会提起成为厨师的梦想，伴侣则无奈地翻白眼。

第六章
别等动机来临再行动

我们是否应该等待合适的时机再去追求梦想、申请读研究生、写下书稿的第一章或改掉坏习惯？阿赫迈特认为应该等待最佳时机申请烹饪学校，这种做法对吗？

神话：应该等待动机降临

追求新职业或挑战新活动时，人确实会感到畏惧。阿赫迈特想确保自己准备充分再行动，这也情有可原。即便他想当厨师，也可能觉得现在还未准备好——这可能让他力不从心。

但遗憾的是，对阿赫迈特来说，动机并不一定会降临。研究表明，等待或拖延只会导致表现不佳或压根不去尝试。要完成事情，我们需要制订计划和设定目标。或许阿赫迈特可以从设置一些子目标开始，这些子目标不会让他感到难以承受。他可以迈出第一步，查询当地有什么烹饪学校，或是了解他喜爱的厨师们是在哪里接受培训的。总之，他应该做点什么，而不是坐等动机降临。

在我们的动机信念调查中（Grolnick et al.，2022），大多数人不同意“我们应该等待动机降临”这一说法——这是好事！或许人们都有过错失良机的经历，知道这种等待游戏往往不会有好结果，甚至可能带来许多焦虑和自我贬低。然而，仍有9%的人同意应等待动机降临，这个数字听起来不高，但乘以美国的人口总数，就是一大群人。还有近15%的人既不同意也不反对，表明有些人对此并不确定。作为教师、研究者和治疗师，我们确实看到许多人在开始行动前挣扎不已，常听他们说：“我在等动机爆发。”我们为何会有这样的感受呢？

为何我们相信这个神话

原来，我们可能并不完全了解自己的动机及其运作方式。例如，我们并不擅长预测自己对任务的动机水平。库拉托米（Kou Kuratomi）

和他的同事（Kuratomi et al., 2023）通过一系列实验证明了这一点。实验中，他们给参与者分配了一些冗长且重复的任务，比如给出一些单词，要求参与者尽可能多地想出与之相关的其他单词。在短时间尝试后，让参与者预测在完成二十分钟任务后的感受。

完成任务二十分钟任务后，再让他们评估自己在活动中的投入程度和享受程度。结果显示，参与者的投入程度和享受程度超出了他们的预期。因此，人们往往会低估自己的动机水平。

此外，有证据表明，人们往往会高估完成某项任务所需的时间（Burt & Kemp, 1994）。这种高估可能导致我们一味等待，直到条件完美无瑕（这种情况几乎不存在）且时间充裕（这更是难得）的那一刻。因此，如果我们不擅长判断自己的动机水平，将任务视为难以逾越的大山，那么认为必须等到万事俱备才能着手处理任务，也就情有可原了。然而，这些误解却成了我们提升效率的绊脚石。事实证明，我们不应坐等动机自然降临，而应勇敢地迈出第一步，让动机在工作中逐渐显现。我们总以为必须先有动机才能行动，但或许，我们更应该先设定目标，行动起来，动机自然会随之而来。

为何要破除这一神话

正如阿赫迈特的例子所示，如果我们一味等待动机自然降临，那或许将陷入无尽的等待之中。我们可能会一再拖延项目的启动，直至机会悄然溜走。又或者，我们虽已着手某事，但初时缺乏动力，便半途而废。等待动机的降临不仅会影响职业转变（如阿赫迈特所经历的），这一误区还会渗透至生活的方方面面，比如迟迟不敢提出升职加薪的请求、迟迟不动笔写书、一再推迟期待已久的旅行、家中项目一拖再拖、健身计划难以启动，或是面对心仪之人犹豫不决。因此，破除这一神话，学会如何设定并追求目标，是促成一切的关键。掌握有效设定目标的方法，将是实现我们梦想与任由其消逝之间的分水岭。

在这里，我们将探讨如何利用动机学的原理来摆脱拖延，将计划付诸实践，以实现你的目标。

科学原理：不要等待动机的降临

目标与计划的科学属于动机的认知理论范畴。认知是心理事件的总和，包括各种思想——预期、计划、目标和判断。在认知理论中，这些思想如同行动的源泉，指导我们做什么以及如何做得更好。

20 世纪 60 年代，心理学家乔治·米勒（George Miller）、尤金·加兰特（Eugene Galanter）和卡尔·普利布拉姆（Karl Pribram）首次利用“计划”的概念（1960）研究这些认知。计划是一种关于未来行动的构思。计划的概念源自人们察觉到的差异。比如，你刚开始上瑜伽课，看到同学们摆出各种高难度姿势，而你连碰到脚尖都费劲。你心中勾勒出自己想要达到的理想状态。这种现实与理想瑜伽姿势之间的落差促使你制订计划来缩小这一差距。计划让你开始行动。于是，你每周练习姿势，不断挑战那个高难度动作。你继续将自身表现与理想状态进行对比，若仍未达标，便再次尝试。这一过程不断重复，直到你的动作能与同学们的动作相媲美。瞧，成功了！

人们可能会注意到这些差异（比如，你预定的酒店房间与图片不符），也可能有人向你指出（如上司告诉你销售业绩不如他人），当然，你也可以自己制造差异。你可以在脑海中构想一个理想的状态或目标。比如，阿赫迈特现在的工作与他理想中的工作之间的差距。这或许是一个好的开始，计划可以当作有用的认知工具，但它们往往不够具体，而该领域已向更加实用且具体的认知类型迈进：即目标。

目标就是一个人想要达成的任何事情。无论你是努力争取 GPA 3.8 的绩点、卖出价值百万的房产、减重五磅，还是打包所有搬家箱子，你都在设定一个目标。关于目标的重要性的研究始于 20 世纪 30 年代，但真正蓬勃发展是在洛克及其同事的组织学研究中。洛克和拉瑟姆（Locke & Latham，1990）研究了设定目标如何影响不同任务的表现，以及哪种目标最为有效。如今，大量研究揭示了哪种类型的目标最为理想。此外，还有一些引人入胜的研究表明，我们设定目标时所追求的内容也至关重要。最近，我们还发现，我们追求目标的原因可能决定着我们是否能实现这些目标。

基于这些关于目标的信息，科学告诉我们以下几点：

设定具体且具有挑战性的目标，人们表现更佳

假设你想提高游泳耐力，并计划每周游几次。当你来到泳池准备开始时，你心想："我要尽可能多游几圈。"这样的目标会有帮助吗？是否最有效？有没有更适合的方式来设定你的圈数目标？

洛克和拉瑟姆（1990）在其数十年的研究中，就目标的重要性提出了这些的问题。他们发展出了目标理论，并撰写了《目标设定与任务表现理论》（*A Theory of Goal Setting and Task Performance*）一书。在书中，他们回顾了人们在有无目标以及不同类型目标下完成任务或参与活动的实验。例如，洛克和布莱恩（Locke & Bryan，1966）让大学生使用脚踏板和操纵杆，尝试将一组绿灯与一组红灯的模式相匹配。在练习后，参与者要么带着一个具体目标（即在试练基础上多匹配十五个）进行任务，要么仅被告知"尽力而为"。结果，设定了具体目标的参与者匹配成功的次数显著多于"尽力而为"组。在另一项任务中，本科商科学生要按指令制定五门大学课程的独特时间表（Winters & Latham，1996）。他们要么被告知要制定一定数量的正确时间表，要么被告知"尽力而为"。结果显示，那些设定了具体目标的学生制定出的正确时间表更多。

因此，一般来说，设定具体目标是目标设定的重要方面。与其要求员工对顾客友好，不如设定目标为微笑迎接每位顾客并询问如何提供帮助。与其让孩子多读些书，不如要求他们在暑假期间每两周读完一本书。而我自己（温迪）也从“我要写这本书”转变为“我要每天至少写一个小时”，结果真的完成了这本书！

除了具体性之外，研究表明，具有挑战性的目标更有可能提升表现。一项研究（Boyce，1990）让135名大学射击课学生在跪姿下进行射击，这是他们不常做的动作。一些大学生被分配了困难或中等难度的目标（根据试射表现），另一些大学生仅被告知“尽力而为”。结果，设定了困难目标的学生得分最高。而且，目标越难，表现越好。这一发现适用于教育、销售、减肥和运动等多个领域。但目标难度的有效性有一个前提，即目标必须被视为现实且可达成的。如果目标被视为不可能实现，人们可能不会被接受，可能不愿尝试，或当目标未达成时会感到沮丧。我们将在本章末尾讨论如何帮助人们实现目标，并探讨哪些目标设定策略能促进胜任感和自主性。

为何设定具体且富有挑战性的目标对表现有影响？首先，具体的目标可以引导你采取与目标相关的行动，而远离那些无关的行动。你清楚自己的目标所在，因此会专注于并采用能够助你达成目标的策略。其次，具体目标有助于人们调整努力程度。当你清楚终点在何方时，你可能需要激发更多能量以冲刺到终点。最后，具体且富有挑战性的目标影响坚持力。若你拥有明确目标，便会持之以恒，甚至可能超越自我预期，付出更多努力。

在管理领域，这些理念多被融入SMART目标（Doran，1981）这一缩写词中。具备以下五个特征的目标更易实现：

1. **具体的**（Specific）：目标应清晰明确，以便能集中精力去实现。例如，你的目标是到九月份卖出五百盒饼干。

2. **可衡量的**（Measurable）：目标应附带衡量标准，以便你追踪进度。这些标准能告诉你离目标还有多远，帮助你保持动力。

3. 可实现的（Achievable）： 目标应具挑战性但非遥不可及。是的，你希望挑战自我极限，但也要确保目标有实现的可能。

4. 现实可行的（Realistic）： 目标虽可实现，但也需要现实可行，这同样重要。比如，你或许能在九月份卖出五百盒饼干，但这需要建立在你能负担得起相应投入的基础上。你需要根据这一现实情况调整目标。

5. 有时限的（Time-bound）： 目标应设定完成期限。有了期限，你便能先专注于实现目标，然后再处理其他事务。

科学告诉我们，不要坐等动机降临。应设定短期与长期目标。若感到力不从心，就设定一些感觉能实现的目标。例如，在撰写此书的过程中，我（温迪）曾经感到没有创意、丧失动力。这时，我会设定一些整理参考文献的目标，这些工作相对轻松且可行。渐渐地，你会实现更大的目标。

我们所持目标的类型至关重要

作为教师，我们观察到学生以不同方式对待课程。有些学生似乎对学习材料充满兴趣，收到反馈后，他们会专注于提升理解力，渴望深入了解该主题。而另一些学生则高度关注自己的表现（即分数），他们想知道所学内容是否会在考试中出现（如果不考，为何要学）。收到反馈时，他们询问如何获得更高分数，关心他人表现如何，非常在意自己的成绩。这两类学生分别代表了成就情境中的两种目标类型，即掌握目标（mastery goals）与表现目标（performance goals）（Dweck，1986）。持有掌握目标的人专注于学习以获取知识和技能，渴望精通某事，并尽可能多地学习和进步。对他们而言，成功意味着按照自己的标准取得进步和提升。相反，持有表现目标的人则关注于显得聪明而非愚蠢，他们希望表现良好，尤其是在他人面前。他们的成就目标是证明自己具备某种能力，因此成功意味着超越他人。图 6-1 描述了这两种目标类型的特征。他们所持的目标类型影响着他们选择任务的方式、表现及学习方式。

掌握目标	表现目标
获取知识和技能，提升能力	展现自己的能力胜过他人
■ 倾向选择挑战性任务 ■ 遇到难题时会努力尝试 ■ 采取适应性的学习策略，如寻求帮助	■ 避免挑战性问题以保全面子 ■ 遇到困难时减少努力 ■ 采取“做表面文章”策略，隐藏自己的努力

改编自 “*Motivational Processes Affecting Learning*,” by C. Dweck, 1986, *American Psychologist*, *41*(10), p. 1041(https://doi.org/10.1037/0003-066X.41.10.1040). Copyright 1986 by the American Psychological Association.

图6-1　掌握目标与表现目标的特征

在早期的一项研究中，研究者伊莱恩·艾略特（Elaine Elliott）和德韦克（1988）让五年级学生解决模式识别问题。一半学生被设定为表现目标导向，即被告知他们的表现将被录像并评估；另一半则被设定为掌握或学习目标导向，即被告知这项任务对学业大有裨益，能锻炼思维。对于每种情况，又有一半学生被告知他们在该任务上具有高能力，另一半则被告知能力较低。随后，学生须选择想要解决的问题。一些是表现型问题：“这些问题难度不一，有的难有的易——你不会学到新东西，但可以展示你的能力。”另一些则是学习导向型：“你将学到新东西——可能会犯很多错误，有时会觉得自己很笨，但你会学到一些非常有用的东西。”

正如作者所料，持有表现目标的学生选择了表现型任务，而持有掌握目标的学生则选择了学习导向型任务。进一步的观察发现，那些持有表现目标且被告知能力较低的学生在遇到难题时真的陷入了困境，他们责怪自己太笨，轻易放弃。这项实验研究表明，持有表现目标可能会阻碍你充分学习，甚至抑制你的发展，尤其是在你对自己的能力不确定且任务艰巨时。

自该项研究以来，研究人员开发了问卷，以测量儿童和成人需要完成任务时倾向于采用掌握目标还是表现目标。例如，学生会被问及是否同意诸如“很多人说在学校学习很重要，但对我来说，真正的重点是取得好成绩”（表现目标）或“我对学习那些能真正让我深思的东西感到兴奋”（掌握目标）等表述。研究发现，持有掌握目标的人更可能选择具有挑战性的任务，而持有表现目标的人则会选择轻松的任务，以便在最终成功时显得更出色（Ames & Archer，1988）。持有掌握目标的人采用更有效的学习策略，如回顾材料并努力攻克难题（Michou et al.，2013），而持有表现目标的人则采用更肤浅的策略。此外，持有掌握目标的人还展现出更深层次的概念学习和更高的内在动机水平。

掌握目标导向的人比表现目标导向的人更倾向于寻求帮助（Newman，1991）。后者不愿意表现出自己的不足，因为这显得自己不够出色。因此，他们无法在真正需要的帮助时获益。此外，表现目标还与一些负面结果相关联，如作弊（Anderman，2007）以及在情况不佳时减少努力，这种策略被称为**自我设限**（self-handicapping）。自我设限是一种保全面子的方式，通过说“哦，我没尽全力”来避免承认能力不足。

尽管大多数关于目标的研究集中在教育领域，但工作领域的研究也表明，掌握目标比表现目标更重要。例如，詹森与范·伊佩伦（Janssen &Van Yperen，2004）让荷兰一家能源公司的288名员工完成了一份关于自己的目标导向的问卷。员工们对诸如“当我通过努力获得新知识或学习新技能时，我觉得自己在工作中最成功”（掌握目标）和“如果我的表现比同事好，其他人犯错而我没有，我就觉得自己在进步”（表现目标）等陈述进行了回答。随后，詹森与范·伊佩伦让主管对员工的工作表现进行了两个方面的评估：角色内表现，即完成工作所需的行动和任务；以及创新工作表现，即新想法的产生和实施。研究发现，掌握目标导向与更好的角色内表现和创新工作表现、与主管更积极的互动以及更高的工作满意度相关。相反，表现目标导向则与较低的角色内工作表现、与主管的低质量互动以及较低的工作满意度相关。

尽管科学指出了掌握目标的积极面和表现目标的消极面，但一些研究表明，表现目标也有其积极之处——它们可能促使人们付出努力并取得更高的成就。例如，在一项针对大学生的研究中，朱迪思·哈拉基维茨（Judith Harackiewicz）及其同事（1997）在一门心理学入门课程开始时评估了学生的目标。课程结束时，掌握目标导向的学生对课程反馈了更多的兴趣和享受，但成绩并不一定更高。而表现目标导向与兴趣和享受无关，却与更好的成绩相关联。有趣的是，从长期影响来看，掌握目标导向的学生更有优势，他们更有可能选修额外的心理学课程，这表明掌握目标带来的兴趣产生了影响。因此，掌握目标和表现目标都有其积极面，这要看你想要实现什么目标。

科学的另一个新结论是，人们可以同时拥有这两种目标，甚至在同一时间拥有两种类型的目标，这意味着人们既想表现良好又想学习（尽管有时同时拥有这两种目标很难，因为它们可能会相互冲突。例如，如果你承担了一项艰巨的任务，你可能表现不佳，因此看起来不够出色，但你可能学到很多）。正如朱迪思·哈拉基维茨及其同事（Harackiewicz et al., 1997）对大学生的研究所示，只要你也拥有掌握目标，表现目标就可能对表现有益。这样你就能获得内在动机和更高成绩的好处。而同时拥有这两种类型的目标往往是最优选择（Pintrich, 2000b）。

然而，表现目标也有其阴暗面。有一种特定的表现目标，即表现回避目标，是指你的目标是避免表现不佳。这与之前讨论的努力表现良好或看起来出色形成了反差。表现回避目标的核心是尽力避免看起来糟糕或表现得比别人差（“我只是不想垫底”）。研究一致表明，拥有表现回避目标与较低的表现和更多的焦虑水平相关（Elliot & Church,

1997）。为了避免尴尬，你可能会感到焦虑，因为你时刻担心下一个可能的尴尬场面。表现回避目标可能涉及负面情绪的恶性循环。如果你抱有表现回避目标并遭遇失败，尴尬感可能导致习得性无助，进而使你彻底放弃努力。表现回避目标是通往动力缺乏的滑坡。因此，你绝对不能设定这样的目标！

创建促进掌握目标的环境

人们为什么会采用不同的成就目标？这一话题已在教育、工作和体育等多个领域得到探讨。有证据表明，目标可能源于人的个性。例如，更具竞争力的人更可能采用表现目标（Harackiewicz et al., 1997）。但大多数理论家认为，我们所处的环境会影响我们所采用的目标。因此，在教育环境中，教室的设置以及教师向学生传达的关于目标和重点内容的信息可以鼓励学生或阻止学生采用不同的目标。在工作环境中，任务的分配方式、绩效的评估方式以及主管的行为都可能产生影响。这些影响目标的环境方面被称为目标结构。

什么样的目标结构更可能促进掌握目标和表现目标？在促进掌握目标的目标结构设置中，学习和努力都得到了强调。这种目标结构传递的信息是，发展能力很重要。错误被视为学习过程中不可避免且非问题性的一部分，因为错误能带来进步。相反，表现目标结构强调人们相对于他人的表现如何。人与人之间进行比较，竞争无处不在。这种目标结构传递的信息是，你必须展现你的能力，并表现出色。

福布斯女士的四年级课堂充分体现了表现目标结构的特点。她的做法包括将学生的成绩张贴在公告板上。当她发回试卷时，她会宣布谁获得了最高分。获得这些高分的学生会因为被单独挑出来而感到尴尬。当然，那些名字没有被叫到的学生则对自己、有时甚至对她感到不满。这一年对许多孩子来说都不好过，尤其是那些热爱学习的孩子。

学校的研究表明，课堂的目标结构对学生的目标设定有重要影响。

当课堂采用掌握目标结构时，学生更可能采用掌握目标；而当课堂采用表现目标结构时，学生则更可能设定表现目标（Bardach et al., 2020）。因此，教师可以通过课堂的结构和行为方式，对学生的目标设定产生巨大的影响。

同样的情况也发生在职场。研究员梅尔文·哈姆斯特拉（Melvyn Hamstra）及其同事（Hamstra et al., 2014）研究了两种不同类型的领导风格，这些风格可能对员工的目标设定产生影响。变革型领导者传达了对未来的理想化愿景，并关注共同价值观。他们认识到员工的需求和能力，并激励其成长。他们帮助下属将注意力集中在提升自我能力上，而不是与他人比较。相比之下，交易型领导者则注重个人成就，并通过奖励来提高绩效。他们强调评估，并创造一个环境，让下属必须展示自己的能力，并超越他人，以获得奖励。在一项研究中，那些将上司视为变革型领导的员工更可能反馈自己设定了掌握目标，而那些将上司视为更偏向交易型的员工则更可能反馈自己设定了表现目标。因此，在职场中，目标结构同样起着至关重要的作用。

尽管我们希望在工作和教育领域都推广掌握目标，但重要的是要认识到，只有当工作对个人具有某种兴趣价值时，掌握目标才会导向内在动机和绩效。如果工作没有刺激性，那么设定掌握目标只会带来失望。在一项针对四百多家企业员工的研究中（Dysvik & Kuvaas, 2010），拥有更多掌握目标的人更有可能打算离职。因此，如果你设定了掌握目标，你可能会渴望在公司外部寻找成长和学习的机会。但事实证明，这只有在内在动机水平较低时才会发生：当人们喜欢并感到自己的工作具有挑战性时，他们可以在公司内实现学习和成长的愿望，因为这里有让他们茁壮成长的机会。只有当他们不是出于工作的乐趣和挑战性而工作时，掌握目标才会成为他们跳槽的诱因。

为什么追求目标很重要

每年，大约有一半的北美成年人会制订新年计划。也许你会决定去健身房、减掉几磅体重，或者存更多的钱（最常见的计划包括减肥、戒烟和减少酒精摄入）。但遗憾的是，研究表明，到一月底，大约有40%的人反馈说未能实现自己的目标，而到了六个月时，这个数字高达60%。这些令人沮丧的结果背后可能有很多原因。其中一些可能与我们之前讨论的内容有关：目标不够具体，正如第五章所述，你需要专注于实现目标的步骤，而不仅仅是想象结果本身。但另一种可能性，最初由麦吉尔大学的理查德·科斯特纳（Richard Koestner）提出，关乎我们为什么追求目标。事实证明，这也同样重要。

你可以出于多种原因去追求一个目标。这些原因在你感到自主或受到自己或他人推动的程度上各不相同。你可以出于内在原因去追求目标——因为它很有趣或你很感兴趣。你也可以因为目标对你有价值或很重要而追求它。例如，你希望多做一些志愿工作，因为给社区带来帮助对你很重要。但你也可以因为别人希望你这样做而追求某个目标，我们称之为外部动机。例如，你可能决定每周锻炼三到四次，因为你的伴侣希望你这样做。或者你想努力取得更好的成绩，因为你的父母总是唠叨这件事。你还可以因为觉得自己应该这样做而追求目标，例如，“我真的应该多读些经典书籍（尽管我喜欢读我通常读的书）”或“我真的应该保持办公室整洁，这样人们就不会认为我邋遢了”。

肯·谢尔顿（Ken Sheldon）及其同事在多项研究中探索了人们追求目标的原因是否会产生影响。例如，在一项研究中，谢尔顿和艾略特（1998）让大学生列出他们计划在本学期努力实现的五个目标。然后，他们让学生指出自己为什么追求这些目标，例如，是出于更自主的原因，如兴趣和目标的价值，还是出于更受控制的原因，如来自他人的压力。

之后，他们跟踪了学生在实现这些目标方面的进展。他们的研究一致发现，当人们拥有更多自主型目标时（而不是当目标更受控制时），他们更有可能在这些目标上取得进展。这一发现已经在短期（如周末）和长期（如多年）目标中多次重复，并且，对十二项研究的元分析也表明，与个人兴趣或价值相关的目标与目标进展相关（Koestner et al.，2008）。在另一项研究中，谢尔顿等人（2004）发现，拥有更自主的长期目标比拥有更受控制的目标更能带来幸福感。因此，设定你真正选择并出于自主原因追求的目标，不仅能增加你成功的可能性，还能让你感觉更好。

如果你觉得这番话道出了很多心声，那你并不孤单！我（温迪）觉得，尽管我已下定决心保持桌面整洁（甚至为此特地每天腾出十分钟来整理），但我的桌子还是一如既往地杂乱无章，我想这就是原因吧。我承认，我其实并不太在意桌子是否凌乱——我只是因为老公总是唠叨我才去整理的！每当我开始整理时，桌上的某样东西总会吸引我的目光，让我分心。我在这项任务上的彻底失败恰好证明了：要想持之以恒地努力，就必须真正认同目标，这样才能避免被诱惑而偏离轨道。

再来说说新年愿望吧。格林斯坦和科斯特纳（Greenstein & Koestner，1996）两位研究者招募了一些学生，让他们写下自己的新年愿望，并评估自己追求这些愿望的不同原因。结果表明，那些出于更自主的原因追求新年愿望的学生，其进展比那些出于更受控制的原因追求目标的学生要大得多。同时，出于自主原因的学生也表示自己准备更努力地去追求目标。因此，选择出于自主原因想要达成的目标将会产生巨大的影响。

一个目标设定的成功故事

戴夫在汽车行业工作，他的职责是飞遍全国为各大汽车公司筹备车展。年轻时，这确实是一份很棒的工作，让他得以从大西洋飞到太平洋，饱览大好河山。但随着年龄的增长，他开始觉得这份职业已不太适合自己。频繁的旅行开始让他感到疲惫不堪。他发现自己总是梦想着辞职，去尝试成为一名职业高尔夫经理人。戴夫高尔夫球技精湛，但从未接受过高尔夫管理方面的培训。有一天，当他又一次在旅途中时，他再次梦想着在高尔夫球场上工作。于是，他开始研究成为职业高尔夫经理人所需的步骤。这个过程看起来令人生畏，需要多年的学徒生涯和认证课程学习。他如何在目前的工作之余抽出时间来完成这些任务呢？戴夫沮丧地合上了笔记本电脑。也许，等到时机成熟时，他会去追求自己的梦想吧。

但时机永远不会成熟！转行是令人害怕的。戴夫在现在的工作上表现得非常出色。诚然，他过得很痛苦，但他的收入不错，工作也很稳定。戴夫真的相信了那个神话：他应该等待那个神奇的时刻降临，这样就可以去追逐在高尔夫球场上工作的梦想。而正是这个观念阻碍了他实现梦想。最终，戴夫决定放手一搏。他没有等待那个神奇的时刻来临，因为他意识到时机永远不会成熟。每一步都将充满挑战。但他可以选择坐以待毙、痛苦不堪，也可以选择通过设定必要的子目标来实现成为一名认证职业高尔夫经理人的梦想。戴夫选择了后者。他辞去了汽车行业的工作，在一家高尔夫球场当起了高尔夫球车服务员。同时，他完成了每一项职业高尔夫经理人在线认证课程。他还跟着一位职业高尔夫经理人在球场实习。通过实现这些子目标，他最终得到了晋升。现在，戴夫是底特律一家高尔夫球场的职业高尔夫经理人。他做到了。

如果戴夫继续相信那个“应该等待动机降临”的神话，他可能永远无法实现自己的梦想。

总结

虽然等待动机降临似乎是个好主意，因为这样你就能以最佳的状态去应对艰巨的任务，但科学表明，通过设定目标来投入行动才是成功的关键。但并非任何目标都行得通。当我们的目标具体、具有挑战性（但又不至于不切实际），并与我们的价值观和重视的事物相一致时，我们最有可能成功并走得更远。而且，如果我们能创造这样的条件：让我们自己或他人专注于学习新事物而不是外表光鲜亮丽——即专注于掌握目标而不是表现目标——那么我们就更有可能在技能和能力上得到成长，并在前进的过程中感到更加积极、更少焦虑。设定这种类型的目标将帮助我们行动起来，而且我们可能会发现追求这些目标比想象中更轻松、更愉快！

将科学原理付诸实践

研究表明，与其等待动机降临，不如采取以下策略来设定和实现你的目标。表 6－1 总结了这些策略。

1. 为你自己设定具体且有挑战性（SMART）的目标

对自己

制定具体且可衡量的目标。将大目标分解成你认为可以完成的小目标（SMART 目标）。让目标具有一定的挑战性，以便让你自己有所突破。例如，你的目标可能是参加波士顿半程马拉松。使用 SMART 目标框架，你可以这样写下你的目标：（1）我将每天训练（具体的）；（2）我将每月增加 1 英里的跑步距离，并在 Fitbit 上跟踪记录（可衡量的）；（3）我现在已经能跑 5 英里了，我相信我能在九个月内跑到 13.2 英里（可实现的）；（4）我的工作是从上午九点半开始，所以我有时间在上班前完成跑步（现实可行的）；（5）九个月的时间足够我提高耐力来完成比赛（有时限的）。有了这些 SMART 目标，你就应该能够以最佳状态完成半程马拉松了！

对他人

帮助人们设立既具挑战性又可实现的目标。为他们提供关于如何使目标具体化和可衡量的信息，以便他们能够追踪自己的表现。协助他人将较大的目标分解成更小、更实际的小目标。确保人们接受这些目标——如果他们不接受，就听取他们的意见并调整目标，直至大家都能接受。

2. 注重掌握目标与学习目标，而非表现目标

对自己

在设定目标时，努力专注于学习新技能和相对于自己的提升，而不是他人的表现或他人将如何评价你。提醒自己，犯错是过程的一部分！例如，在思考如何在工作上取得进步时，选择那些能让你学习新技能的机会，而非仅仅为了得到上司的赞扬。这种方法将帮助你成长和发展，并最终因你的贡献而受到认可。

对他人

营造一种让人们感觉能在安全的环境中学习的氛围，在这里他们不会受到评判。尽量淡化评价，转而提供有助于他们改进的反馈。要向他们传达这一信息：犯错是不可避免的，如果他们遇到困难，你会伸出援手。例如，足球教练可以询问球员希望学习什么，并就如何实现目标给予个人反馈。

教练可以强调，每个人水平都不一样，有着不同的目标，而努力才是最重要的。这样一来，球员就不会感到与他人比较的压力，可以坦然面对自己的困难并寻求帮助。

3. 选择与自己的价值观和兴趣相符的目标

对自己

反思设定目标的原因。如果这是他人强加给你的，或者你感到被迫去做，那么重新考虑追求这个目标是否有益。尽可能选择与你的价值观和兴趣相一致的目标。对于那些你觉得自己必须追求（尽管它们与你的价值观和兴趣并不一致）的目标，试着找出追求这些目标的重要性或益处。例如，你可能认为应该多在家里做饭而不是外出就餐，以节省开支。但你真的不

想自己做饭，因为你不喜欢烹饪！这不是成功的好开端。最好找到其他你愿意做的省钱方法。不过，如果你必须追求这个目标，你可以思考在家做饭如何有助于你实现其他目标，比如吃得更健康。

对他人

帮助他人根据自己的价值观和优先级设定目标。如果他们的目标与他们的真实兴趣和价值观不符，尽量不要强迫他们去追求。指出追求这些目标对他们自己的价值观和兴趣的好处。例如，如果你的伴侣对增加运动量持矛盾态度，以强迫或施压的方式让他们设定这个目标是没有帮助的。主动与他们讨论这个目标对他们的重要性，并支持他们找到与自己价值观相符的目标。

表6-1 基于科学的动机水平提升策略

策略	对自己	对他人
为你自己设定具体且有挑战性（SMART）的目标	要找到能让你稍微挑战自己的目标，并清楚地说明目标的具体内容、限定时间和方法（SMART原则）	帮助人们设定一些稍具挑战性的目标，但要确保这些目标是他们可以接受的，并且让他们感到舒适
注重掌握目标与学习目标，而非表现目标	同时，创建目标时，重点关注学习和提升，而不是拿自己和别人比较。利用你自己的表现作为挑战的动力	帮助他人设定提升目标时，避免将他们的表现与他人进行比较，不要过分强调结果，而是聚焦于过程
选择与自己的价值观和兴趣相符的目标	在考虑目标时，思考一下你为何追求这个目标。选择那些能与你的价值观和兴趣相符合的目标	帮助人们找出与他们的价值观和兴趣相符的目标
尝试这些提升动机水平的策略		

表6-1　基于科学的动机水平提升策略（续）

策略	对自己	对他人
我想激励自己去完成的事情：		
我将尝试以下策略：		
我想帮助他人提升动机水平的领域：		
我将尝试以下策略：		

尾声

研究支持威廉·巴特勒·叶芝早年写下的名言：“不要等到铁热了才打铁，要通过打铁让它变热。”不应该等到铁热了再去打，而应通过打铁让它变热，并设定具体、有挑战性且与自身愿望相符的目标。谁知道呢，也许阿赫迈特就是下一个米其林星级厨师！

在热门探索频道节目《致命捕捞》中，渔民勇敢地面对危险的白令海，捕捞阿拉斯加帝王蟹和雪蟹。这是一项极其艰苦的工作，渔民需要在波涛汹涌的海上度过日日夜夜。在某一集中，一位企业家厌倦了办公室格子间的生活。他的生活变得乏味，渴望新的挑战。他一直热爱大海，于是决定辞去办公室的工作，成为一名捕蟹渔民。他虽然没有任何捕蟹经验，但从小就喜欢和朋友们一起钓鱼。他幻想着整天坐在船上，在平静美丽的大海上与朋友们一起捕鱼。这位企业家以为自己会成为一名成功且快乐的捕蟹渔民——“我是说，这能有多难呢”。于是，他报名参加了一个渔民团队，踏上了去往白令海的征途。

然而，事情并未如他所愿。海上的巨浪让他每天都晕船。他在船上工作时，随着船只在波涛中摇摆，他很难保持平衡。他不太懂得如何设置和回收捕蟹笼。他抱怨连连，与船员们相处得也不融洽。他发现，成为一名职业渔民比他想象的要艰难得多。仅仅在海上待了几天，他就请求船长带他回岸并放下他。他放弃了。

第七章

我们需要寻求帮助，以准确评估自己的能力

那么，是什么让这位几乎没有任何捕蟹经验的企业家认为自己可以放弃日常工作，成为一名捕蟹渔民呢？原来，人们并不擅长判断自己在某方面的能力是好是坏。

神话：人们清楚自己的能力水平

人们往往非常不擅长评估自己的能力。我们经常过于自信地认为自己在不了解的领域也能表现出色。这可能是因为我们不了解从事某项活动所需的技能，因此难以准确衡量自己的实际能力。例如，我（本杰明）的弟弟是一名护士，他问我是否认为自己能胜任他的工作。我的第一反应是，既然我是一个相当聪明的人，我当然能成为一名出色的护士。我觉得我可以直接进入这一角色，尽全力照顾病人。但由于我对护士的日常工作了解甚少，我无法想象自己在这个角色中会表现得多么糟糕。不，我不能在没经过多年培训的情况下就担任护士的角色。我弟弟向我描述了他作为护士的日常工作，讲解了他需要为被送入急诊室的病人所做的一切。我学得越多，就越明显地意识到自己对护士所需的技能知道得少得可怜。随着我对这个话题的了解加深，我意识到我肯定会是一名糟糕的护士，因为我没有从事这个职业所需的技能。在这个例子中，我高估了自己的护理能力，因为我对成为护士所需的条件一无所知。当我更多地了解护理工作时，我才意识到我对护理工作几乎一无所知。俗话说，一个人越聪明，就越觉得自己无知。或者说，你对某件事了解得越多，就越意识到自己还需要学习。

但在评估自己的能力时，高估技能并不是唯一的问题。我们经常也会低估自己的能力，这可能导致严重的后果。1976年，著名电视节目主持人、商业巨头和作家奥普拉·温弗瑞因“不适合做电视节目”而被解雇。这次打击让她对自己的能力产生了怀疑。更不用说，她还面临着性别歧视、种族歧视和骚扰。她怀疑自己是否应该放弃成为主持人的梦想。她开始认为自己没有能力实现目标。她差点因此放弃。幸运的是，她坚持了下来，最终赢得了现在著名的日间电视节目主持人的位置。但她对自己能力的怀疑差点让她低估了自己的潜力。如果她没有在被打击后振作起来，继续尝试，她可能就不会成为今天的传媒巨头（要了解她的更多故事，请收听《创造奥普拉》播客）。关键是，我们往往容易低估自己的能力，尤其是在面对拒绝和失败时。低估自己的能力会极大地降低我们的动机水平。

在我们的动机信念调查中（Grolnick et al.，2022），我们发现，超过一半的参与者认同这样一个神话：人们擅长评估自己的能力。而实际上，人们总是无法准确评估自己的能力。他们要么过于自信，投身于自己不具备必要技能的领域，最终失败；要么缺乏自信，根本不尝试，无法发挥自己的潜力。如果这种能力误判如此频繁，为什么我们还继续相信这个神话呢？

为何我们相信这个神话

我们之所以相信自己擅长评估自己的能力，原因有很多。其中一个主要原因是我们如何解释一生中收到的关于自己能力的反馈。如果我们收到关于自己能力的正面反馈，我们会把成功归因于自己，并将失败归咎于外部因素，比如糟糕的老板。我们觉得大多数情况下，我们对自己能力的评估是正确的。也就是说，我们之所以成功，是因为自己有能力，当然，这种评估是正确的，我们的确有能力。而当我们失败时，并不是因为我们的能力问题，同样，这个预测也是正确的。因此，由于我们相信自己始终在正确预测自己的能力，所以我们相信了这个神话，即人们擅长评估自己的能力。

人们之所以相信这一神话，另一个原因是乐观主义。我们渴望乐观，并相信人们确实能够成功。我们常常听到这样的信条：无论如何都要尝试，最后就会成功。但事实并非总是如此。如果一个人不具备必要的技能和知识，那么无论他多么努力，都不会成功。然而，盲目的乐观让人们误以为无论如何都能成功，并让我们相信人们擅长评估自己能力的神话。

为何要破除这一神话

破除人们擅长评估自己能力的神话至关重要，因为这样我们才能更准确地评估自身技能，并在参与活动时实施必要的策略。这包括知道何时开始和何时停止。正如乡村歌手肯尼·罗杰斯在其热门歌曲《赌徒》中所唱："你得知道何时该坚持，何时该放弃。"从科学的角度重新解读这些歌词，意味着了解自己在某方面的能力至关重要，以便全力以赴，或在必要时努力改进，或放弃并转向更有成效的事情。在评估能力时，人们常常对自己的技能水平过度自信或缺乏自信，这会对他们的动机和行为产生截然不同的影响。

过度自信

对自己的能力过度自信会带来严重的后果。例如，本章开头提到的那位转行捕蟹的企业家就犯下了大错。他放弃了高薪工作，因为他认为自己能在捕蟹业取得成功，尽管他对这个行业几乎一无所知。他对捕蟹知之甚少，甚至不知道自己缺少哪些技能。他高估了自己的能力，结果却非常糟糕。但愿他还有其他工作可以养家糊口。如果这位企业家了解这个神话，他就会质疑自己是否高估了自己的能力，就可能会采取策略来更准确地评估自己的技能。也许，他就不会轻易放弃高薪工作而去从事这样一个自己没有实际经验的艰难职业。

过度自信的负面影响并不总是如此严重，即人们并不总是因此放弃工作。过度自信在我们的职场、课堂和日常生活中经常发生，但规模较小。例如，迭戈的老板问他能否完成一项统计分析的任务。他答应了，因为他想升职。他相信自己具备完成这项分析所需的技能。但当他开始这项任务时，才发现自己对如何进行这种特定分析知之甚少。

迭戈最终花费了大量时间来学习。经过几天的努力，他还是不得不将这项任务转交给一位更擅长统计的同事。他虽然只是陷入小规模的过度自信，但却浪费了几天的工作时间，最终还是得将任务交给他人。如果他正确评估了自己的技能，他本可以立即将任务交给他人，并将工作时间用于更有用的事情上。将这些微小的过度自信错误累计起来，就是大量的生产力浪费。破除这一神话，并教会自己和他人如何更加审慎地识别过度自信，将对我们的日常生活产生巨大影响。

自信确实很重要，但过度自信会让人显得傲慢，这会产生负面影响。被视为傲慢会破坏我们的人际关系，损害职场和家庭的信任。约翰逊等人（Johnson，2010）发现，傲慢与同事对个人任务表现的评分呈负相关。这意味着同事认为某人越傲慢，其任务表现的评分就越差，无论其实际表现如何。因此，过度自信会损害我们在他人眼中的形象。破除这一神话可以减少我们表现出被视为傲慢的行为的可能性。

缺乏自信

虽然过度自信会导致重大问题，但缺乏自信可能会带来更为严重的后果。这是因为缺乏自信或自我效能感低的人往往不愿意尝试某项活动。如果不尝试，就失去了学习的机会。研究支持这一说法。艾莉森及其同事（Allison et al.，1999）调查了高中生参与体育活动的自我效能感及其对体育活动参与程度的影响。他们发现，自我效能感较低的学生参与体育活动的可能性较小。也就是说，如果人们对体育活动的自我效能感较低，他们就不太可能进行锻炼，从而损害健康。低自我效能感对参与锻炼等重要行为有严重的现实影响。

这种情况在职场也同样存在。自我效能感低的员工不太可能在工作中付出努力，这会影响他们获得晋升和加薪的可能性。此外，当员工在工作中没有全力以赴时，生产力会大幅下降。在学校，学生可能不举手提问，或不参与活动，从而减少了学习的机会。

低自我效能感可能带来灾难性的后果，尤其是当这种状况与其他不健康的动机行为相结合时更是如此。例如，归因理论（将在第九章中详细阐述）指出，人们会对自己成功或失败的原因进行归因，而这些归因会影响他们的动机。当人们将失败归因于能力低下时，他们的自我效能感就会下降。也就是说，他们认为失败是由于自己不够聪明或没有足够的天赋来完成这项活动。

当人们感觉自己能力不足时，他们会采取保护自尊的策略，以免感觉自己愚蠢或被他人视为无能。这些策略可能包括故意拖延，比如考试前一晚闲逛、不复习，或者在课堂上捣乱以便被赶出教室。这样，这些行为就会被视为失败的原因，而非他们能力上的不足。这些策略被称为自我设限，因为它们被用来故意破坏自己的表现（Urdan & Midgley, 2001）。人们宁愿显得自己是在偷懒，也不愿让人觉得自己愚蠢。缺乏自信与失败并存，就会导致这种自我设限的行为。因此，破除人们擅长评估自己能力的神话至关重要，这样我们才能帮助人们认识到可以通过努力取得成功。

低估自己能力的最严重后果是形成习得性无助。当人们认为无论多么努力都不会成功、于是彻底放弃尝试时，就会产生习得性无助感。

他们失去了所有动机。在学校、职场或家庭中，习得性无助都是最糟糕的情况。个体不再努力，认为一切希望都已破灭。事实上，研究表明，当人们经历习得性无助时，他们更可能低估自己的成功，高估自己的失败，并将成功归因于运气，将失败归因于能力（Diener & Dweck, 1980）。作为习得性无助感的一种表现，这些态度往往并不符合现实。如果个体学会了完成任务所需的技能或知识，付出了努力，或者从更有经验的人那里得到了帮助，他们就有可能成功。习得性无助感很少是由于人们真正无法做到某件事，而是由于他们低估了自己的能力。因此，破除这个神话至关重要，以免人们过于低估自己的能力而彻底放弃。

科学原理：我们需要帮助来准确评估自己的能力

研究表明，人们很难准确预测自己的能力。但这并非必然。科学家已经发现了人们自我评估能力差的原因，并据此开发出了改进我们技能评估的有效方法。元认知和自我效能背后的科学帮助我们理解为什么我们如此频繁地误判自己的能力，我们可以利用同样的科学来改善我们的预测。

评估我们的能力需要我们关注并反思我们的思想和行为。元认知（Flavell, 1987）的一部分理论在第五章中已经讨论过，它涉及建立对自己知识（包括我们知道什么和不知道什么）的认识。这包括对事实的知识、如何做事的知识，以及在不同情况下应用策略的知识（Shraw & Dennison，1994）。

元认知还包括：（1）知晓感（你对某个主题了解多少的感觉）；（2）学习判断（评估你对某事物的了解程度）；（3）学习容易度（评估学习某事物的难易程度）（Shraw，2009）。评估能力时需要考虑这些因素，包括在任务前后的评估。

对从事某项活动的能力的预先判断包括我们的知晓感。我们对这个主题或手头任务了解多少？无论我们是否有意识地问自己这个问题，总是会经历一个被称为校准的心理过程。在校准过程中，人们会对自己在某项任务上的表现的信心进行判断。也就是说，人们会校准自己在特定任务上的表现预期。人们对自己表现的判断与实际表现的一致程度被称为校准准确性。判断与实际表现不一致的程度被称为校准偏差。当人们的校准偏差很高（校准错误）时，就会出现校准错误。而与本章主题最为相关的是，当人们在评估自己能力遇到困难时，他们就会出现校准错误。

人们在缺乏知识时容易高估自己的能力和技能

校准错误是人们对自己的能力评估不佳的主要原因。出现校准错误的原因有多个。其中一个原因是人们对成功从事某项活动所需技能的了解不足。社会心理学家贾斯汀·克鲁格（Justin Kruger）和大卫·邓宁（David Dunning）进行了一项研究（1999），测试不同群体在逻辑、语法和幽默三个不同领域的能力水平。他们发现，能力最低的人往往比能力较高的人更容易高估自己的能力。

也就是说，知识或技能有限的人会大大高估自己的能力。这种现象被称为邓宁–克鲁格效应（Dunning—Kruger effect）。邓宁和克鲁格发现，为了了解自己的知识和技能，人们必须对所需知识和技能所在的领域有最基本的了解。

在电影《幼儿园警探》中，阿诺·施瓦辛格饰演约翰·金布尔，一位不按常理出牌的粗犷侦探，对付罪犯时，他总是硬碰硬，最终都能手到擒来。为了追捕一名毒贩兼杀手，他不得不伪装成幼儿园老师潜入其中。他向搭档炫耀说，自己是在犯罪横行的城市里屡建奇功的警察，相比之下，教书能有多难？然而，他卧底的第一天就状况百出：课堂管理失控，孩子们不听指挥，一片混乱。他试图用强硬手段，对孩子们大喊“闭嘴”。结果，所有孩子都开始哭了起来。约翰·金布尔痛苦不堪，冲出了教室。

是什么让约翰·金布尔相信自己能轻松走进一群孩子的中间，成为一名出色的老师呢？如前所述，评估能力是一种元认知过程，而元认知是一种可以习得的技能。我们之所以不擅长评估自己的能力，原因之一就是没有掌握元认知这项技能。很多人从未停下来思考过自己的长处、短处或知识盲区。学会如何评估自己的优缺点是一项有用的技能，这可以帮助人们避免犯错。比如，如果《幼儿园警探》中的侦探约翰·金布尔能够评估自己在教育孩子方面的知识盲区，他可能就不会贸然闯入教室了。但约翰·金布尔从未接受过元认知监控的训练，因此我们才有了一部令人捧腹的电影。

与此相关的是，邓宁-克鲁格效应有助于解释这种元认知意识的缺失。

斯洛瑟等人（Schlösser，2013）就邓宁-克鲁格效应进行了一项研究，他们让大学生评估自己在考试中的表现预期。结果发现，优等生低估了自己的能力，而差生则始终高估自己的能力。之所以会出现这种情况，是因为当人们不了解完成某项任务所需的技能时，就会认为自己已经具备了这些技能。而当他们了解到成功所需的知识时，才会意识到自己并不具备这些知识。侦探约翰·金布尔完全不知道成为一名幼儿园老师需要具备什么条件，他之所以过于自信，是因为他没有真正理解从事这项活动所需的技能。走进教室后，他很快就意识到自己缺乏成功教孩子所需的知识和经验。

值得一提的是，美国很多人都有类似的看法。他们不知道成为一名K-12（从幼儿园到12年级）教师需要具备哪些条件，并认为任何人都能胜任这份工作。在新冠疫情期间，许多之前可能认为教学相对容易的人突然发现自己要在家扮演起孩子老师的角色。他们很快就意识到教学有多么困难。亲自尝试某项活动无疑是更真实地了解这份工作的有效途径！

人们高估自己能力的另一个原因是他们得到的反馈不佳（Kruger & Dunning，1999）。人们常常得到的反馈是，他们比自己实际拥有的能力更强。这种错误的反馈可能由多种原因造成。一个可能的原因是，我们喜欢别人，因为喜欢他们，所以不想通过严厉的反馈伤害他们的感情。这是一种对他人有利的偏见，虽然出于好意，但可能导致他们高估自己的能力。另一方面，我们也可能对某人持有偏见，因此不会就他们的能力给出有效的反馈。除了偏见之外，反馈还可能含糊不清、毫无帮助，即没有提供足够的改进信息，只关注于个人做得好的方面。

当这种情况发生时，人们就可能会对自己的能力产生错误的信心。因此，反馈极其重要，如果给出反馈不当，可能会使人们陷入邓宁－克鲁格效应的陷阱，高估自己的能力。

准确评估的策略

人们可以通过校准自己的能力来更准确地评估自己的技能。在一项研究中，古铁雷斯·德·布鲁姆（Gutierrez de Blume）调查了元认知监控策略训练对能力校准的影响（2017）。研究人员实施了 R^3M（阅读、回顾、关联、监控）教学策略。在这一策略中，学生学习如何设定学习策略并参与元认知监控，以评估策略的有效性。他们学习如何运用 R^3M 策略，然后观察自己使用它的过程，并反思策略的有效性。小组中的学生报告说，他们对自我效能感的校准更加准确。这个过程有助于学生进行校准，因为他们可以监控自己的学习进度，识别知识盲区，并更好地将自信与技能相匹配。但是，他们仍能保持完成任务的动力，因为他们学会了填补知识空白的有用策略。

研究发现，另一种有助于提高校准准确性的有效策略是提供以表现和校准为重点的反馈。如前所述，提供错误的反馈可能导致高估能力；相反，提供准确且信息丰富的反馈则有助于人们更准确地了解自己的技能。在一项研究中，大学生预测了自己在考试中的表现（Callender et al.，2016）。接下来，学生接受了关于自信、过度自信和校准等概念的培训。考试后，教师就他们的表现和校准成功给出了反馈。他们发现，练习校准并就校准过程获得直接反馈可以提高校准的准确性。因此，提高人们评估自己能力准确性的有效方法是让他们练习校准。在这种情况下，的确能熟能生巧……至少能取得进步。

四种自我效能感来源帮助人们克服能力低估

我们对自己能力的评估不准确的另一个原因是，我们的自我效能感往往与实际能力不相符。本章已多次提及自我效能感，但这里我们给出其正式定义：自我效能感即人们对自己能否成功完成某项任务或在某个特定领域内取得成功的信念。这一概念是心理学研究中最具影响力的理论之一，尤其是在动机研究领域。这是有充分理由的。研究表明，相比实际能力，自我效能感更能预测表现。尤希尔等人（Usher et al.，2019）通过一项针对两千多名中小学生的研究，探讨了自我效能感对表现的预测程度，结果发现，自我效能感超越了研究中的所有其他变量。这表明自我效能感是预测成就和表现的重要因素。

然而，问题在于我们的自我效能感常常不准确，我们往往高估或低估自己在特定任务上取得成功的能力。为了说明自我效能感如何影响我们的动机，让我们以乔和他的儿子杰克逊为例。杰克逊对加入橄榄球队充满兴趣，但因自我怀疑而放弃了选拔机会。在某天放学回家时，杰克逊情绪低落，乔问他发生了什么事，杰克逊说他本来想去参加橄榄球队选拔，但因为觉得自己不会被选中而放弃了。杰克逊是个运动天赋不错的孩子，小时候还踢过有组织的足球比赛。他具备竞争所需的体能和技能知识，如果尝试，很可能会在学校橄榄球队中表现出色。但是，他却对自己的橄榄球能力缺乏信心，乔对此感到困惑不已。

关于自我效能感的研究有助于解释杰克逊为何对踢橄榄球缺乏信心。阿尔伯特·班杜拉（Albert Bandura，1977）提出，自我效能感是动机过程的重要组成部分。当人们感到自己有能力成功时（即自我效能感强），他们更有可能尝试并取得成功。此外，班杜拉还指出，影响人们在特定任务或领域内自我效能感程度的四大主要因素包括：（1）掌握性经验；（2）替代性经验；（3）社会说服；（4）情绪状态。多项研究中均证实，这四大来源对自我效能感具有显著影响（Usher & Pajares，2008）。如图7-1所示，这些因素有助于我们正确评估自身技能，但也可能导致我们高估或低估自身能力，即自我效能感校准错误。

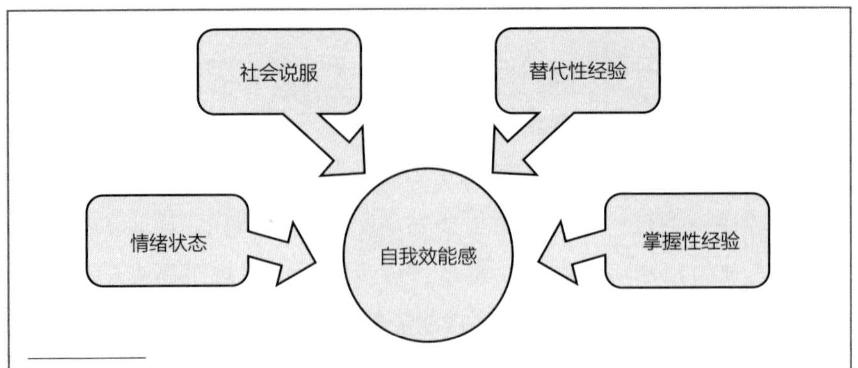

改编自“*Self-efficacy: Toward a Unifying Theory of Behavioral Change*,” by A. Bandura, 1977, *Psychological Review*, 84(2), p.195 (https://doi.org/10.1037/0033-295X.84.2.191). Copyright 1977 by the American Psychological Association.

图 7-1　自我效能感的来源

掌握性经验是指个体在过去完成某项任务或类似任务时获得的成功经验。先前任务与新任务越相似，对个体自我效能感的影响就越大。研究人员一致发现，在四大来源中，过去的掌握性经验对自我效能感的影响最为显著。乔特及其同事（Joët et al., 2011）通过一项研究，探讨了这四大来源对三年级儿童学习数学和法语时的影响。他们发现，过去的成功经验能够预测儿童在这两门学科上的自我效能感。有趣的是，研究发现，男孩在数学方面的表现优于女孩，且自我效能感更高；而女孩在法语方面表现更佳，但自我效能感却较低。因此，即使女孩在法语上表现得比男孩更好，但她们的自我效能感却较低。这表明能力与自我效能感之间可能存在错位，而这种错位可能对动机和学习体验产生重大影响。

自我效能感与能力的错位可能对动机产生负面影响。当自我效能感较低时，人们可能不太愿意尝试某项活动或全力以赴。以杰克逊未参加橄榄球队选拔为例，当乔询问他为何放弃选拔时，杰克逊解释说，他以前尝试过踢足球，但表现不佳。在他看来，足球与橄榄球是类似的运动，因为他在踢足球时没有取得成功，所以他认为自己在橄榄球上也不会成功。他把自己在足球上失败的经验转化为对橄榄球的自我效能感，而正因为自我效能感低，他最终完全放弃了参加选拔，因为他担心自己也会在橄榄球上失败。对橄榄球的低自我效能感对他尝试这项运动的动机产生了负面影响。

替代性经验是另一个对自我效能感产生重要影响的因素。观察他人的成功或失败会成为一种替代性经验，从而影响我们对自身能力的信心。如果看到他人成功，我们的自我效能感可能会增强；反之，如果看到他人失败，我们的自我效能感可能会降低。观察对象与我们越相似，其成功或失败对我们的自我效能感影响就越大。泽尔丁和帕哈雷斯（Zeldin & Pajares，2000）研究了在男性主导的领域（如数学、科学和技术）中表现出色的女性的个人故事。通过分析她们的叙述，研究发现，在这些领域中取得成功的其他女性的替代性经验是她们自我效能感的重要来源。看到其他女性的成功对她们在男性主导的领域追求职业目标的自我效能感产生了显著影响。这一研究表明，替代性经验会影响自我效能感，且观察对象的相似性是影响这种影响程度的重要因素。

替代性经验不仅会对自我效能感产生重要影响，还进而影响动机和表现。它们往往会导致我们对自己的能力产生误判。观察他人可能会影响我们对自身能力的信念，这并不总是一件好事。我们可能会看到他人在某项活动中失败，从而降低自己的自我效能感和参与该活动的动机。例如，当乔询问儿子为何不参加橄榄球队选拔时，杰克逊讲述了他的朋友去年未能入选球队的故事。他说，如果朋友都选不上，那他自己也肯定不行。

这就是一个替代性经验的例子，朋友的选拔失败降低了杰克逊对自己能够成功的信念。杰克逊最终尝试了选拔并成功入选球队，他具备能力，但由于看到了朋友的失败而低估了自己的技能。替代性经验可能是我们低估自身能力、使自我效能感与技能错位的另一个原因。

社会说服以及从他人那里获得的关于我们的技能的反馈对我们的能力认知有着重大影响。我们不断从他人那里获得关于自身能力的正式或非正式反馈，这些反馈影响着我们的自我效能感。人们会直接告诉我们能否完成某项任务，给予直接反馈。我们也会获得间接反馈，比如在体育课上最后才被选中参加某项运动，或者从普通班级中被抽调出来加入天才计划。影响社会说服和反馈对自我效能感作用程度的一个主要因素是说服者的可信度。如果反馈提供者被视为在目标领域具有可信度或专业知识，那么他们的反馈将对自我效能感产生更大的影响。科恩卡（Koenka，2022）对中学生进行了一项研究，她就学生的表现给予反馈和鼓励。她发现，她所提供的反馈类型对学生的动机和自我效能感有显著影响。具体而言，带有鼓励和建设性改进建议的反馈比非鼓励性反馈更能激发动机和提升自我效能感。这证明了来自他人的说服会影响我们对自己能力的评估。

在日常生活中，影响我们能力评估的反馈无处不在。例如，乔的儿子杰克逊部分是由于他人对其能力的非正式反馈而放弃了橄榄球选拔赛。在追问原因时，杰克逊表示，有些同学说他不太擅长运动，说他“脑子大”，但体育不行。

杰克逊认为这些同学是可信的，因为他们都是优秀运动员。来自同学的这种反馈形成了一种社会说服，导致他低估了自己的橄榄球能力。来自他人的社会说服是导致我们错误地将自我效能感与能力相匹配的一个常见因素。

最后，我们的**情绪状态**在评估我们从事某项活动的自我效能感时起着重要作用。一般来说，积极情绪如兴趣、兴奋或享受会让我们高估自己的技能；而恐惧、焦虑或绝望等消极情绪则会导致我们低估自己的能力。帕哈雷斯和克兰斯勒（Pajares & Kranzler，1995）对高中生进行了一项研究，旨在探讨焦虑、自我效能感和表现之间的关系。他们发现，数学焦虑较高会预测较低的自我效能感，从而预测较低的数学表现。这项研究证明了我们的情绪状态可以影响我们对自身能力的评估。

杰克逊还表示，他没有参加橄榄球选拔赛的另一个原因是他担心入选不了球队而感到紧张。对失败的恐惧引起的焦虑降低了他的自我效能感，使他不愿意参加橄榄球队的选拔。恐惧和焦虑是影响我们自我效能感的主要因素，它们会导致我们低估自己的能力。

自我效能感的四个来源——掌握性经验、替代性经验、社会说服和情绪状态——不断地影响着我们对自身能力的评估。这四个来源并非孤立存在，而是可以同时以任何组合的方式为人们所经历。这些因素可能导致我们高估或低估自己的能力。自我效能感和能力之间的错位会对我们的动机和表现产生各种影响。但同时，这些因素也可以作为工具，帮助我们对抗低自我效能感，鼓励准确的能力校准。

如何对抗低估自身能力

如前所述，自我效能感的四个来源可能导致校准失误。然而，如果学生低估了自己的能力，可以利用这四个来源来提高自我效能感。例如，巴蒂斯塔（Bautista，2011）进行了一项研究，探讨了掌握性经验和替代性经验对职前小学教师自我效能感的影响。这些职前教师计划并实施了一堂小学科学课，并在课后反思了他们的成功。这是一次获得掌握性经验的机会。在课堂上，当教师通过模拟演示展示有效的教学方法时，参与者也获得了替代性经验。研究结果表明，掌握性经验和替代性经验都显著影响了参与者的自我效能感。因此，如果人们有了成功的经验，其自我效能感就会增加。此外，如果他们看到其他人成功，其自我效能感也很可能会增加。提供掌握性经验和替代性经验是使人们的自我效能感与能力更加匹配的有效方法。

社会说服或反馈也可以更好地促进能力校准。大量文献支持使用反馈来影响自我效能感和表现。例如，舒恩克和施瓦茨（Schunk & Swartz，1993）进行了一项实验，两组参与者接受了写作策略指导。其中一组还获得了关于他们实施写作策略的进展的反馈和鼓励。收到反馈的组报告了更高的自我效能感和表现。他们得出结论，反馈可以用来提高自我效能感，并促进与能力的更好匹配。为了使反馈有效，需要关注个体努力的质量和表现，提供关于其成功的有用评论，包括为什么成功，也很重要。

此外，对人们可以改进的地方以及如何进行改进的具体步骤进行评论也是关键（更多关于改变反馈的内容请参见第三章）。最后，鼓励应真诚，否则可能被视为一种操纵人们努力工作的手段。

利用情绪状态，提升自我效能感

巧妙地利用情绪状态，减少恐惧与焦虑，同时激发兴趣和乐趣，能有效提升自我效能感。研究表明，增强兴趣能够增强自我效能感（Hidi et al., 2002）。这是因为当人们处于积极的心理状态时，他们更容易感到自信。正如第一章中所讨论的，通过使任务与个人相关、促进协作或使其融入人们的日常生活，可以增加兴趣。利用情绪来增强自我效能感，有助于人们更好地将自我效能感与自身能力相匹配。

总结

了解元认知、校准和自我效能感的科学原理有助于我们和他人更准确地评估能力。换言之，我们可以采取策略，以实现更准确的校准。当我们过于自信时，校准可以帮助我们避免邓宁－克鲁格效应，并避免犯下代价高昂的错误。相反，当我们自信心不足时，可以利用自我效能感的四个来源来提升信心。接下来，我们将分享一些实用的建议，教你如何运用这些科学原理来增强自己或他人的动力。

将科学原理付诸实践

有一些基于证据的方法可以帮助我们更好地理解能力水平并增强对能力的信念。以下是总结在表 7－1 中的一些方法：

1. 监控表现质量，反思能力

对自己

在监控自己的知识和完成任务所需技能时，要具体明确。预测你认为自己将如何表现以及原因。任务完成后，仔细思考你的表现以及是否具备必要的技能。利用这些信息制定策略，来获取必要的技能。例如，当老板要求你完成一项工作任务时，在开始之前，先问自己完成这项任务需要哪些技能，并想出应对策略。在执行任务时，反思你的进展并评估策略的有效性。如果策略奏效，记下它，以便将来再次使用。如果策略失败，则返回原点，尝试新的策略。

对他人

给予他人关于其努力和表现质量的反馈，反馈要诚实且具有建设性。向他们解释他们做得好的地方以及原因，同时也指出可以改进之处和原因。告诉他人他们做得好的地方有助于他们认识到哪些技能对自己是有效的。解释需要改进的地方则有助于他们识别出成长的领域。同时，措辞也很重要。要说“需要改进”，而不是“弱点”，这可以保护自我效能感，使人们能够持续全力以赴。例如，如果你是新销售人员的导师，你可以监听他们的销售电话，然后告诉他们哪些地方做得好，哪些地方可以改进。比如，他们的开场白很棒，但在描述产品细节时遗漏了一些要点。这样既能保持他们的信心，又能专注于成长和改进。

2. 借鉴成功的掌握性经验

对自己

回想一下你在类似任务中取得成功的时刻。你已经走到了这一步！把它们写下来。你是否通过了类似的课程？是否完成了类似的工作任务？思考一下你走到现在所运用的技能和付出的努力。想想这些技能和努力如何能在当前或未来的任务中发挥作用。例如，如果你正在尝试写一本书，写一些笔记来提醒自己之前写过的所有东西以及所学的课程将如何帮助你写作。你可以做到，因为你之前已经做过类似的事情了！

对他人

让他人写下他们在类似任务中的成功经历。与他们交谈，了解他们如何将在那项任务中所运用的技能和努力转移到新任务上。给他们一个胜利的机会。给他们一个你知道他们能够成功完成的任务。与他们谈论他们为完成那个任务所运用的技能和努力，然后逐渐增加挑战的难度，直到他们完全跟上。例如，如果你在帮助孩子完成数学作业时遇到困难，可以暂时放下作业，让孩子做一些能做出来的数学题，然后逐渐引导他们解决作业中更具挑战性的题目。

3. 强调替代性经验

对自己

想想那些成功的同事。你和他们有什么共同点？例如，你可以采访一位同事，了解他的成功历程，问他是如何取得成功的。找一个导师来指导你的进步，阅读成功人士的故事，了解是什么激励他们坚持下来，克服困难并战胜逆境。例如，如果你在科技行业工作，可以阅读关于比尔·盖茨、史蒂夫·乔布斯或其他成功科技人士的书籍。

对他人

为学习者提供一些在活动中表现优秀的学生、同事或客户作为榜样。确保这些榜样与学习者在某些方面有相似之处。你可以为学习者和榜样设立支持小组或同伴辅导，让他们共同工作；还要为他们提供教学和反馈的机会，例如，你可以安排每周一次的午餐会，让资深同事指导新员工。

4. 利用社会说服

对自己

请他人对你的进步给予反馈和鼓励。将你的进步发布到社交媒体上。这能让你对所参与的活动负责，并让你的朋友和导师给你鼓励。例如，如果你想定期锻炼，可以在 Facebook 或 Instagram 上发布你的锻炼目标。你的朋友和家人会给予你鼓励，帮助你坚持下去。学会善待自己，努力对自己的高投入和优质表现给予赞美。

对他人

告诉他人你相信他们能够成功，并真诚地表达你的看法。详细说明你为什么认为他们能够成功。提醒他们应具备哪些技能，以及如何利用这些技能在任务中表现出色。向他们阐明，只要他们付出努力并练习，就一定能更好地完成任务。对他们的努力和表现质量给予高质量且有意义的反馈。例如，如果你的孩子在参加体育运动，多给他们鼓励，并指出他们的成长。

5. 营造积极情绪

对自己

思考你喜欢参与某项活动的原因。这项活动对你有什么价值、有趣之处或意义？写下这些原因，并定期提醒自己。例如，如果你重返学校攻读新学位、追求新事业，定期写下自己兴奋的原因。如果你对某项任务感到焦虑，思考焦虑的原因。你可以采取什么措施来减轻这种焦虑？比如，进行正念练习可能很有帮助。尽量不要将自己与他人比较。

对他人

鼓励人们写下他们觉得任务有趣、愉快或有意义的原因。将你教授的内容与他们的兴趣和目标联系起来。例如，如果你是一名教师，可以让学生写下他们认为你的课程有趣的原因，这样做可以激发他们的真实兴趣。向他人说明完成任务对他们有何益处。不要进行公开的同伴比较。设定关于个人成长和自我提升的目标，而不是与他人竞争。

表7－1　基于科学的动机水平提升策略

策略	对自己	对他人
监控表现质量，反思能力	在完成一项任务后，记得对自己的表现进行总结和记录。你这次表现得怎么样？你是否具备高效完成这项任务所需的技能和知识？	要给予他人关于其表现的建设性、诚实且清晰的反馈。要保持友善，但也不要掩饰问题
借鉴成功的掌握性经验	回想一下你曾成功完成相似任务的时刻，将所有成功的经历记录下来	为他人创造“胜利”。让他们参与一项你知道他们能够成功的相似任务，随后逐步增加挑战

表7-1 基于科学的动机水平提升策略（续）

策略	对自己	对他人
强调替代性经验	思考与你相似的人如何获得成功	提供一些可以作为榜样的人，确保这些榜样与他们有相似之处
利用社会说服	将你的目标发布到社交媒体上，这样你的支持群体可以给予你反馈，鼓励你能够实现目标	告诉他们可以成功，但要提供详细信息，描述他们成功的理由，比如谈论他们的努力和付出
营造积极情绪	思考你为什么喜欢参与某项任务，你的兴趣来源于哪里？它带给你什么价值？为减少焦虑，尽量不要拿自己和他人进行比较	让人们写下他们认为事物有趣或有价值的原因。尽量以能够让对方将话题与他们的兴趣和目标关联起来的方式进行教学。通过尽量减少比较和竞争，来降低他们的焦虑感

尝试这些提升动机水平的策略

我想激励自己去完成的事情：

我将尝试以下策略：

我想帮助他人提升动机水平的领域：

我将尝试以下策略：

尾声

这个曾尝试当捕蟹渔夫的企业家——正如俗话所说——还是不该放弃本职工作。他成了邓宁-克鲁格效应的受害者。他对捕蟹知之甚少，所以他无法理解这项工作的挑战性。也许离开商界对他来说是件好事。但是，没有任何经验就去捕蟹，这并非明智之举。如果他了解邓宁-克鲁格效应，也了解如何校准自我效能感以更好地与技能相匹配，可能就不会犯下这个代价高昂的错误。自我效能感的校准是一项极其重要的技能，可以激发我们和他人的最佳动力。

克里斯是一名高级管理人员，负责管理一家皮肤科诊所的十名医生。每位医生都有自己的工作方式，她不想让他们感到不愉快，更不想削弱他们发展诊所的动力，因此她采取了一种放手式的管理方式。然而，克里斯不断收到员工投诉，称他们受到医生的不同对待，这导致员工流动率极高。患者也需要等待很长时间才能见到医生，会议现场也一团糟。

第八章 结构可以增强动机

克里斯是否应该引入一些政策和指导方针？这样做会让情况变得更糟吗？

神话：结构会干扰动机

克里斯担心，如果她为诊所的医生制定一些指导方针和政策（即各种类型的结构），他们会感到受限制，无法按照自己喜欢的方式工作，也可能不会那么努力。她甚至担心，这些指导方针和政策会扼杀可能有益于诊所的创新。再说，如果他们生气并反抗她怎么办？结构是否与动机相冲突？

关于结构有许多定义，对于它如何与动机相关也存在一些混淆。在一项对近五百人（Grolnick et al., 2022）的研究中，我们想知道"结构会干扰动机"的观念有多普遍。在我们的参与者中，略多于一半的人不同意"结构会干扰动机"的说法，而只有24%的人同意这种说法。但是，还有28%的人既不同意也不反对。我们猜测，很多人其实并不知道——要么不清楚什么是结构，要么不知道它与动机的关系。那么，我们所说的结构是什么意思呢？

从自我决定理论的角度来看，结构涉及设置环境，即设置能让人们感到自己具备能力，并更有可能成功的环境（Farkas & Grolnick, 2010）。它包括提供信息，让人们知道有什么预期、需要做什么，从而知道如何前进。结构包括期望和指导方针，以及满足这些期望的结果或未满足这些期望的后果，让人们清楚如何能成功，如何能避免失败。例如，教师可以要求学生周三上课前交作业，并规定迟交作业将减少一半分数。家长也可以让孩子知道，他们需要在周六早上出去玩之前把房间打扫干净。有了这些信息，人们就知道该做什么，从而规划自己的行为。知道期望是什么的学生可以决定如何分配时间和精力来赶上截止日期，而需要打扫房间的孩子可以决定何时开始打扫，从而最大化其玩耍时间。知道如何能做到胜任对动机大有裨益，因为正如我们在第二章中看到的，有胜任感是想要完成任务并坚持不懈的三个必须满足的需求之一。

假设公司说你可以随意处理员工投诉。这很好，因为你有自由去做你认为正确的事情。

但当你开始听到投诉时，你会感到不安——给他们钱可以吗？或是给积分？多少才算合适？制定一些指导方针会有帮助吗？

细想之下，我们身边无时无刻不存在着各种规则和结构。交通规则就是一个典型的例子：在某些区域，我们不能超车；遇到红灯必须停下，否则就会收到罚单。我们并不一定会觉得这些规则在束缚我们，它们只是我们日常生活环境的一部分。而且，正如我们稍后将看到的，规则、期望、指导方针和其他结构是否让人感觉受到控制，很大程度上取决于它们是如何实施的。如果实施得当，它们不仅不会削弱动力，反而能增强自信心，提升积极性。

为何我们相信这个神话

我们可能会相信“结构会干扰动机”这一神话，原因之一是我们可能将结构与自由视为对立面。我们可能会认为，制定指导方针和期望会扼杀我们的动机，因为它限制了选择，似乎与自由选择相悖。另一方面，给人们选择权、让他们决定如何行动，似乎又会导致事情走向错误的方向，人们也会以不负责任的方式行事。兰杰伊·古拉蒂（Ranjay Gulati）在《哈佛商业评论》中的一篇文章（2018）中指出，大多数企业领导者认为，在企业中制定规章制度与赋予员工话语权和决策权是相悖的——你只能选择其中之一。

然而，尽管结构和自由看似对立，但实际上并非如此。正如我们将看到的，提供结构与进行控制或强制实施并不等同。从自我决定理论的角度来看，激发动机的环境可以从两个维度来考虑（Deci & Ryan，2017）。

一个维度是环境是否包含结构（明确的规则、指导方针和期望），这一维度的另一端则是混乱，即并不明确事情该如何运作，也不明确期望。另一个维度是支持自主性（选择、对自主性的支持等），而它的另一端则是控制，这涉及压力、缺乏选择以及禁止输入。从这双重视角看，结构与支持自主性并不相悖。事实上，结构可以以支持自主性的方式传达，这非但不会让人感到压抑，甚至可以激发人们的最佳表现。所以，你完全可以同时拥有结构和支持自主性！

为何要破除这一神话

如果我们把结构视为对人们的控制，那么不制定指导方针和期望就可能剥夺人们成功的机会。无论是学生、患者、员工还是团队成员，他们都需要知道整体目标和优先事项，以及如何成功实现这些目标。如果没有这些信息，他们可能会陷入困境。但是，正如我们在第二章中看到的，人们也需要体验到选择的自由和提出意见、参与解决问题的机会。因此，为了获得最佳效果，你可以把结构和支持自主性视为彼此兼容的，并同时提供这两者！

科学原理：结构可以增强动机

尽管在20世纪80年代和90年代有大量关于支持自主性的自我决定理论研究，但对结构的关注始于后来。现在，关于育儿、教学和组织中的结构的文献非常丰富，这些文献都显示了结构对于动机的重要性。

结构帮助人们产生胜任感

从自我决定理论的角度来看，结构提供了个体熟悉其环境并为成功做计划所需的信息。那么，有何证据能证明环境中的结构实际上能促进胜任感呢？

为了研究结构如何影响人们的动机，我们（温迪的实验室）进行了一系列以父母为重点的研究。我们的首要任务是真正思考结构在现实世界中的样子，并将其分解为各个组成部分。在与父母合作的过程中，我们确定了结构的六个组成部分（Farkas & Grolnick，2010）。它们是：

- 清晰且一致的规则和期望——人们知道对他们的行动有何期望和规则。
- 可预测的后果——人们知道如果没有达到期望会发生什么，并且这些后果会被执行。
- 提供理由——人们会被告知为什么设定这些规则或期望。
- 提供反馈——人们会得到关于如何达成期望的反馈。
- 成功的机会——人们拥有达成期望或规则所需的一切（例如，时间、资源）。
- 权威——负责的人会承担起指导和服务的责任。

为了了解这些类型的结构如何影响家庭，在我们的第一项研究中，我们采访了父母和他们的中学生子女，探讨家庭中有关学业的结构。例如，我们问孩子们："你能告诉我你们家关于家庭作业和学习的情况吗？如果不遵守关于作业和学习的规则会怎样？你的父母有没有告诉过你为什么要制定这些规则或期望？"访谈结束后，我们根据父母在六个方面为孩子提供清晰且一致结构的程度对他们进行了评分。我们发现，父母提供的结构越清晰、越一致，孩子在学习上就越有胜任感，对成败的掌控感就越强，在课堂上的参与度就越高，成绩也就越好。在另一项研究中，凯瑟琳·拉特利（Catherine Ratelle）及其同事让青少年报告他们的父母在家中为他们提供了多少清晰且一致的结构（2018）。他们发现，当青少年报告说父母在六个维度上的结构越清晰一致时，他们的自我效能感、学业适应能力和成就感就越高。显然，家庭中的结构对孩子能否感受到成功并坚持下去起到了重要作用。

还有证据表明，教师在课堂中提供的结构也会对学生产生影响。例如，姜炯深（Hyungshim Jang）、约翰马歇尔·里夫（Johnmarshall Reeve）和戴西（2010）将课堂结构定义为“教师提供的、关于期望和实现预期教育成果的方式的信息的数量和清晰度”。他们观察了133个课堂，并就教师提供清晰和具体的指令、课程中的强有力引导以及建设性反馈这三个方面的程度对教师进行了评分。他们的研究结果显示，在课堂结构评分较高的班级中，学生参与课堂的积极性更高——这一点从他们的自我报告和课堂观察中都可以看出。

在另一项涉及12000多名土耳其青少年的研究中，阿塔纳修斯·穆拉蒂迪斯（Athanasios Mouratidis）及其同事询问了这些学生他们的教师是否在以下四个方面提供了结构（2022）：（1）将学生的反应与学生的行为挂钩；（2）有明确的期望；（3）提供帮助和支持；（4）监控学生的进步。例如，学生会对诸如“老师没有明确表示在课堂上对我的期望”（低结构）或“老师会确保我理解之后才继续讲课”（高结构）等项目进行评分。他们所衡量的结构的每一个方面都有助于学生产生更自主的学习动机。也就是说，教师提供的结构越多，学生就越会因为觉得这些行为很重要而参与到学业中去，而不是因为不得不这么做。而且，正如我们在第二章中所看到的那样，因为想做而做事情，而不是因为不得不做而做，这对于参与、坚持不懈和以积极的方式应对挫折来说，有着巨大的影响。

基于对家庭和学校的研究，我们发现，结构是人们有胜任感和成功的重要因素。因此，在构建使人们茁壮成长的环境时，提供结构应该是一个目标。但是，自主性呢？结构是否与支持自主性和个人选择的环境相冲突？

结构与支持自主性是两个不同的概念，但并不冲突

尽管关于家庭和学校中结构的积极影响的研究很有说服力，但这些发现仍未解决人们在结构化环境中是否感到受控以及结构与自主性是否相冲突的问题。为了解决这个问题，我们可以衡量环境的两个方面：结构的程度和对自主性的支持程度，并观察它们之间的关系。如果结构与支持自主性相冲突，那么在结构化程度高的环境中，支持自主性应该较低。反之亦然，在结构化程度低的环境中，人们应该体验到更多的自主性。

幸运的是，已经有一些研究衡量了这两个方面。例如，之前提到的关于教师的研究（Jiang et al., 2010），除了结构外，还对教师在课堂上的支持自主性方面（教师是否培养内在动机、是否依赖信息性语言、是否承认和接受学生的负面情绪）进行了评估。研究人员发现，支持自主性与结构不仅不相冲突，而且提供更多结构的教师比提供较少结构的教师更有可能支持学生的自主性。这两者之间存在适度的相关性，这表明结构化程度高的教师可能更支持自主性，也可能不太支持自主性，但前者的可能性更大。

在穆拉蒂迪斯等人（Mouratidis, 2022）的研究中也出现了这种模式，除了对结构进行评估外，学生们还报告了他们的教师提供了多少支持自主性，以及对他们进行了多少控制（例如，“老师不让我在选择如何做作业方面有太多选择”“当老师谈到作业时，不听我的意见”）。同样，被认为提供更高水平结构的教师往往被认为更支持（而不是更不支持）自主性。在我们关于父母提供的结构的研究中，结果也是一样的：支持自主性与结构呈正相关，而非负相关。因此，提供结构和给予人们选择和发言权似乎并不相冲突。那么，问题就来了：我们能否通过提供结构来促进人们的胜任感，同时让他们感受到自主自愿、有选择权？如果可以，这对人们的动机是否有益？

结构可以以支持自主性的方式传达

如前所述，规则、期望和指导方针等形式的结构无处不在。我们的行为会产生后果，当我们偏离这些规则时，我们会收到反馈（有时有帮助，有时则没有）。那么，是什么让这些结构对我们的动机有帮助或没有帮助呢？

在之前提到的我们对父母的后续研究就此问题进行了探讨。这次，当我们采访父母和孩子时，不仅询问了他们家中的结构，还询问了这种结构是如何实施的（Grolnick et al., 2014）。同时，我们不仅询问了学业方面的结构，还询问了与孩子在家中的责任相关的结构，以及在无人监督时孩子如何应对（比如骑自行车、去附近的商店或独自待在家里）。我们还问了关于规则或期望的所有可能的额外问题，比如：关于责任的规则是如何制定的？孩子们在如何（而不是是否）遵守规则方面有任何选择吗？当他们不同意某条规则或认为规则需要改变时，会发生什么？

从这些访谈中，我们对父母结构的支持自主性程度的四个方面进行了评分：

- 共同制定规则和期望——规则是由父母制定的，还是与孩子一起制定的？
- 开放交流——是否经常开放地讨论规则和期望，还是禁止任何异议？
- 同理心——父母是否表达出理解孩子的观点（即使他们不同意），还是会认为孩子的观点不重要而忽略？
- 选择——父母是否允许在遵守规则时有选项和替代方案，还是规则的执行方式一成不变？

拥有结构是否会对孩子的胜任感和动机感受产生影响？结构的实施方式是否重要？这两个问题的答案都是肯定的！

特别是对于责任和学业来说，最重要的是父母以一种帮助孩子感受到自主性的方式来提供结构：让他们参与制定规则，在如何遵守规则的方式上给他们一些选择余地，理解和同情他们可能不同意规则的事实，并允许他们讨论和重新审视规则。在无人监督的时间里，重要的是要有规则和期望，而传达这些规则和期望的方式则不那么重要。孩子们似乎理解无人监督时的潜在危险，并觉得父母有权制定规则。因此，具体谈论的领域也很重要。在为那些人们觉得应该有发言权的领域（如个人事务）制定指导方针时，支持自主性尤为重要。

在课堂环境中，提供结构的环境所起的重要作用也得到了验证。例如，在一项研究中，研究者询问了孩子们对于教师在课堂上所提供的结构和支持自主性的感受（Sierens et al., 2009）。结果显示，只有当老师同时支持自主性时，结构才会对学生积极使用学习策略（如规划和在任务困难时坚持不懈）产生积极效果。如果老师采取控制的方式，结构则不会产生积极影响。

在非正式学习环境中，也发现了类似的结果。例如，埃克斯等（Eckes et al., 2018）研究了参观动物运动方式展览（如飞行、滑行、游泳等）的初中生。学生被提供了常规结构（如工作表、对材料的简短说明）或补充结构（如提前引导、明确的期望、设计信息）。在第一项研究中，他们发现，与仅接受常规结构的学生相比，接受补充结构的学生在参观展览时的内在动机、胜任感或选择感并未显著不同。因此，他们进行了另一项研究，这次以支持学生自主性的方式提供补充结构，即认可学生的观点和想法，使用非控制性语言（“可以”“也许”，而非“应该”“必须”）。结果显示，接受这种补充结构的学生对活动表现出更浓厚的兴趣和享受，也感到更有能力应对。这表明，不仅仅要提供结构，更重要的是以支持自主性的方式提供结构，这样才能真正起到作用。

有时，出于安全或效率考虑，我们需要对人们施加约束。比如，设定论文完成的截止日期或遛狗的最晚时间。有证据表明，以更具支持自主性的方式设定截止日期可以减轻这种约束带来的部分负面影响。伯吉斯及其同事（Burgess et al., 2004）让大学生用乐高积木制作装置，他们被告知这些配置将来会用于儿童研究。学生们被分为两组，一组被给予固定的完成截止时间（六分钟），另一组则在截止时间上有一定的选择（虽然实验设计使得所有参与者最终都选择了六分钟的截止时间）。结果显示，与接受更具控制性的截止时间的学生相比，接受更具支持自主性的截止时间的学生在实验后更愿意继续玩乐高积木。结论是，以更具支持自主性的方式传达约束，可以最大限度地减少对动机的负面影响。

我们时刻在给孩子设定限制，比如不能在沙发上跳、天黑后不能在公园逗留、不能拿其他孩子的玩具——孩子们总是听到很多不能做的事。如果我们限制了孩子的娱乐活动，会剥夺他们的乐趣吗？理查德·科斯特纳（Richard Koestner）及其同事进行了一项研究（1984）来探讨这个问题。他们让年幼的孩子在两种条件下进行绘画活动。第一种没有限制；第二种给予限制，如每次换颜色时都需要将画笔浸入水中，且不得在画框外绘画。这些限制分别以支持自主性或具有控制性的方式传达。在支持自主性的条件下，实验者对孩子们不得不遵守规则时表现出的不快表示同情，使用的是非控制性语言，避开了“应该”和“必须”等词汇，并向孩子们解释为何设立规则，如保持颜料的干净以便其他孩子使用。在控制性限制条件下，实验者则使用了“应该”和“必须”等词汇，不表达共情，也不向孩子们给出遵守规则的理由。

实验结束后，研究者观察了孩子们继续绘画的意愿以及其作品的创造力。他们发现，支持自主性的限制并没有破坏孩子们绘画的乐趣，而控制性更强的限制则产生了这种影响。无限制和支持自主性限制组的孩子的作品，其创造力水平相当且高于接受控制性限制组的孩子。

重要的是，这项研究表明，只要以不削弱自由感和选择感的方式提供限制和指导，就不会破坏乐趣和创造力。

支持儿童自主性的限制有时被称为“吉诺特式限制”，因为它是由心理学家海姆·吉诺特（Haim Ginott）提出的（1959）。吉诺特式限制包括：(1) 表达对孩子想要做不被允许事情的理解（如“我知道在床上跳很有趣，你真的想这么做”）；(2) 以非控制性的第三人称、非个人化的方式传达限制（“但床不是用来跳的”）；(3) 对限制引起的情绪表示共情（“我猜你不喜欢这条规则”）；(4) 提供替代方案（“如果你愿意，你可以在地下室的沙发上跳”）。通过使用吉诺特式限制，你可以在不引发权力斗争的情况下获得更多合作，并保持关系的稳固。

来自一线的故事

在本节，我们将分享几个案例研究，以说明在育儿和组织领导中如何应用关于结构、支持自主性和动机的科学原理。首先，我们从一个临床工作中的案例讲起，为保护客户隐私，我们对姓名和部分细节进行了修改。

家庭前线

我们（温迪的实验室）最近开展了一项干预措施，旨在帮助家长发展出更能促进孩子动机的育儿方式。具体而言，我们教授了家长如何在家中增加支持自主性、结构和参与度。其中，最具挑战性和关键的部分是帮助家长以支持自主性的方式提供结构。下面是一个家长向我们求助的案例。

珍妮丝是一位单身、离异的母亲，育有三个孩子，她在高等教育领域辛勤工作。她每天工作很长时间，回家时已经筋疲力尽。她告诉我们，最让她沮丧的是，当她回到家时，家里乱七八糟——孩子们的鞋子扔在沙发上，玩具散落一地，午餐盒敞开着放在桌子上。“让孩子们把东西收拾好就那么难吗？我回家时差点摔倒受伤！”她问道。当她进门时，家里充斥着叫喊声——“把鞋子放好！”“你为什么没把午餐盒清干净?!”以及威胁——“下次我看到什么就扔什么进垃圾桶。”还有让人内疚的话语——“我这么辛苦工作，你却一点也不感激”。

“这太让人崩溃了，”珍妮丝对我们说，“我冲他们吼完后，心里又特别难受。我整天不在家，回来后又发生这种不愉快的事。真不想和孩子们搞成这样子。”

作为干预的一部分，我们解释了什么是结构。我们与珍妮丝讨论了如何在下班回家之前制定一些明确的清理客厅和家庭活动室的指导方针。这样，孩子们就会清楚地知道她的期望。我们还讨论了如何以一种支持而非强迫的方式制定规则和指导方针，并给予孩子们一定的发言权。

“在大家都比较平静的时候，”我们建议道，“你可以和孩子们谈谈。”以下是一些可以纳入谈话的内容：

1. 从换位思考和同理心开始。比如，“我知道你们放学回家已经很累了，最不想听到的就是妈妈因为你们没收好东西而吼你们。”

2. 给出你的要求背后的理由。比如，“在我们开始做作业和准备晚餐之前，整理好东西很重要，这样可以让这些事情进行得更顺利。再说，要是家里到处都是食物残渣，还会招虫子。”

3. 邀请孩子们参与解决问题。比如，“我们一起来想想，看能不能制订一些计划，让你们放学后到晚餐前这段时间更顺利。”“你们认为我们可以怎么做才能确保我回家前东西都被收拾好？什么时候收拾比较好？有什么方法能让我们更容易记得收拾东西？”

4. 确定一个计划，让孩子们知道可以先试行，然后再评估效果。“我们下周试试这个计划，然后再开一次家庭会议，看看效果如何。”

有了这个策略后，珍妮丝召开了一次家庭会议，讨论如何收拾东西。孩子们的开放态度和积极参与对话的程度让珍妮丝很惊讶。

“我回家时喜欢先吃点零食，”她的女儿说，“也许我可以在吃完零食后收拾东西。”“我们能在厨房里放个提醒牌吗？”她的儿子问。他们确定了一个计划，并开始实施。两周后，我们再次与珍妮丝联系，她说家里平静多了。“我不能说每次我回家时东西都被收拾好了，但情况已经好多了。如果他们没收好，只要稍微提醒一下我们之前制定的规则，他们就会立刻行动起来。那些让人内疚的叫喊声大大减少，这让我们的晚上变得愉快多了！”

商界

在《不扼杀创新的结构》(*Structure That's not Stifling*，2018）一文中，兰杰伊·古拉蒂（Ranjay Gulati）讨论了公司如何将自由与控制视为零和游戏。但他认为，当指导方针设计得当并得到有效实施时，人们会感觉更受到支持，更自由，因而更能创新。这真的可行吗？古拉蒂研究了一些成功地在提供结构和允许自主之间找到平衡的公司。

奈飞正是找到了这种平衡的公司之一。该公司将其文化描述为“自由与责任”的结合。这意味着员工有机会运用自己的判断力进行创新，但他们必须在一系列“基础文件”非常明确的指导下进行。这些文件概述了公司的理念和优先事项。员工可以自行决定休假时间、差旅费用和产假。他们有机会探索新的举措。但所有这些都在一个员工需要理解和尊重的框架内进行。

这是如何运作的呢？显然非常成功！奈飞是世界上最成功的公司之一，在《财富》五百强排名中名列前茅。

重要的是，一旦员工掌握了公司提供的目标、优先事项和框架，便很少会滥用公司对他们的信任，而是会去做一些选择和进行创新。

另一个例子是阿拉斯加航空公司。20 世纪 90 年代，公司的工作氛围是，员工觉得自己可以对乘客为所欲为，认为只要相信自己的直觉，想尽一切办法让乘客满意就行。但经历了一系列事件后，包括2000年的一次坠机事件，公司决定加强管理。他们加紧了管控，取消了员工的自主权，转而采用了一本“操作手册”，让员工在解决问题时几乎没有自由裁量权。这导致了员工的不满。到了2014至2015年，公司开始恢复员工的自主权，但这次他们将放权与全面的培训计划相结合，让员工了解公司的目标、优先级和服务标准。员工在这些指导方针内拥有决策权，例如为乘客免除费用。这些改变带来了积极的结果。2017年，阿拉斯加航空公司在J. D. Power的客户满意度评选中获得了最高评级。

这些企业案例表明了结构对一个组织的重要性。结构可以与选择、共享决策和意见的自由度结合实施。当然，建立支持自主性的结构并非易事，需要花时间来收集意见，并与他人一起解决问题。同时，还需要花时间和精力来确保标准得以维持，让员工感到充满活力和干劲。

总结

尽管人们常常认为提供结构与给予人们自由和选择是相互矛盾的，但科学实际上表明，这两者可以相互结合。结构以明确的期望和指导方针的形式，以及关于事情进展的反馈，为人们提供了规划和实施行为所需的信息。

让他们有胜任感，能向前迈进。没有结构，你可能会对如何行动感到迷茫，对如何成事感到无助。但如果在制定规则和指导方针时不以强迫和压力的方式强加于人，而是允许人们参与制定，同时体谅他们可能不会完全同意所有指导方针，并在遵守规则时给予他们一定的选择权，那么这种方式并不会让人觉得被控制，反而能帮助人们自信地实现他们的目标。

将科学原理付诸实践

可以通过以下方法（详见表8－1）来设定结构，让人们既感到有效又自主。

1. 以支持自主性的方式制定明确的期望和指南，并结合他人意见、同理心、选择权和有意义的理由

对自己

当你有一个项目或活动需要完成时，组织相关任务，并设定完成时间表。例如，如果你有一周的论文要批改，就制订一个计划，每天批改五篇论文。虽然设定截止日期是有益的，但也要给自己留有余地，以免感觉受控。不要因为没有按每个截止日期完成任务而自责。将未能按时完成的反馈视为调整下一个任务的依据。

对他人

在待完成的任务中，加入那些涉及设定期望和指导方针的内容。哪些是现实的？如何能够最顺利地进行？还有，如果任务是人们不太愿意做的（比如填写文件、清空洗碗机），要承认并理解他们的感受。例如，珍妮弗的妈妈让她每隔一天遛一次狗。珍妮弗觉得自己根本不应该遛狗，因为最开始是她妹妹想要养这只狗的。即使妈妈不认同她的看法，也可以表示理解和共鸣。比如，妈妈可以说："我知道你觉得根本不该自己遛狗，所以让你遛狗时你肯定特别烦。"珍妮弗的妈妈可以在指导方针内给予一定选择权，比如可以问珍妮弗喜欢哪几天去遛狗。而且，妈妈可以提供一个有说服力的理由，来说明为什么需要她遛狗，并将其与她的目标联系起来，这非常重要。比如，妈妈可以说："我们都需要分担遛狗的任务，这样才不会有人负担过重。如果你想养宠物，你妹妹也可以帮你。"

2. 提供反馈

对自己

在完成任务的过程中，记录下所有进展。同时，检查是什么让任务变得更难或更容易。时间是否安排得最合理？你的精力是否在某些时候消散或高涨？更短（或更长）的时间段是否更有效？是否有一些技能对完成任务特别有用？

虽然给自己提供反馈是好事，但尽量不批评、不贬低，而是更多地关注于如何改进（关于如何提供变革反馈的指导，请参阅第三章）。

对他人

定期提供反馈，向他们说明如何达到指导方针和期望。比如，让人们知道你打算检查他们的进度，并询问他们是否需要任何帮助。使用变革反馈的原则（见第三章）来提供以行动为导向的反馈。通过让他们反思事情的进展并讨论他们认为哪些方法能让他们更成功，让他们参与到反馈环节中。比如，如果你要求员工编写一本新手册，你可以建议每周进行一次检查。你可以询问员工进展如何，是否有部分需要你审阅并提供反馈。如果手册的可读性或清晰度是问题所在，就向员工提出改进建议，告诉他们可以采取哪些步骤。

3. 允许对期望和指导方针进行修订

对自己

期望和指导方针应该能够适应当前的情况和目标。重新审视这些指导方针，看看是否需要调整。比如，如果你正在处理多个任务，就调整截止日期以使其更现实。

对他人

与他人沟通，看看他们是否认为期望和指导方针合理。明确表示你接受任何批评。与他人合作修订规则、期望或指导方针，听取他们的意见和建议。

表8-1 基于科学的动机水平提升策略

策略	对自己	对他人
以支持自主性的方式制定明确的期望和指南，并结合他人意见、同理心、选择权和有意义的理由	组织活动，确保任务和截止日期明确	与他人合作，制定清晰可预见的指导方针、规则和行动结果
提供反馈	记录达成期望的进展，并进行调整以便改进	提供关于达成期望的“变化反馈”，并共同制订改进计划
允许对期望和指导方针进行修订	重新审视指导方针并进行调整	欢迎他人提出批评意见，共同修订期望和指导方针

尝试这些提升动机水平的策略

我想激励自己去完成的事情：

我将尝试以下策略：

我想帮助他人提升动机水平的领域：

我将尝试以下策略：

尾声

回到本章开头的例子，克里斯担心在皮肤科诊所制定一些一致的指导方针可能会损害医生和员工的积极性和创造力。克里斯大可放心，在诊所中建立一些结构可以促成高效、积极的工作环境，让大家共同努力，创造一个繁荣的诊所。克里斯可以让医生和办公室人员参与制定一些大家都支持的政策和指导方针，以更好地激励她的同事，并改善皮肤科诊所的氛围！

莱斯特和亚伦是兄弟，亚伦比莱斯特大两岁。当莱斯特上一年级时，他们的姨妈露西（一名教师）搬来和他们同住，并经常辅导莱斯特和亚伦做作业。几周后，露西姨妈私下里对他们的父母说，莱斯特非常聪明，亚伦很努力，但不如莱斯特有天赋。在接下来的几年里，露西姨妈经常对莱斯特和家里的其他人说，莱斯特是个聪明的孩子，学习会很出色，将来一定能大展宏图。莱斯特升入高年级后，学习越来越难，他的成绩开始下滑。露西姨妈对莱斯特的低分感到惊讶，完全不知道该如何帮助他。

第九章 夸别人聪明可能会适得其反

虽然露西姨妈以为强调莱斯特聪明是在帮助他，但这些出于好意的评论是否对莱斯特的表现产生了负面影响呢？

神话：告诉人们他们很聪明会增强动机

当人们在某件事上取得成功时，夸他们聪明或有天赋的情况非常普遍，以至于我们几乎没有注意到。

老师可能会在学生解出难题时称赞他们“真聪明”，家长可能会在看到孩子的优秀成绩单时赞扬他们很聪明。儿童动画片《蓝色斑点狗》的每一集都以“嘿，你知道吗？你真聪明”的欢呼声结束。这种称赞不仅限于孩子或学校，公司里的上司也可能使用这样的说法：“你是个出色的设计师！”“你真是个有天赋的销售员！”我们可能认为称赞别人很聪明或有天赋会给他们更多的信心，让他们更加坚持不懈。然而，事实证明，这种赞美有一个阴暗面。当你听到这样的赞美时，你会认为自己之所以成功，是因为聪明或有天赋。当事情进展顺利时，这很好，但当你遇到挫折时，你只会得出这样一个相关的结论——我之所以没做好，是因为我其实并不聪明，或没有天赋。遗憾的是，这种结论会带来许多负面影响（我们在本章中讨论过）。比如，如果把挫折视为对自己的能力或智力的谴责，你就会想方设法证明自己很聪明，比如只接受容易的任务，无须付出努力，以便可以将失败归咎于不努力，而非能力低下。在某些情况下，你甚至会作弊，以防止自己失败。

在我们的调查研究中（Grolnick et al., 2022），一个被广泛认同的观点是，夸别人聪明并强调其能力是一种有效的策略。超过四分之三（76.6%）的受试者或在一定程度上或强烈同意这是一个好主意。一项针对幼儿家长的调查（Mueller & Dweck, 1996），也发现了类似的结果，其中85%的家长认为，当孩子在某项任务中表现良好时，称赞他们的能力以让他们感觉自己很聪明是必要的。这些研究揭示了人们对“称赞聪明，强调能力”这一观念的普遍信奉。

为何我们相信这个神话

显而易见，当人们在某事上失败时，说他们很愚蠢或没有天赋并非明智之举，这很可能令他们感到遭受了羞辱，进而失去动力。然而，反向操作，即在人们成功时称赞他们聪明，从直觉上看，似乎是一件好事情。智力在美国社会中被高度重视，被称赞聪明会让人感觉良好。我们也希望让他人感觉很棒！于是我们便假设，在成功时称赞他人的智慧或高能力会让他们在遇到困难时保持动力。但遗憾的是，事实并非如此。长期来看，在这种情况下，称赞可能会适得其反。

我们之所以可能相信这一神话，还与心理学家所说的“自我实现预言”有关。这一观念最初由罗伯特·默顿（Robert Merton）提出（1948），即如果我们对自己或他人有某种信念，就会以某种方式行动，使这种信念成真。如果我们告诉某人他们很聪明，他们就会开始相信这一点，并进而以符合这一信念的方式行事。因此，当我们称赞某人聪明时，可能是相信自我实现预言，认为这会对其自我认知产生积极影响。这种做法完全是出于好意。然而，我们可能并未意识到，告诉人们他们很聪明并让他们相信这是成功的原因会带来负面影响。正如我们将看到的，人们对成功和失败原因的认知对他们的动机有着巨大影响，而过分关注“聪明”并试图维持自己“聪明”的信念，实际上可能适得其反。

为何要破除这一神话

虽然称赞人们的智力或天赋等品质看似是件好事，但实际上可能弊大于利。当人们因自身的某些特质（如聪明）而受到称赞时，他们可能会认为：“我在这件事上做得好是因为我聪明。”进一步思考，在这种逻辑下，如果表现不佳，他们很自然地会认为是因为自己不具备成功所需的特质，如智慧或天赋。然而，无论我们在某方面多么擅长，总会遇到挫折甚至失败。因此，当这些坏事发生时，如果相信自己不够聪明或没有能力，就可能导致丧失信心或彻底放弃。许多人本可以在某些领域取得卓越成绩，但因对挫折做出了错误的解读而过早放弃。这尤其适用于那些长期成功后遭遇失败的人。例如，小学低年级的数学相对简单，大多数孩子都能学得不错，但到了中学阶段，数学开始变得复杂。那些被称赞在数学方面聪明或是"数学达人"的孩子在遇到难以理解的内容时可能会受挫。由于他们相信自己的成功源于数学上的能力或智力，他们就会得出结论，认为自己其实并不擅长数学，也并非什么"数学达人"。遗憾的是，我们因此失去了许多潜在的科技、工程和数学领域的学者。

另一个遇到挑战的例子来自一个有趣的现象，即"大鱼小池塘效应"（Marsh & Parker，1984）。这一理论认为，人们会将自己与周围的人进行比较。如果你相对于周围的人表现出色，你会对自己的能力感到满意。但如果你进入了一个新环境，那里的每个人都表现出色，发现周围的人都表现优秀，你可能会觉得自己不够出色，自信心也会急剧下降。这种情况经常发生在那些在小型高中表现优异，但进入竞争激烈的、人人都很优秀的大学后成绩下滑的学生身上。当这些学生开始得到一些 B，而不是全部 A 时，他们开始质疑自己的能力。如果他们将高中时期的成功归因于"聪明"，那么他们可能会得出结论：自己其实并不那么聪明。这种感觉可能导致他们的效能感下降，从而陷入恶性循环。他们可能会觉得，必须尽一切努力来证明自己聪明。这可能意味着选择简单的课程、不努力以便在表现不佳时有借口以及考虑竞争激烈的学校是否适合自己。

我们不应因那些被人们视为天生的或不可改变的事物（如天赋、智力，甚至是听话懂事）而表扬他们，破除这一神话至关重要，因为这种表扬可能引发一系列具有不适应性的心理过程。幸运的是，表扬背后的科学原理为我们提供了一些绝佳的替代方案，有助于我们对成功和失败的原因做出健康的归因，设定积极目标，并以适应性的方式应对挫折。

科学原理：夸人聪明可能适得其反

要想理解为何夸人聪明能干并非适应性行为这一反直觉的科学原理，关键在于理解人们在成功或失败时的心理变化。当人们成功或失败时，尤其是当结果出乎意料时，他们会试图找出原因。成功时，他们可能会问："是因为我擅长这项任务或科目吗？还是因为我努力了？"失败时，他们可能会质疑自己是否不够聪明，是否没有付出足够努力，或者只是运气不好。探讨这些"为什么"问题的科学理论被称为归因理论，由弗里茨·海德（Fritz Heider）在其开创性著作《人际关系心理学》（*The Psychology of Interpersonal Relations*）中首次提出。海德研究了人们对他人行为的归因，认为我们总是在试图理解人们行为背后的原因。比如，为什么一个人会犯罪？为什么一个学生会考试不及格？

20世纪80年代，伯纳德·韦纳（Bernard Weiner）在成就归因领域提出了一个具有影响力的理论，该理论在动机和教育心理学中得到了广泛应用，并逐年扩展到欺凌、歧视和同伴攻击等问题的归因上（Graham，2020）。根据这一理论，当人们在任务或科目上成功或失败时，他们会询问自己原因，并将结果归因于各种因素。这些因素包括能力（即认为自己有多聪明或多有天赋）、努力（即尝试的难易程度）、运气以及他人的行为（如学生考试不佳时责怪老师）。

这些因素可以从多个维度来考虑。第一个维度是归因的地点，即在个人内部还是外部。例如，能力是内部因素，而任务的难度则是外部因素。第二个维度是稳定性，即原因是恒定不变的还是会随时间变化。能力通常被视为不变的因素，而努力和运气则是可变的。第三个维度是可控性，即原因是否受我们控制。我们通常认为能力是我们无法真正控制的，而努力则是我们可以控制的。图 9－1 展示了这些因素是如何组织的。

	内部原因	外部原因
稳定	能力 我有天分	任务的难度 太难了
不稳定	努力 我很努力	运气 我只是幸运而已

改编自 "*An Attribution Theory of Motivation*," by B. Weiner, in P. A. M. Van Lange, A. W. Kruglanski, and E. T. Higgins (Eds.), *Handbook of Theories of Social Psychology* (Vol. 1, p.140), 2012, Sage Publications (https://doi.org/10.4135/9781446249215). Copyright 2012 by Sage Publications. Adapted with permission.

图 9－1　归因理论：成功和失败的原因

重要的是，对挫折和失败的归因会影响我们如何应对它们。如果你将失误归因于不稳定因素，你会期待失败不会重演。如果归因于你可以控制的不稳定因素（如努力），你就可以更加努力。但如果你将失败归因于自己身上稳定且不可控的因素，你会觉得失败会一再发生，这会令人感到沮丧，因为你无法改变现状。因此，在成就情境中，你是将成功和失败归因于稳定且不可控的因素（如能力），还是归因于不稳定且可控的因素（如努力），会对你的动机产生不同影响。特别是，将失败归因于内部、稳定且不可控的因素，如能力或"聪明"，可能会带来严重后果。研究发现，人们在某件事上失败时，可能会表现出掌握反应或无助的反应（Diener & Dweck，1978）。掌握反应指的是保持对任务的专注，克服困难和挑战。相反，具有无助倾向的人在遇到困难时会放弃并退缩，表现得像是情况超出了自己的控制。

研究表明，在失败后表现出无助反应的孩子，比那些表现出掌握反应的孩子更可能将失败归因于自身能力，（Dweck & Reppucci，1973）。他们之所以轻易放弃、逃避挑战，是因为将失败视为对自我及自身不足的指责，并在未获成功时感到绝望。相反，展现出掌握反应的孩子更可能将失败归因于努力不足。他们视挫折为改变努力方向、策略或寻求更多资源（如求助）的信息。他们不会像那些将失败归咎于能力的人一样，产生消极和无望的情绪。

进一步而言，如果你认为失败源于你自身的某些特质，特别是智力这种关乎自尊的重要特质，你就会竭力证明自己很聪明。在第六章中，我们讨论了人们追求成就的目标。在面对成就情境时，有些人设定的目标是学习新知、发展新技能，这被称为学习目标。而另一些人则注重表现优异、超越他人、“看起来很棒”，这被称为表现目标。不出所料，这些目标与对失败的归因密切相关。持有表现目标的孩子更可能将失败归因于能力，而持有学习目标的孩子则更可能将失败归因于可控因素，如努力（Ames & Archer，1988）。由于学习目标与表现目标在促使人们选择轻松还是具有挑战性的任务以及面对困难时的坚持程度上存在差异，因此成功与失败的归因对动机有着巨大影响。

鉴于归因研究告诉我们，将挫折和失败归因于可控因素而非稳定因素（如能力）是最具适应性的，因此，我们需要思考我们对他人和自己传递的信息是否会影响我们对结果的归因。

这也是我们必须揭穿“应表扬人的聪明才智和能力”这一误区的原因所在。

表扬过程，而非结果或人

想象一下，孩子从学校带回一幅画作，家长们会如何反应？一种情况是，家长可能会说：“哇，你真是个了不起的小艺术家！”另一种则是：“哇，你在色彩运用上做得真棒，看来你很用心呢！”前者是**对人的表扬**，而后者则是**对过程的表扬**（Mueller & Dweck，1998）。以人为中心的表扬将表现与个人的整体特质联系起来，如智力、数学能力、艺术才华或运动天赋。相反，对过程的表扬则将表现与努力或策略的使用相结合。那么，使用这两种不同的表扬方式是否会影响人们的动机和行为呢？

为了验证这一点，克劳迪娅·米勒（Clauelia Mueller）和卡罗尔·德韦克（Carol Dweck，1998）进行了一项研究。他们让五年级的孩子们先完成一项简单的测试，然后分别表扬他们的智力（“你做得很好，你一定很聪明！”）和努力（“你做得很好，你一定很努力！”）。之后，他们让孩子们选择另一项任务——一项稍难但“能让他们学习和成长”的任务，或一项“他们确信能做好”的类似任务。结果发现，那些被表扬智力的孩子更倾向于选择简单的任务。接着，孩子们完成了一些更难的任务，并被告知他们表现不佳。随后，研究人员询问他们为何表现不佳，是否愿意继续完成类似的任务，以及他们对这些任务的喜爱程度。最后，他们又给了孩子们第三组任务。

接受智力表扬的孩子在失败后的反应与那些接受努力表扬的孩子大相径庭。被表扬智力的孩子对任务的兴趣减少，更不愿意解更多的难题，并且更倾向于设定表现目标。他们也更可能将不佳表现归因于能力低下，而非努力不够。重要的是，尽管他们在第一项任务上的表现与其他组一样好，但在失败后所做的任务上表现更差。这项研究揭示了当孩子遇到困难时，以人为中心的表扬带来的负面影响。

在另一项研究中，卡明斯和德韦克（Kamins & Dweck，1999）在幼儿中也发现了类似的结果。他们让幼儿园的孩子们通过角色扮演情景与玩具娃娃互动，娃娃在完成任务时出错，并从“老师”那里得到反馈。例如，他们搭建了一个积木塔，但积木倒了。老师要么给出针对人的批评（如“我对你很失望”），要么给出针对过程的批评（如“也许你可以想想其他办法”）。听到针对人的批评的孩子，对他们制作的作品评价较低，也认为自己在这项任务上不如那些听到针对过程批评的孩子做得好。他们还表示不愿再继续这项活动。正如我们之前所说，以人为中心的批评会削弱动机，这并不奇怪。在后续研究中，孩子们又进行了成功的角色扮演，并分别得到了针对人或过程的反馈。随后，他们遇到了一个出错的情况。那些最初得到针对人表扬的孩子，对自己能力的评价更低，持久性更差，表现出更多的消极情绪，而那些最初得到针对过程表扬的孩子则想出了更多积极的解决方案来纠正错误。

不要以为表扬的方式仅对孩子有影响，研究表明，它同样会影响成年人的动机。例如，海姆维茨和科珀斯（Haimovitz & Corpus，2011）让大学生找隐藏图案的任务。在完成第二组任务后，他们被告知："太棒了，你真的很擅长这个！你一定有这方面的天赋！"或者"太好了！看来你真的很努力！你一定采用了非常有效的策略！"然后，他们接受了第三组非常难的题，并得到了关于他们表现的负面反馈：他们找到的隐藏图案比平均水平少了两个。那些得到过程表扬的参与者表示，他们更喜欢做这些难题，并认为自己在这方面更有能力，而那些得到针对人的表扬的参与者则没有这种感觉。对于更优秀的学生来说，这一点尤为明显。作者推测，大一新生可能还不太清楚自己在大学里的能力，因此可能较少受到针对人的表扬的影响。

而且，有证据表明，单纯的表扬可能存在问题。例如，对成功完成简单任务的表扬可能会隐含地传递出对方能力有限的信息。研究表明，非裔美国人和拉丁裔学生比其他学生更经常受到老师的表扬，而受到的批评较少，这可能会传达出他们能力低下的信息（Harbe et al.，2012）。因此，要谨慎地对待我们的表扬所传达的信息，这对于教育和其他领域的公平性至关重要。

那么，表扬的方式这样一个小小的因素，为何能产生如此大的影响呢？当你听到自己表现良好是因为能力时，就会认为表现差是因为缺乏能力，而能力显然是无法改变的东西。相反，当你听到自己表现良好是因为努力时，就会相信在遇到挫折时，你可以做些什么来改变。

这可能会让你在面对不可避免的挫折时选择无助地应对还是坚强地应对，从而产生截然不同的结果。

成长型心态带来强大的应对挑战的能力

有一天，布莱恩从学校接回了女儿妮可。那天的历史课让她特别兴奋。他们讨论了制宪会议，每个学生都扮演了一个角色进行模拟。

她兴奋地向爸爸讲述了课堂上的内容，并补充说："我今天变得更聪明了！"这句话反映了妮可对于智力的看法，即智力是可以提升的。事实证明，我们对智力的看法在我们的归因、目标以及最终的动机方面起着至关重要的作用。

在研究了无助感和掌握感在成就情境中的反应后，卡罗尔·德韦克及其同事开始思考，究竟是什么导致了无助的态度和表现目标？是什么信念驱动我们对挑战和挫折的反应，使我们更关注表现而非学习？其中一个答案与人们对个人特质是否固定或可塑的信念有关。人们是认为自己的特质是固定不变、难以撼动的吗？还是认为它们可以改变和发展？在成就方面，关键问题在于人们是否相信智力是可以培养和发展的，还是认为它是与生俱来、无法改变的。德韦克将这些关于智力的信念称为"智力心态"（Dweck，1999）。相信智力固定的人拥有固定型智力心态，而那些相信智力可以发展的人则拥有成长型智力心态。

为了确定人们是拥有固定型心态还是成长型心态，研究人员会询问他们是否同意或不同意诸如"你的智力是你无法真正改变的东西"和"无论你是谁，你都可以显著提升你的智力水平"等陈述。有趣的是，大约40%的成年人和儿童倾向于认同固定型心态，还有40%倾向于认同成长型心态，约20%的人持中立态度（Deweck & Molden，2017）。妮可说出了她认为自己能够变得更聪明的想法，从而证明了她的成长型心态。你更倾向于哪一种心态呢？无论是固定型心态还是成长型心态，都会对人们在成就情境中的目标设定以及面对挑战时的表现产生重大影响。

例如，拥有成长型心态的人倾向于专注地学习信息和提升技能。相反，拥有固定型心态的人则更关注于展示自己的聪明才智和高超能力。他们更可能选择容易且能显示自己能力的任务，而非那些更具挑战性但能真正让他们学到东西的任务。毕竟，如果你认为智力是固定的，你就会更热衷于展示你已经拥有的智慧！而拥有成长型心态的人相信努力会带来不同，因此，在遇到困难时他们不会轻易放弃。相反，拥有固定型心态的人更可能认为能力是关键，如果能力固定不变，那么你在不擅长的事情上也就无能为力。重要的是，信奉成长型心态并不意味着你相信每个人在某一领域具有相同的潜力，而是意味着每个人的智力能力都可以进一步发展。

大量证据表明，固定型心态与重要的动机因素相关联。拥有固定型心态的孩子更关注表现目标，而拥有成长型心态的孩子则更关注学习目标（Dweck & Leggett，1988）。当遇到困难时，拥有成长型心态的孩子相信努力的重要性，并将挫折更多地归因于努力而非能力（Henderson & Dweck，1990）。此外，心态与儿童和青少年的学习成绩密切相关，那些拥有成长型心态的孩子表现更好（Blackwell et al.，2007；Yeager et al.，2014）。因此，显然在成就情境中，拥有成长型心态更具适应性。

心态在不同领域可能存在差异。例如，杰弗里可能认为智力是固定的，自己无法做太多改变。但与此同时，他可能相信通过练习和锻炼，他可以在运动方面提升自己。而且有证据表明，成长型心态的积极影响不仅限于学业领域。例如，在运动方面具有成长型心态的十一二岁的孩子比在该方面拥有固定型心态的孩子更倾向于选择学习目标（Sarrazin et al.，1996）。在音乐方面，拥有成长型心态的学生更倾向于采用学习目标，而拥有固定型心态的学生则更倾向于采用表现目标（Smith，2005）。鉴于心态在多个领域都至关重要，我们应该对其予以重视！

虽然人们在不同领域的心态可以通过测量来评估，但心态也可以通过实验来诱导，并产生重要影响。在一项研究中，卡罗尔·德韦克及其同事（1982）通过让孩子们阅读描述关于著名人物（如阿尔伯特·爱因斯坦、海伦·凯勒、儿童魔方冠军）的智力描写段落，引导他们形成固定型或成长型心态。这些段落将智力描述为要么是固定且天生的，要么是后天获得的。阅读后，研究人员询问孩子们是否想了解更多关于这个话题的内容，并告诉他们心理学家也研究人们如何解决问题。然后，他们让孩子们从不同类型的问题中选择——一些可能是具有挑战性但可以从中学到东西的问题，或者一些相对简单、不会出错的问题。相较于阅读了固定型心态段落的孩子，阅读了成长型心态段落的孩子更可能选择学习目标。因此，即使只是暂时的，成长型心态也能让你有勇气冒险、增加知识和技能。在本章末尾，我们将讨论一个好消息：心态是可以培养的！

如果心态很重要，那么了解它们是如何形成的也同样重要。孩子们是如何形成固定型或成长型心态的呢？有证据表明，这些信念源于人们所获得的表扬类型，这在前面的部分已经讨论过。例如，伊丽莎白·冈德森（Elizabeth Gunderson）及其同事（2013）访问了多个家庭，观察了父母及其幼儿在玩耍、用餐以及穿衣、收拾玩具等日常活动中的互动情况。观察者记录下了父母使用表扬的实例，并将这些表扬归类为个人导向（即对人的表扬，如“好姑娘！你真聪明”）或过程导向（即对过程的表扬，如“你画得很好，我喜欢你遮住嘴巴的方式”）。随后，他们对这些孩子进行了跟踪调查，评估了他们七八岁时的思维模式。研究发现，父母在孩子婴幼儿时期使用越多的过程表扬，孩子在七八岁时越倾向于拥有成长型思维模式。这项纵向研究凸显了父母使用的表扬类型对孩子未来思维模式的重要性。

在另一项采用不同方法进行的有趣研究（Pomerantz & Kempner，2013）中，研究人员让八至十二岁孩子的母亲每天记录自己如何回应孩子在学校取得的成就。研究人员随后根据这些回应是属于个人导向（如“你真聪明”或“你是个好孩子”）还是过程导向（如“你一定很努力”或“你一定很享受做这件事”）进行了编码。孩子们则报告了他们对智力的看法。研究发现，父母使用越多个人导向的表扬，孩子越容易形成固定型思维模式，且越不倾向于接受学业上的挑战。因此，这再次证明父母使用的表扬类型至关重要。

将失败视为不可避免或成长的契机

迈克尔·乔丹在1997年曾表达过他对失败的看法：“在我的职业生涯中，我投篮失误了超过九千次，输掉了近三百场比赛。有二十六次，我被寄予厚望投进制胜一球，但我却投失了。我在生活中无数次地失败。这就是我成功的原因。”

本田宗一郎（Sochiro Honda），首位入选汽车名人堂的日本汽车制造商，也曾有名言：“最让我兴奋的，莫过于我计划某件事却遭遇失败之时。那时，我的脑海中满是如何改进它的想法。”他四十年的工作生涯充满了挑战，包括破产和被丰田拒绝。

但他对失败的态度帮助他坚持下来，并最终在该领域取得卓越成就。许多成功人士也有类似经历，如迈克尔·乔丹高中时未能加入校篮球队，而是被安排在二队；J. K. 罗琳在《哈利·波特》系列大获成功前曾被拒绝了十二次。

有证据表明，失败实际上有助于我们成功。例如，学生在没有遇到一些难题并设法解决的情况下，很少能深刻理解物理学中非常复杂的概念。“**建设性失败**”一词描述了让学生在面对有些模糊的信息时进行问题解决的过程。为了说明努力挣扎的效果，一项研究（Kapur，2008）让学生处理结构明确或结构不明确的物理问题。结构不明确的问题具有多个参数，其中一些未知，有多种可能的解决方案，并要求学习者做出许多假设和推断。而结构明确的问题参数较少，需要遵循常规的决策原则，且解决方案已知。一半学生先以小组合作的方式解决结构明确的问题，然后单独解决这类问题；另一半学生则先以小组合作方式解决结构不明确的问题，然后单独解决这类问题。之后，所有学生都单独解决结构不明确的问题。结果显示，最初在结构不明确问题上挣扎并失败的学生，最终表现优于那些最初处理结构明确任务的学生。看来，他们经历的挣扎和失败最终都得到了回报。

事实证明，环境对失败的看法在形成思维模式方面发挥着作用。人们可能会认为父母会将自己的思维模式传递给孩子——如果你认为智力是固定的，你的孩子也很可能这么认为。但有趣的是，研究人员并未发现这种情况。

当凯拉·海姆维茨（Kyla Haimovitz）和卡罗尔·德韦克（2017）研究父母和孩子的思维模式时，这一发现让他们感到困惑。深入研究数据后，他们发现了令人着迷的事情。父母并非直接用自己的思维模式影响孩子的思维模式，而是父母如何看待孩子的挫折和失败的态度起到了关键作用。在一项针对四五年级学生的研究中，研究人员询问了父母对失败的态度。父母是将失败视为促进学习和成长的助力（如“经历失败能提升表现和生产力”，即**失败是有益的**），还是将其视为阻碍这些成果的障碍（如“经历失败会损害学习和成长”，即**失败是有害的**）？他们还询问了如果孩子带着不及格的成绩回家，父母会如何反应。将失败视为积极因素的父母更可能表示，他们会与孩子讨论可以从这次经历中学到什么，以及如何研究错误以改进。他们不太担心孩子的能力不足。那些持有“**失败是有益的**”心态的父母，其孩子也更倾向于拥有成长型思维模式。

失败与智力的观念仅仅影响父母与孩子的互动吗？答案是否定的。有研究表明，管理者的心态也会影响他们对员工的看法和对待方式。赫斯林和同事们（Heslin et al., 2006）指出，持固定型心态的管理者会固守对员工的初步印象。相反，拥有成长型心态的管理者更能敏锐地察觉员工随时间发生的变化。他们不会将员工的不佳表现视为永久性的，并认为自己有责任促进员工的成长。

这项研究表明，我们如何看待错误——这一与心态紧密相连的因素——对我们所讨论的整套动机过程（包括归因、目标以及应对挫折的能力）有着重大影响。

同时，它也影响着我们的社交互动方式。因此，反思我们如何看待错误以及能做些什么来改变对错误的负面看法，是非常值得的。

我们能够改变心态和对错误的看法

如今已有证据表明，干预措施可以改变人们的心态。这些干预措施通常教导人们，通过努力、采用新策略以及寻求帮助，可以培养学术和智力能力。它们还告诉我们，大脑就像肌肉一样，通过锻炼会变得更强（更聪明）。此外，这些干预措施还会回顾那些能够锻炼大脑的行动，比如钻研让人深思的具有挑战性的材料。有些干预措施还包含了关于科学家、同龄人和杰出人物运用成长型心态的故事。在一项干预措施中（Yeager & Dweck，2020），学生们撰写了短文，讲述自己在挣扎后如何提升能力，以及未来如何运用成长型心态。有大量证据表明，在多个群体中实施这些干预措施以建立成长型心态是有效的。丽莎·布莱克威尔及其同事（Lisa Blackwell et al.，2007）为七年级学生设计了一项成长型心态干预措施，她们发现，该措施不仅提升了学生的成长型心态，还阻止了学生通常在中学阶段数学成绩下滑的趋势。在一项针对大学生的研究中（Aronson et al.，2002），一半的学生学习了成长型心态，包括智力可扩展的理念，以及每次学习新事物时大脑都会形成新连接的观点。他们观看了相关影片并进行了讨论。另一组学生则学习了多元智能理论（即在不同领域的智力水平不同），但没有探讨智力是否可变。第三组学生没有接受任何干预。学期结束时，研究人员评估了学生的成绩和他们对学术的重视程度。

结果发现，接受成长型心态干预的学生成绩更高，并且对学术的重视程度和享受程度也超过了其他两组学生。

因此，好消息是，心态是可以改变的，而且这种改变带来的好处对孩子和成年人都适用！

营造有益成长型心态的氛围

几年前，我（温迪）有幸参与了一个名为“侦探俱乐部”的针对初中生的项目，这是一个为期十五周的课后项目，旨在激发主要来自低收入社区的初中生的学习动机。该俱乐部以科学为重点，但其初衷在于广泛促进学生在校的学习参与度。这是一个实践性的体验项目，学生被称为“侦探”，要去发现、实践和掌握调查技能。在领导者和学习社区的支持下，积极参与解决问题。参与该项目的学生收获颇丰（Grolnick et al.，2007）。与未参与该项目的学生相比，他们在学校的参与度更高、成绩更好，并且在项目结束时设定的表现目标也更低。但最有趣的是学生在参与项目后接受采访时所说的话。由于研究人员（包括我）对心态感兴趣，我们问他们：“在侦探俱乐部中，怎样才能表现优秀？”学生们的回答是这样的：“其实，在侦探俱乐部里，任何人都可以变聪明。你只需要到场并参与。你会变得越来越聪明！”当被问及这是否与学校的情况一样时，他们回答说不一样。“在学校里，你要么聪明，要么不聪明。如果你聪明，就会表现好；如果你不聪明，就不会表现好。”这让我们觉得很有趣。侦探俱乐部的设置支持探究、传达了通过犯错来理解事物的必要性，并鼓励学生的积极行动，这些都在一定程度上改变了他们对在该环境中智力作用方式的看法。

我们从其他研究中了解到，特定的氛围或环境总体上可以促进固定型心态或成长型心态的形成。例如，有研究发现，课堂上有**以过程/学习为导向**与**以个体/表现为导向**这两种不同做法（Park et al.，2016）。以过程/学习为导向的课堂强调理解教学材料，而以个体/表现为导向的课堂则强调成绩和能力的展示。在更加注重个体/表现的课堂中，学生到一学年结束时更有可能形成固定型心态，即使他们在学年开始时持有成长型心态。对初中数学教师的教学实践的调查显示，那些培养成长型心态的教师更关注学生的学习和思维过程，帮助他们深入理解问题，而不是单纯关注对错（Sun，2015）。他们为学生提供反馈以帮助他们深化理解，并给他们修订作业的机会。这些教师还明确讨论了错误对于成长的重要性。相比之下，那些培养固定型心态的教师会根据学生的能力进行分组，并关注学生是否能得出正确答案。他们比较学生，并对表现较差的学生抱有较低的期望。有趣的是，尽管教师自身的心态与学生的心态无关，但很明显，学生会察觉到教师对待错误的态度以及努力和能力在学业成功中所扮演的角色。

总结

虽然夸人聪明、有天分似乎是激励人的好策略，但正如我们所见，这可能会适得其反。这种赞美会让人相信，他们的成功与失败都源于他们无法改变的一些特质，从而在面对挑战时容易放弃。为了帮助人们坚强地面对失败，甚至乐于接受失败，我们可以采用将重点放在努力和实践上，而尽量减少对比较和表现的关注。我们应该将失败视为接受挑战、发现新事物的必经之路。创建促进成长型思维的环境是一项挑战，但如果我们想要帮助人们变得坚韧不拔，那么这一挑战就值得我们去面对！

将科学原理付诸实践

虽然称赞别人聪明或有才华看起来是一个激励人的好策略，但还有更有效的方法来促进人们形成适应性信念、更健康的归因。请关注

表 9 - 1 中总结的这些策略，它们既适用于你自己，也适用于他人。

1. 关注努力而非能力

对自己

想象一下，你呕心沥血，总算完成了一篇论文——花的时间比预期长，甚至有几晚辗转难眠，担心是否能完成。你读完终稿，对自己的成果感到满意。你是为付出了如此多的心血并最终完成了论文而感到自豪，还是因为之所以下这么大工夫恰恰表明你不擅长写作而感到沮丧？在分析你的感受时，请记住，努力和能力并非成反比。付出努力是有价值的，应当受到赞扬，因为它会带来进一步的技能提升。

对他人

想象一下，公司为员工设定了一个销售目标。一名员工非常努力，向你提出了相关问题，你看得出他在付出额外的努力；另一名员工则不太露面，也不与团队互动。第一名员工的业绩未能完全达到目标，而第二名员工通过偶然的一次大单而达到了目标。你对员工表现的看法可能反映了你如何看待努力的重要性。长期来看，努力和使用有效策略（如寻求帮助）可能会使第一名员工更加成功，因此，在你对周围人（无论是学生、员工、还是病人，甚至是朋友）的看法中，不妨强调努力和策略的使用。

2. 表扬过程而非个人

对自己

在反思你自己的表现时，关注你付出的努力以及你是如何使用资源和策略的，而不是最终结果。要为自己能这样做而感到自豪。尽量避免说“我很擅长这个”或“我对此不太行”。相反，要关注你倾注的心血。

对他人

当你看到他人成功或接近成功时，请表扬他们付出的努力或所使用的策略。尽量避免说诸如“你真聪明”“你真是个好艺术家”或“你天赋异禀”之类的话。比如，如果你团队中的一位年轻足球运动员通过额外的练习取得了进步，你可以说："哇，你训练得这么努力，学到了这么多东西——真的很棒。"这比说"哇，你真是天生的足球运动员"要好。年轻运动员难免会被其他球员超越，最终，对过程的表扬会帮助他们在被超越或未能进球时保持动力。

3. 将错误视为学习的机会

在我们的工作和人际关系中，错误是不可避免的。与其将这些错误视为自身的缺陷而自责不已，不如尝试将它们视为学习和改进的机会。思考一下你可以采用的策略，以确保这些错误不再发生。将错误视为学习过程的一部分可以帮助你保持积极的心态，避免偏离轨道或感到沮丧。

对自己

如果犯了错误，不妨反思一下哪里出了问题。问问自己是什么导致了这个错误？有没有什么方法可以预防它？然后采取行动，实施你所想到的改进措施。

例如，你不小心将邮件发错了人。这种情况时有发生，但确实会让人感到尴尬。思考一下为什么会发生这种情况。发送邮件时是否分心了？是否忘记检查是点击了"回复"还是"回复全部"？制订一个计划来避免将来再犯同样的错误，比如先写好邮件再输入收件人地址。但尽量不要因为这次错误而自责不已。

对他人

努力营造一个不仅容忍错误而且珍视错误的环境。你甚至可以明确告诉孩子或员工，你不期望他们完美无缺，犯错误意味着在尝试具有挑战性的事情。你可以分享自己犯错并从中学习的经历。当别人犯错时，尽量不要训斥或贬低他们，而是询问他们为什么会犯这个错误，以及可以做些什么来改进。这会帮助他们保持开放心态，避免将自己归为失败者（这种个人归因很可能对动机产生消极的后果）。在这样的氛围中，人们在犯错时更有可能寻求帮助。

表9－1 基于科学的动机水平提升策略

策略	对自己	对他人
关注努力而非能力	即使这次结果不尽如人意，也要给自己肯定，因为你已经尽力尝试	用付出的努力而非单纯的天赋或特质来框定积极的反馈
表扬过程而非个人	评估你在任务中采取的工作过程，而不仅仅是最终结果	指出他人是如何处理任务的，并赞美他们的优点
将错误视为学习的机会	要时刻提醒自己，人人都会犯错，关键在于思考下次该如何做得更好	帮助他人把错误看作提升自我的机会，指导他们找到避免未来犯同样错误的策略

尝试这些提升动机水平的策略

我想激励自己去完成的事情：

我将尝试以下策略：

我想帮助他人提升动机水平的领域：

我将尝试以下策略：

尾声

回到本章开头，我们可以问问，露西姨妈总是称赞莱斯特聪明，这最终可能产生什么结果？如果莱斯特将自己学业上的成功归因于聪明，他可能会形成固定型思维，这就可能导致他在学业难度增加时坚持不下去。露西姨妈本以为这种称赞是一种鼓励的方式，却可能适得其反。理想的情况是，露西姨妈和其他好心的成年人应该关注莱斯特付出的努力，使用过程表扬，并传达犯错是学习机会的观念，以提升莱斯特的韧性！

劳拉和肯尼是一家知名律师事务所的初级律师。一年前，他们以各自班级前五名的成绩从法学院毕业，被现在任职的律所录用。两人都表现出强烈的成为律所合伙人的动机。在年度评审会议上，合伙人给予肯尼正面反馈，指出第一年他在工作上变得更投入。而劳拉则被告知，她刚开始时动机水平很高，但一年来她的投入程度和工作质量都有所下降，需要提高表现。评审结束后，合伙人同意将肯尼纳入合伙人培养轨道，但对劳拉是否能继续留在律所一年表示怀疑。他们的决定基于肯尼现在比劳拉更有成功的动机和自信这一事实。

第十章
不仅仅是你——结构性不平等降低动机水平

为什么这两位背景相似的年轻律师的表现会有如此大的差异？加入律所以来，发生了什么变化？劳拉成为律所合伙人的动机是否减弱了？如果是的话，是什么原因导致她不再像刚开始时那样热衷于成为合伙人？

神话：动机主要由个人特质决定

劳拉和肯尼的情况在工作场所、课堂和运动场上屡见不鲜，事实上，在所有需要个体进行积极表现的场合都是如此。正如合伙人认为劳拉不如刚入职时动机那么强一样，许多人也将动机视为个体的特质或特征，而未能意识到动机至少部分地由我们所处的结构和情境决定。在第一章中，我们通过展示情境和背景对动机的重要性，破除了动机是一个人固有特征的神话，即有些人有动机，而有些人则没有。而在第三章中，我们则指出，当竞争不公平时，处于劣势的个体很可能表现出较低的动机水平。其他情境也可能产生类似的消极影响。

为何我们相信这个神话

我们之所以相信这个神话，有几个原因。首先，在第一章中，我们描述了基本归因错误。基本归因错误是指我们倾向于将他人的行为归因于其个人特质和性格，而不是他们所处的情境和背景。雪莉·泰勒（Shelley Taylor）和苏珊·菲斯克（Susan Fiske）提出（1975），基本归因错误的一个原因是人们**关注他们所看到的行为个体**（个体是显著的），但往往忽略了影响个体的情境。对于不经意的观察者来说，情境是隐形的。这导致我们将他们的动机归因于他们自身的某些特质。

在第一章中，我们重点探讨了人们如何倾向于低估直接情境（如他人被对待的方式）所产生的影响。而在本章，我们将目光投向更广阔的领域，探讨基本归因误差。这里的“被低估的情境”指的是社会结构和组织政策，这些因素对个人行为和动机的影响往往被忽视。我们认为，这些更大的背景因素对个人行为的影响更不容易被认识，因为它们离直接行为更为遥远。然而，在激发动机方面，它们却可能是极其强大的因素。让我们再看看劳拉和肯尼任职的律师事务所的情况。尽管两人都是公司的新人，但肯尼的父亲也是律师，与公司多位合伙人相熟，并常常与他们一起打高尔夫球。这些合伙人在肯尼小时候就认识他，也常邀请他参加家庭社交活动。此外，加入公司后，肯尼在周末时也经常与父亲和合伙人们一同打球，期间难免会讨论案件。因此，当在办公室讨论这些案件时，肯尼显然更为熟悉案件细节，并有足够的时间思考应对策略。在办公室的案件讨论中，劳拉往往显得准备不足，因为她是首次听到这些案件，而肯尼则显得知识渊博、见解独到。劳拉觉得自己永远无法与肯尼竞争，因为她既没有肯尼与合伙人的关系网，也无法像他那样在办公室外获得案件信息的途径。她甚至认为自己晋升为合伙人的可能性很低，这一信念也影响了她的工作热情和投入度。

这一神话之所以在美国尤为普遍，第二个原因在于它与美国社会中的一个理想相契合，即基本归因误差的体现——“美国梦”。正如巴罗内（Barone，2022）所述，美国梦是“相信任何人，无论出身何处、属于哪个阶层，都能在一个向上流动成为可能的社会中，实现自己的成功”。

这一观念认为，个人是成功的主要缔造者，这一思想在美国社会的多个方面都有所体现，如儿童经典读物《小火车头做到了》（Piper，1930）中便有所体现。有些人常常引用这个观点，认为不那么成功的人只是没有足够的动力去努力工作。这种信念还被用来谴责那些有成瘾问题、超重或从高中、大学辍学的人。我们并非否认动机对成功的重要性，而是说动机受到所处环境要求的努力程度以及社会为个体实现努力所提供机会的深刻影响。

在理解他人动机时，我们往往倾向于关注其个人特质，这一观念同样适用于“美国梦”这一概念。美国文化中充斥着体育、商业和表演艺术领域的“白手起家”的故事，这些故事传达了一个理念：有动机的人可以“成为他们能成为的最好自己”（电视广告词）。美国在这一观点上尤为突出，但并非孤例——全世界都见证了那些起初一无所有却最终“做成了”的人，无论是在现实生活中（如哈莉·贝瑞、席琳·迪翁、史蒂夫·乔布斯、莎拉·杰西卡·帕克、多莉·帕顿、霍华德·舒尔茨、奥普拉·温弗瑞），还是在银幕上（如《当幸福来敲门》（2006）、《贫民窟的百万富翁》（2008）、《社交网络》（2010）和《华尔街之狼》（2013））。因此，我们倾向于认为个人特质和特征是驱动动机行为的关键因素。但我们看不到的是，成千上万的起点相似的人因为各种原因没有成功，这些原因可能是偶然的，也可能是由于系统性或结构性障碍消耗了他们的动机。

在本章及之前的章节中，我们的目标是透过神话，探究科学真相，特别是结构性不平等对动机行为的影响。

为何要破除这一神话

认为动机主要由内部因素驱动的观点存在诸多问题。如果我们认识不到更广泛的情境对动机表现的重要性，就无法改变那些影响动机的情境因素。以本文开头提到的年轻律师劳拉和肯尼为例，将劳拉视为缺乏动机的看法忽略了肯尼家庭关系给他带来的职场优势，而这些优势是劳拉无法获得的。肯尼接触到的合伙人与额外信息将继续削弱劳拉及类似处境下无此优势的员工的动力。此外，这些结构性问题更可能影响到社会中地位较低的人群，其中包括女性和来自低收入及少数族裔/种族背景的个人。考虑到关于推荐信、奖学金和晋升的决定都部分基于对动机的判断，那么了解动机的驱动因素以及它们是否平等地适用于所有被评估者就显得尤为重要。遗憾的是，动机行为的结构性驱动因素往往难以察觉，并将继续影响行为，直到被认识到并得到有效应对。

科学原理：不仅仅是你——结构性不平等会降低动机水平

在开始这一节之前，我们需要提出一个基本问题，这也是本章的基石：社会层面是否存在结构性不平等？我们需要用数据来回答这个问题。

我们从音乐领域的数据开始谈起。1970 年左右，女性在主要交响乐团中的比例仅为 5% 左右；到 1997 年，女性乐团成员占比升至 25%（Goldin & Rouse，1997）；时至 2021 年，这一比例更是上升到了 33%（Tommasini，2021）。这背后发生了什么？面对来自有色人种和女性的对偏见的指控，交响乐团开始以盲选方式招募新成员，在试演时使用屏风，以便评委无法看到候选人，这样女性演奏者的比例得以提升。

戈尔丁与鲁斯的研究（Goldin & Rouse，1997）证实了盲选是导致女性演奏家数量增加的关键因素。这些经济学家发现，屏风的使用提高了女性进入最终轮试演并被选中的概率。然而，尽管女性比例有所提升，但黑人和拉丁裔成员的比例却并未随之增加，这导致在 2021 年的社会历史背景下有了停止盲选的呼吁。正如一位评论员所言："如果舞台上的音乐家要更好地反映他们所服务社区的多样性，那么盲选已不再可行。"（Tommasini，2021）某一个时代为某些人破除的结构性障碍，在另一个时代却可能成为阻碍其他人的新的结构性障碍。

正如前两段所述，结构性不平等常与人口统计群体的成员身份相关联，如性别、种族/民族、残疾状况和性取向。社会层面结构性不平等的一个明显且有力的例证便是男女之间的薪资差距。根据 2020 年美国人口普查局的数据，女性平均薪资仅为男性的 83%，即男性每赚一美元，女性仅赚八十三美分（Glynn & Boesch，2022）。若按种族/民族细分，黑人和西班牙裔女性的薪资甚至低于白人女性。尽管美国在

1963 年颁布了《同工同酬法》，但这一性别薪资差距依然存在，凸显了审视立法成果的必要性，以确保结构性不平等得到解决，并弥补必要的漏洞。2022 年，美国足球联合会同意为女足国家队提供与男足相同的薪酬，以及篮球运动员布兰妮·格里纳在俄罗斯被捕（她在那里打球比在美国打球能获得更高的薪水）等事件，进一步凸显了体育领域的性别薪资差距问题。

诚然，女性占多数的职业（如儿童保育、家政工作）的薪酬普遍低于男性占多数的职业（如建筑业），且女性主导的工作往往较少提供福利待遇。但即便是在男女从事相同工作（无论是女性主导还是男性主导）的情况下，女性的薪资仍然低于男性。在政策层面，《平等权利修正案》（ERA）于 1923 年首次在国会提出，旨在保障所有美国公民——无论性别——均享有平等的法律权利。然而，该修正案直到 1971 年和 1972 年才分别在众议院和参议院获得通过。在 1979 年至 1982 年的七年期限内，仅有三十五个州批准了该修正案，而最终有五个州撤回了其初步批准。性别薪资差距和未获批准的 ERA 均表明，美国及其他社会存在结构性不平等。目前，仅有不到十个州为女性提供了平等的合法工作权利（Lamble，2019）。

那么，这些不平等如何影响动机呢？结构性不平等通过暗示某些个体的工作价值低于其他个体，从而对个人动机产生直接影响。以前文讨论的薪资差距为例，如果一位男性和一位女性同事同时被雇佣从事相同工作，女性发现自己的时薪为十六美元，而男性同事则为二十美元，她可能会因此对工作失去动力——要么是因为感到雇主对自己的重视不足，要么是因为她开始低估自己的贡献。或者，她可能会得出结论，认为女性在工作上不如男性，这种信念同样会削弱动机。结构性不平等通过系统性障碍和社会刻板印象得以传达，这些刻板印象往往表现为歧视，并通过影响个体对自身能力和在特定情境下的归属感的信念来作用于个体。女性是否比男性驾驶技术差或在数学方面不如男性？黑人是否比白人智力差？西班牙裔是否懒惰且工作不努力？这些问题反映了我们社会中普遍存在的负面刻板印象，这些刻板印象会降低其所指向的群体成员的动机。总之，在特定情境下受到负面刻板印象影响的个体，其动机水平可能低于未受该刻板印象影响的同龄人。接下来，我们将回顾心理学关于结构性不平等对表现和动机影响的研究，其中许多研究集中在学校教育和学业表现的背景下。

结构性障碍削弱动机

将结构性不平等与表现及动机不足联系起来的最早理论之一，是已故教育人类学家约翰·奥格布（John Ogbu）于1974年提出的文化生态理论。该理论基于这样一个理念：发展是个体与其所处的系统或生态环境之间相互作用的结果（Bronfenbrenner，1977）；文化生态理论则将文化背景视为影响个体和群体的生态系统之一。奥格布（1978；Ogbu & Simons，1998）认为，在某些社会中，一些少数族裔比其他族裔拥有更多的特权。他将这些缺乏特权的族裔称为“种姓式”或“非自愿性”少数族裔，以区别于自愿性少数族裔。

种姓式的标签反映了这样一个事实：非自愿性少数族裔在社会等级中处于底层，在教育、就业和薪资方面无法获得平等机会（Ogbu，1974）。

少数族裔地位的类型既与群体如何成为少数族裔（如通过奴隶制或殖民化而非自主选择）有关，也与主流族裔回应和对待少数族裔的方式有关。文化生态理论认为，系统通过智力和文化上的贬低、经济上的岗位天花板、政治和法律上的障碍、歧视性的教育政策和实践以及其他社会结构，向非自愿性少数群体传递了明确的信号，即他们在该社会中地位不平等。反过来，许多非自愿性少数族裔成员对主流族裔及其动机表示不信任，甚至可能发展出一种与主流文化相对立的身份认同。尽管他们认识到努力和勤奋的重要性，但并不相信这些能够对抗他们所感知到的已经制度化和持续存在的种族主义和歧视，从而导致动机水平下降。

在美国，非自愿性少数族裔包括美国印第安人和阿拉斯加原住民、夏威夷原住民、非裔美国人和部分西班牙裔美国人（如墨西哥裔美国人和波多黎各人）。另一方面，来自加勒比和非洲的黑人和部分西班牙裔移民在初来乍到时被视为自愿性少数族裔。然而，文化生态理论认为，自愿性少数族裔群体的子女在社会中逐渐成为少数族裔并被置于非自愿性地位（Ogbu，1974）。其他非自愿性少数族裔群体还包括新西兰的毛利人和太平洋岛民以及日本的韩国人等。

作为人类学家，奥格布的大部分数据来源于案例研究和民族志。在一项研究中，福特汉姆和奥格布（Fordham & Ogbu，1986，p. 188）描述了一名名叫西德尼的高中男生，尽管他在标准化测试中的成绩表明他具有超出年级水平的技能，但他的平均绩点却很低："尽管西德尼选修了高级课程，但他并没有为取得好成绩付出太多努力；相反，他努力花时间和精力塑造一种形象，以抵消任何关于他是'书呆子'的说法"（p. 189）。在同一项研究中，研究人员还描述了另一个学生马克斯，"他给自己的学业努力设限"（p. 189）。这种不在学业上投入的决定不仅限于男性：

> （谢尔维）在标准化测试中的表现验证了老师们对她的学术能力的评价。在十一年级的加州基本技能测试（CTBS）中，她在阅读、语言和数学三大领域的综合得分（OGE）可能是最高的，即13.6。由于她认为自己无法上大学（她的父母非常贫穷），她觉得没有必要说服父母支付五美元来让她进行学术能力评估测试（PSAT），因此她决定不参加这个考试。（Fordham & Ogbu，1986，p. 190）

对于谢尔维来说，贫困是她无法克服的结构性障碍。因此，就像律师事务所的劳拉一样，她认为系统不允许她有所进步，这削弱了她追求大学学位的动力。

2003 年，奥格布报告了一项关于居住在俄亥俄州沙克高地非洲裔美国学生学术行为和态度的民族志研究。他报告说，来自各个社会经济阶层的非裔学生，其平均表现均不如主流族裔和移民少数族裔同龄人，并得出结论：这些学生在态度和行为上都表现出脱离感。换句话说，即使来自中产阶级和富裕家庭的非裔学生也不相信社会结构会让他们成功。在另一项关于纽约扬克斯市十三至二十岁非裔和西班牙裔青年的民族志研究中，卡特（Carter，2006）将参与者分为三组：**文化主流者、文化跨界者和不顺从者**。

文化主流者期望群体成员按照主流文化的规范行事，采取同化主义的方法（即接受主流文化的价值观和行为）。文化跨界者结合了自身的文化和主流文化，或在两组之间自由切换。不顺从者意识到主流文化的规范，但并不想遵守这些规范，这往往导致他们参与度低、动力不足，进而成绩较差。

奥格布和西蒙斯（1998）为教育工作者提出了几项针对少数族裔学生的策略。首先，教授少数族裔学生的主流群体教师必须积极努力与学生建立信任，以便学生认识到教师真心关心他们，并希望他们成功。建立信任，特别是对于青少年和成年人来说，可能需要明确讨论那些削弱动机和表现的矛盾行为和对抗行为。例如，来自少数族裔群体的学生可能不相信学习能带来与主流同龄人相同的结果，从而导致自我设限行为，有时甚至主动脱离学习。教师还应将学生的生活背景引入课堂，明确承认并尊重他们所服务的学生的文化背景（Ladson-Billings，1994）。除了增加兴趣（我们知道这将增强动机）之外，当学生在课堂和所学课程中看到自己的文化得到体现时，他们的归属感也会增强。教师和管理者还应明确设定高标准，同时传达他们相信少数族裔的学生和同事有能力达到这些标准。这种被称为“智慧批评”或“智慧反馈”的策略也被推荐用于对抗刻板印象威胁，已被证明能提高动机水平（Cohen et al., 1999）。

另一个策略是使用合适的榜样，他们既可以作为导师，也可以作为来自同一少数族裔社区、在不平等系统中取得成功的优秀范例。重要的是，榜样不仅要来自相同的群体，还必须在保持文化身份的同时取得成功。如果榜样被认为为了成功而抛弃了自己的文化传统，那么他们就不会被视为真正代表少数族裔社区。例如，当巴拉克·奥巴马担任美国总统时，一位与涉案的黑人青少年合作的心理学家建议以奥巴马为例，说明黑人男性如果努力，可以取得多大的成就。但青少年的反应是"他不是我们中的一员"。奥巴马的人生故事与这些青少年的现实生活相去甚远，他们无法将奥巴马走过的路视为向他们敞开的大门。

负面社会刻板印象导致动机水平下降

关于结构性不平等影响的著名心理学理论之一是克劳德·斯蒂尔（Steele, 2010；Steele & Aronson, 1995）的**刻板印象威胁模型**。该框架基于这样的观念：社会上所有群体都存在刻板印象，其中一些是负面的，一些是正面的，而与少数族裔群体相关的负面刻板印象可能会影响动机和表现。刻板印象威胁是一种恐惧感（有时是无意识的），"担心被负面刻板印象的透镜所审视，或者担心自己的某个行为会无意中证实关于你所在群体的负面刻板印象是真的"（Steele, 2003, p. 111）。

换句话说，如果你来自一个被负面刻板印象化的群体，你可能在不自觉的情况下就受到刻板印象威胁的影响。

在最早研究刻板印象威胁的研究之一中，黑人和白人大学生被随机分配到三个组之一：威胁组、非威胁组和非威胁挑战组（Steele & Aronson, 1995）。所有组都被告知他们将完成一项艰巨的任务，并且不太可能正确回答许多问题。威胁组还被多次告知，该任务评估的是语言能力，旨在激活社会关于黑人智力较低的刻板印象。两个非威胁组则特别被告知，该任务与能力无关，非威胁挑战组被要求认真对待这一挑战。研究人员发现，在控制了他们之前的成绩后，威胁条件下的黑人学生的表现比其他所有组（包括其他黑人学生）都要差。

在后续研究中，为了观察刻板印象威胁是否会使群体成员身份更加突出，同时使个体与自己群体的负面刻板印象保持距离，研究人员要求参与者参与一个单词填空任务（如_ _C E），说明他们对任务的准备情况，并从包含刻板印象活动的列表中挑选他们最喜欢的活动（Steele & Aronson，1995）。威胁组中的黑人学生在单词填空任务中使用了更多与种族相关的单词（例如，对于_ _C E，填写 RACE 而不是 FACE），这恰好验证了刻板印象威胁会使群体成员身份更加突出的假设。威胁组的学生还反馈了更多自我设限行为（例如，睡眠时间更少，注意力不集中），而且与同龄人相比更不喜欢篮球和说唱音乐，从而有效地与那些常见的、被刻板印象化的黑人活动保持距离。这些发现表明，刻板印象威胁可以降低对那些与负面刻板印象相关的、之前喜欢过的活动的内在动机水平。多项研究已反复证实，当刻板印象威胁被激活时，受到负面刻板印象影响的群体会表现出较低的表现水平。这些研究通常涉及主流学生与代表性不足的少数族裔学生在学业成绩上的差异（Mallett et al.，2011；Mello et al.，2012）；在科技、工程、数学（STEM）任务中，男性和女性之间的差异（Appel et al.，2011）；以及低收入与中等收入及高收入学生之间的差异（Croizet & Claire，1998）。此外，还有关于残疾学生（Desombre et al.，2018）和学生运动员（Stone et al.，1999）刻板印象威胁的研究。最近，一组意大利研究人员发现，那些感受到强烈年龄和性别刻板印象威胁的五十岁以上的女性员工，其工作表现评分最低（Manzi et al.，2021）。一些研究人员还报告了群体正面刻板印象的促进作用，这进一步证明了刻板印象的强大影响力（Shih et al.，1999）。然而，这些研究大多没有探讨表现差异是否由动机差异驱动。现在，我们将介绍一项与动机相关的研究。

在最早研究刻板印象威胁对动机直接影响的研究中，让-克劳德·克罗伊泽（Jean-Claude Croizet）及其同事（2002）对两组学生进行了刻板印象威胁的考察：一组是持有普通教育证书（被认为更体面）的学生，另一组是持有技术教育证书（被认为不那么体面）的学生。这些研究人员假设刻板印象威胁可能在起作用，因为他们观察到，持有普通教育证书的学生中有58%拿到了本科学位，而持有技术教育证书的学生中只有32%拿到了本科学位。因此，他们进行了一项实验，将持有两种证书的学生随机分配到威胁条件组（任务被描述为智力能力测试）和非威胁条件组（未提及能力）。他们发现，在威胁条件下，持有技术教育证书的学生在任务的个人重要性和有意识的价值评估方面（即自我决定理论中的认同动机，见第二章）的得分较低，而在非威胁条件下的同龄人则得分较高。换句话说，当这些持有不太体面的教育证书的学生感到自己被评判时，其动机可能会受到削弱，从而导致完成大学学位的概率降低。

在另一项研究中，研究人员关注了大学生在数学领域的情况（Fogliati & Bussey，2013）。在参加数学测试之前，学生被告知男性在这项测试中的表现优于女性（刻板印象威胁条件），或男性和女性在这项之间没有差异（无刻板印象条件）。测试后，参与者分别收到了正面或负面的反馈。结果表明，在刻板印象威胁条件下，女性的表现通常较差。此外，在刻板印象威胁条件下收到负面反馈的女性参加数学辅导的动机水平低于在该条件下收到正面反馈的女性以及无刻板印象条件下的女性。

研究人员还考察了刻板印象威胁对与动机相关的其他概念的影响，如对学校的归属感，这是相关性的一个方面（见第二章）。例如，马利特及其同事（Mallet et al.，2011）研究了刻板印象威胁对546名大学生归属感的影响。在刻板印象威胁条件下，学生被要求报告自己的种族并完成一项民族认同测量（Phinney，1992），旨在完成包括学校归属感在内的其余问卷**之前**激发威胁感。对照组则在完成其余问卷**之后**报告种族并完成民族认同测量。

有色人种学生和白人学生被随机分配到这两个组中的一个。研究者报告说，刻板印象威胁组中的有色人种学生报告的归属感显著低于无威胁组中的同龄人和两个组中的白人学生。这种操作对白人学生没有影响。在最近的一项研究中，工程课程中的女性少数群体也在刻板印象威胁条件下报告了较低的归属感（Derricks & Sekaquaptewa，2021）。

在另一项研究中，研究人员在为期三年的时间内，对一群致力于攻读理工科博士学位的高成就非裔和西班牙裔大学生进行了刻板印象威胁的影响研究（Woodcock et al.，2012）。这些研究者使用问卷来衡量学生的刻板印象威胁（例如，人们认为我的种族导致我能力较低）、科学认同感（例如，我感觉自己属于科学领域）以及从事与科学相关职业的意愿（例如，我计划从事科学相关职业）。他们发现，对于西班牙裔学生来说，第一年经历的刻板印象威胁降低了第二年的科学认同感，而科学认同感与第三年追求科学职业的意愿相关。因此，刻板印象威胁会阻止来自负面刻板印象群体的个人从事科学相关职业。

如前所述，刻板印象威胁在大学生样本中的影响已被多次证实。此外，还有针对小学、初中和高中学生的刻板印象威胁研究，这些研究得出了类似的结果。麦克劳恩与韦恩斯坦（McKown & Weinstein，2003）研究了202名年龄在六至十岁之间的学生中的刻板印象威胁，其中40%来自被污名化群体。研究人员首先使用基于故事的方法察看儿童是否意识到人口统计学意义上（如种族、性别、民族）的广泛负面社会刻板印象。结果表明，年龄越大的儿童越有可能对污名化群体的认识越多：

> 在六岁儿童中，有18%意识到了刻板印象，而在十岁儿童中，这一比例高达93%。在所有年龄段中，来自被污名化群体（即黑人和拉丁裔）的学生

比来自非污名化群体（亚裔和白人）的学生更清楚地认识到社会上的刻板印象。此外，在传统刻板印象威胁/非刻板印象威胁的测试条件下，处于威胁条件下的被污名化学生成绩和努力程度都较低。在另一项通过让参与者完成民族身份项来凸显刻板印象威胁的研究中（Mallet et al., 2011），来自被污名化群体的高中生在威胁条件下报告了较低的学校归属感。

这些研究表明，刻板印象威胁常常导致被污名化群体的学生动机水平和表现下降，而且如前所述，这些影响可能是无意识的，即个体并不知道自己受到影响。重要的是，斯蒂尔（Steele，1997）认为，只有学生投入努力并取得好成绩时，刻板印象威胁才会发生，这表明刻板印象威胁可能会阻碍那些动机水平最高的人。刻板印象威胁通过多种潜在途径发挥作用，包括降低归属感、增加焦虑，以及导致个体对兴趣领域失去认同感，即减少兴趣（Appel et al., 2011；Mallet et al., 2011）。

值得庆幸的是，研究人员已经开发出了几种干预措施来对抗刻板印象威胁。在之前提到的智慧批评研究中，科恩及其同事（Cohen et al., 1999）将黑人和白人大学生随机分配到三个组，参与了一项由两部分组成的实验研究。在第一阶段，每个组都完成了相同的写作任务，并被告知这些作品将被审阅，以考虑是否发表在期刊上。在第二阶段，学生收到了他们所写的文章以及一位审稿人的手写评语，审稿人的名字是特意挑选的，以暗示其为白人。

不过，各组收到的反馈性质有所不同。第一组收到了对写作任务的批评性反馈（如对结构、拼写、语法的评论），以及改进建议，并在页边空白处打了两个勾，以认可作者做得好的地方。第二组是智慧反馈组，他们收到了一段话，其中包括：（1）承认他们认真对待了这项任务；（2）对写作内容有一些正面评价；（3）对文章是否达到发表标准持保留意见；（4）对即将提出的批评性意见进行了预告；（5）声明审稿人之所以提供这些反馈，是因为他们相信学生有能力达到发表的标准。这段话之后是与第一组相同的批评性反馈。第三组是正面缓冲组，他们在收到批评性反馈之前也收到了一段话。这段话以一些对文章的正面评价开头（如“写得好”），并附有一条评论，指出其余反馈中包含了如何改进写作的具体建议。随后，学生们对自己作为写作者的自信程度进行评分，即是否相信自己可以通过努力提升写作技巧，以及是否愿意修改自己的写作样本。学生们还评估了审稿人，以体现他们认为审稿人有多大程度的偏见。

在未缓冲批评条件下（第一组）的黑人学生认为审稿人的偏见程度高于其他所有组，而第一组和第三组（正面缓冲组）的黑人学生都认为审稿人的偏见程度高于同组中的白人同学。重要的是，在智慧批评条件下（第二组）的黑人学生报告的偏见评分最低，且这一组的评分显著低于未缓冲批评条件下的黑人学生。就任务动机而言，第一组的黑人学生任务动机水平得分最低，显著低于第一组的白人学生以及第二组和第三组的白人和黑人学生。智慧批评组的黑人学生任务动机水平得分最高。在智慧批评条件下，无论是黑人还是白人学生，都反馈了对写作任务的最高认同感。因此，智慧批评减少了负面刻板印象群体对偏见的感知，并提高了他们的任务动机水平，但对白人学生的表现没有影响，白人学生在各组中的表现相似（Cohen et al., 1999）。如前所述，教授来自负面刻板印象群体的学生的教师需要积极努力，帮助学生信任学校系统。

在一系列针对中学生和高中生的研究中，一组研究人员复制了智慧反馈的好处，展示了更高的论文修改可能性、更高质量的修改以及成绩的提高，从而缩小了黑人和白人之间的成就差距（Yeager et al., 2014）。研究表明，可以采用多种干预措施来对抗负面刻板印象和更广泛的结构性不平等对动机和表现的破坏性影响。这些措施包括：（1）教导个体努力可以提高成就（见第九章）；（2）增加材料的个人相关性（见第一章）；（3）肯定对人们来说重要的价值观；（4）让人们知道在新学校或新工作的过渡期间，对归属感的担忧是正常的，甚至是可预见的（Yeager & Walton, 2011）。关于民族身份的研究强调，拥有双重身份——即既认同自己的群体身份，又愿意与社会中的其他文化群体互动——与更强的韧性（Chavez-Korell & Vandiver，2012）、更高的学校归属感（Watson et al.，2020）以及较少的刻板印象威胁脆弱性（Oyserman et al.，2003）有关。这些研究为干预措施提供了一些思路。

来自权威人士的低期望可能令人缺乏动机

刻板印象威胁侧重于负面刻板印象对被刻板印象化个体的影响。然而，负面刻板印象也会通过他人对该个体的期望影响其动机。以下摘自吉列姆（Gilliam）1982 年在《华盛顿邮报》的文章，展示了低期望如何影响个体的积极表现。

当我朋友正与她二十岁的儿子交谈时，他无意间吐露了一个与他年龄相仿的“秘密”，这实则是对成功的复杂情感的一种诠释。他追溯至童年的求学时光，提及一位五年级的白人老师对他的一篇关于松鼠生活的佳作表示的怀疑，最终给出的分数分明透露出她不信其未抄袭。

鉴于这位年轻人是黑人，而老师是白人，加之类似的不公待遇时有发生，他以一种青涩的方式应对：“我从此不再尝试证明自己。”他最近向母亲坦露心声，正是那次打击导致成绩一落千丈，对学校的热情也日渐消逝，这让母亲心痛不已。他因那份羞耻感而自我贬低。

如今，尽管只有高中文凭，他却广泛涉猎经典著作，并终于能够坦然地表达内心的感受。他意识到，是社会环境在无形中操控着他，阻碍了他的成就之路，甚至误导他刻意隐藏自己的光芒。他对自己曾亲手扼杀才华的行为感到无比愤慨。

期望对表现的潜在影响最早是在一项重要研究《教室里的皮格马利翁：教师期望与学生智力发展》（*Pygmalion in the Classroom: Teacher Expectations and Pupils' Intellectual Development*）中进行的（Rosenthal & Jacobson，1968）。

在该研究中，教师被告知，其部分学生拥有巨大的智力潜力，随着时间的推移，他们会在智力上开花结果，而其他学生则不具备同样的潜力（实际上这些分组是随机选择的）。罗森塔尔和雅各布森报告称，欺骗的结果是，随机选出的“开花结果”组学生的表现远胜于同龄人。尽管皮格马利翁研究中发现的期望效应并没有被重复，但朱西姆和哈伯（Jussim & Harber，2005）在2005年的一项综述中指出，基于期望的自我实现预言确实存在，尽管影响较小。这些期望效应在低社会经济地位和少数群体中的影响往往更大。

罗纳·韦恩斯坦（Rhona Weinstein）及其同事（1987）的研究表明，即使在一年级，一些学生也能区分出老师期望表现良好的学生和老师期望较低的学生，到了五年级，学生的期望更可能反映老师的期望。在新西兰进行的一系列研究中，由克里斯汀·鲁比-戴维斯（Christine Rubie-Davies）领导的一组研究人员在教师期望方面取得了一些有趣的结果。在一项研究中，他们发现，可以根据训练有素的观察者记录的教师与学生的课堂行为来区分高期望教师和低期望教师（Rubie-Davies，2007）。高期望教师更频繁使用的行为，如提供更多反馈、提出更高层阶的问题以及使用积极的课堂管理策略，都与更高的动机水平和学业表现相关（Rubie-Davies，2010）。在另一项研究中，这些研究人员发现，明确传达的高期望对阅读成绩有积极影响，而教师持有的隐性偏见则对学生数学成绩产生影响（Peterson et al.，2016）。

在一项对美国学生从学前班追踪到四年级的纵向研究中，鲁比-戴维斯等（Rubie-Davies et al.，2014）发现，教师期望效应具有累加性，并能预测长期的学业成绩。

那么教师期望与结构性不平等有何关系？在多项关于教师期望的研究中，研究人员发现，教师对少数群体学生（如美国的黑人和西班牙裔学生，新西兰的毛利人）的期望较低。在一项情景研究中，安德森－克拉克（Anderson-Clark）及其同事（2008）发现，教师对有“黑人名字”的学生的期望比对有“白人名字”的学生的期望更为消极，但教师的期望并未因学生的实际种族背景而有所不同。研究人员推测，教师无意识中的偏见更可能导致对学生产生低期望。换句话说，尽管教师没有对少数群体学生产生明显的偏见（这与该领域的一些研究结果相符），但教师仍可能有无意识偏见，这些偏见会影响他们与这些学生的互动方式。研究表明，人们对自己的非言语行为知之甚少，而这些行为是教师偏见传递的常见方式（I'nan-Kaya，2022）。研究还支持这样一种观点：无意识偏见在教师向某些群体学生传达低期望时扮演了更大的角色（I'nan-Kaya & Rubie-Davies，2022）。

其他研究表明，影响教师期望的一个因素是对群体的熟悉程度（Denessen et al.，2022）。这些研究人员发现，来自少数群体的教师对来自自己群体的学生态度更为积极。此外，经过专门培训以与少数群体子组合作的教师对该子组的态度也更为积极。正如我们在前几章中提到的，支持自主性的行为会增强动机，而控制性行为则会降低动力。

教师更可能对那些他们认为缺乏动机的学生采取控制性行为，而对那些认为更有动机的学生则采取更多支持自主性的行为（Sarrazin et al.，2006）。对学生使用控制性行为还与对学生行为、背景和能力水平的负面看法有关（Hornstra et al.，2015）。这些研究表明，教师可能会在他们最担心的学生身上降低动机水平，而如果这些学生本来就受到较低期望的影响，则可能会引发一连串的降低动机水平的行为。

此外，美国的大多数教师是白人，因此可能更倾向于对不熟悉的少数群体学生采取控制性行为，从而形成一个动机水平下降的恶性循环，尤其是在这些学生本来就不信任教师且更加警惕教师偏见的情况下（Jussim & Harber，2005）。因此，从自我决定理论的角度审视教师期望研究或许大有裨益（Hornstra et al.，2018）。好消息是，研究人员现在知道了哪些行为能区分高期望教师与低期望教师（Rubie-Davies，2007），低期望教师可以通过有效培训成为高期望教师（Rubie-Davies & Rosenthal，2016），并且这种从低期望到高期望的转变对学生表现有积极影响（Ding & Rubie-Davies，2019）。

总结

关于工作和学校环境的研究表明，成就取决于资源和机会的获取，而那些资源和机会较少或受结构性因素阻碍的个体，其表现可能不如同龄人。

结构性不平等对动机的影响可能通过以下几种途径实现：

1. 结构性不平等→感知到的结构性障碍→动机水平下降
2. 结构性不平等→群体刻板印象→刻板印象威胁→动机水平下降
3. 结构性不平等→群体刻板印象→低期望→动机水平下降

当同龄人因身份或所属群体而享有优势时，被期望表现与之相同的个体的动机水平会降低。换言之，结构性不平等导致这些受影响但无力改变现状的个体的动机水平下降。

对于老板、教师和决策者来说，将问题归咎于个体动机不足，而不去思考工作环境或课堂环境如何导致机会和资源不平等，可能更为容易。但权威人士必须确保每个人都在同一起跑线上。例如，雇主应确保每位员工都能获得相同的信息和机会，教师应确保所有学生在课堂上都能感受到温暖积极的学校氛围和来自教师的同样高的期望。

将科学原理付诸实践

动机的驱动力往往是结构性的，因此，提高动机水平所需的一些行动需要在系统层面进行。然而，正如本章中描述的一些研究所指出的那样，针对个体的心理社会干预（如智慧反馈、增强归属感）也能缓解负面系统性因素的影响。

你可以通过以下策略来对抗结构性不平等并促进动机水平提升，这些策略总结在表10－1中。

1. 制定明确、透明的评分和升职政策

对于教师和管理者

在课堂上，让学生参与制定课堂氛围政策。特别重要的是，要听取代表学生中少数群体或特定群体中唯一代表的声音。可能还需要允许学生以书面形式而非公开方式提交想法，以便为更内向或来自少数群体的学生提供发言空间。确保所有学生都了解用于评分的标准，并解释这些标准如何运作以及学生如何提高分数。同样，在工作场所和其他机构环境中，应允许员工就影响工作氛围和晋升标准的政策匿名发表意见。

对于系统

许多学校，包括小学，都设有学校理事会，反映学校的多元声音，并能就学生对学校规则和政策的看法向教师和管理人员提供反馈。重要的是，管理层应认真对待理事会并考虑其提出的建议。工作场所应有一份详细说明决策依据的手册，包括晋升和奖金规则等事项。手册应定期审查（例如，每三年一次），并应征求从最高到最低级别成员的意见。

2. 定期征求各方反馈，并公开反馈结果及相应措施

对于教师和管理者

在教育环境中，应允许学生对教师的教学效果进行反馈，但反馈问

题不应仅限于教师的总体印象，还应包括与学生的互动、课堂氛围和尊重感等方面的问题，并对群体差异（如男性与女性、主流与少数群体学生）进行分析。反馈结果应与学生和教师共享，以便用于形成性的自我评估（例如，如何调整以提升整个班级的体验）。在工作场所，同样应使用类似的问题，并寻找能够让员工提供真实反馈的方式，确保反馈无法追溯到个人。在这两种情况下，可能需要将少数群体成员集中在一起，以避免某个特定背景的员工被“暴露”。

对于系统

公司和机构应就文化和氛围进行评估，同样允许匿名反馈。对于准备离职的个体，也可以采用匿名面谈的方式。从少数群体那里获得反馈至关重要，因此，可以考虑聘请外部公司来汇总数据，或者制定一项政策，只有人力资源部门的人员才能查看原始数据，并对信息进行匿名化处理，以便进行报告。

3. 积极提升所有群体个体的归属感和参与感

对于教师和管理者

不公平的制度会破坏信任。除了之前提到的提高透明度、采取问责制的方法外，增强归属感至关重要。

这可以通过支持反映课堂和工作场所多样性的社交活动来实现。非正式的社交活动让人们相互了解，从而能够更高效地合作。重要的是，社交活动本身不应只反映某一群体的喜好，而应定期轮换，以确保各个群体的兴趣都得到体现。

对于系统

工作场所应定期进行公平审计，征求各方反馈。这些审计还应涉及薪资水平、晋升、奖金以及对属于不同人口统计群体但工作记录相似的员工所提供的其他奖励和机会。这些审计结果应公开，并应公布基于审计结果所做的政策调整。

表10-1 基于科学的动机水平提升策略

策略	对于教师和管理者	对于系统
制定明确、透明的评分和升职政策	让学生参与课堂氛围政策的制定，并使用大家都熟知的评分标准进行评估 给予所有员工匿名评论政策的机会，确保无报复风险	成立学生委员会，向学校管理层反馈学校的规则、政策及其他相关领域的意见 听取各级意见，制定政策手册，并详细说明决策依据的标准（例如，优点、晋升等）
定期征求各方反馈，并公开反馈结果及相应措施	在学校中，允许学生对教师的有效性提供反馈，包括关于感知到的差异化行为的问题 在职场中，为员工提供匿名表达诚实反馈的渠道（例如，意见箱），以反映系统的公平性和感知到的障碍	至少每年进行一次关于工作氛围和文化的评估，允许匿名反馈，并设计一些能从弱势群体获取反馈的方式，切记不能将其置于风险之中
积极提升所有群体个体的归属感和参与感	确保社交活动和公共事件能够体现和融入课堂和工作场所的多样性	定期进行公平审计，征求各个群体的反馈，并公开根据审计结果所做的变化

尝试这些提升动机水平的策略

我想激励自己去完成的事情：

我将尝试以下策略：

我想帮助他人提升动机水平的领域：

我将尝试以下策略：

尾声

以劳拉和肯尼为例，关键在于改变律师事务所的制度，使劳拉和肯尼能够获取相同的信息。合伙人可以将案件讨论限制在办公室内，而不是在家中或高尔夫球场上进行。这一简单的结构性改变将使劳拉和肯尼能够同时获取相同的信息，从而提高劳拉的积极性，因为她不再需要与掌握内幕信息的同事竞争。一旦竞争环境变得公平，合伙人可能会惊讶地发现，劳拉再次成为他们当初雇佣的那个积极而有动力的员工。

恭喜你！你已接近读完本书，并了解了关于十个常见的动机误区及其相关的科学原理。重要的是，你明白了动机与说服和控制是不同的。在增强动机时，你的目标不是强迫自己或他人去做某事，而是挖掘现有的内在动机资源，以鼓励将能量重新导向生产性的目标。在第一章中，我们了解到每个人都有动机，也就是说，没有所谓的“没有动机”的人。每个人都有现成的动机储备。你的目标是找到如何挖掘内在动机之源的方法。在整本书中，你已经学到了如何基于科学的方法来做到这一点。例如，你学会了如何挖掘胜任感、自主性和归属感，以及如何使用元认知、自我调节、目标设定等方法。在下一节中，我们将介绍一个我们设计的工具，它能帮助你利用这些理念，使之成为积极的激发动机的力量，挖掘出你和他人的内在动机。

结　论

轮到你了：将动机科学付诸实践

将动机科学付诸实践

为了帮助你激励自己和他人，我们根据本书中描述的原则创建了一个动机流程图（图1）。

这个流程图包含一系列的“是”或“否”问题，旨在帮助你找出自己或他人在动机方面遇到困难的原因以及可能的解决方案。假设你正在用这个流程图来提升自己和他人的动机水平，首先，你需要问自己（或他人）是否感到精力充沛。还记得我们之前将动机定义为你感受到并付出的精力，以及你将其导向何方吗？因此，你可以先问问自己是否有足够的精力去完成某项任务。你的回答是“是”还是“否”，将引导你在流程图中走向不同的方向。让我们从回答“是”的情况开始。

如果你感到有精力去实施目标导向的行为，接下来的问题是你是否已经开始行动。如果你还没开始，这可能意味着你需要采用本书中所介绍的执行意图、心理对比、元认知以及目标设定等策略。这些策略将帮助你将能量转化为实际行动，从而朝着目标前进。

如果你已经开始行动了，接下来要问自己是否能够持续保持动机。如果你的回答是“否”，即使你感到精力充沛，也难以维持动机。我们建议你采用自我调节策略，如监控、自我调节、时间管理和自我评价等。

如果你能保持动机，那么接下来要问的是你是否真正实现了目标。如果答案是否定的，我们建议你采用SMART原则（具体的、可衡量的、可实现的、现实可行的、有时限的）和以掌握为导向的目标设定策略。

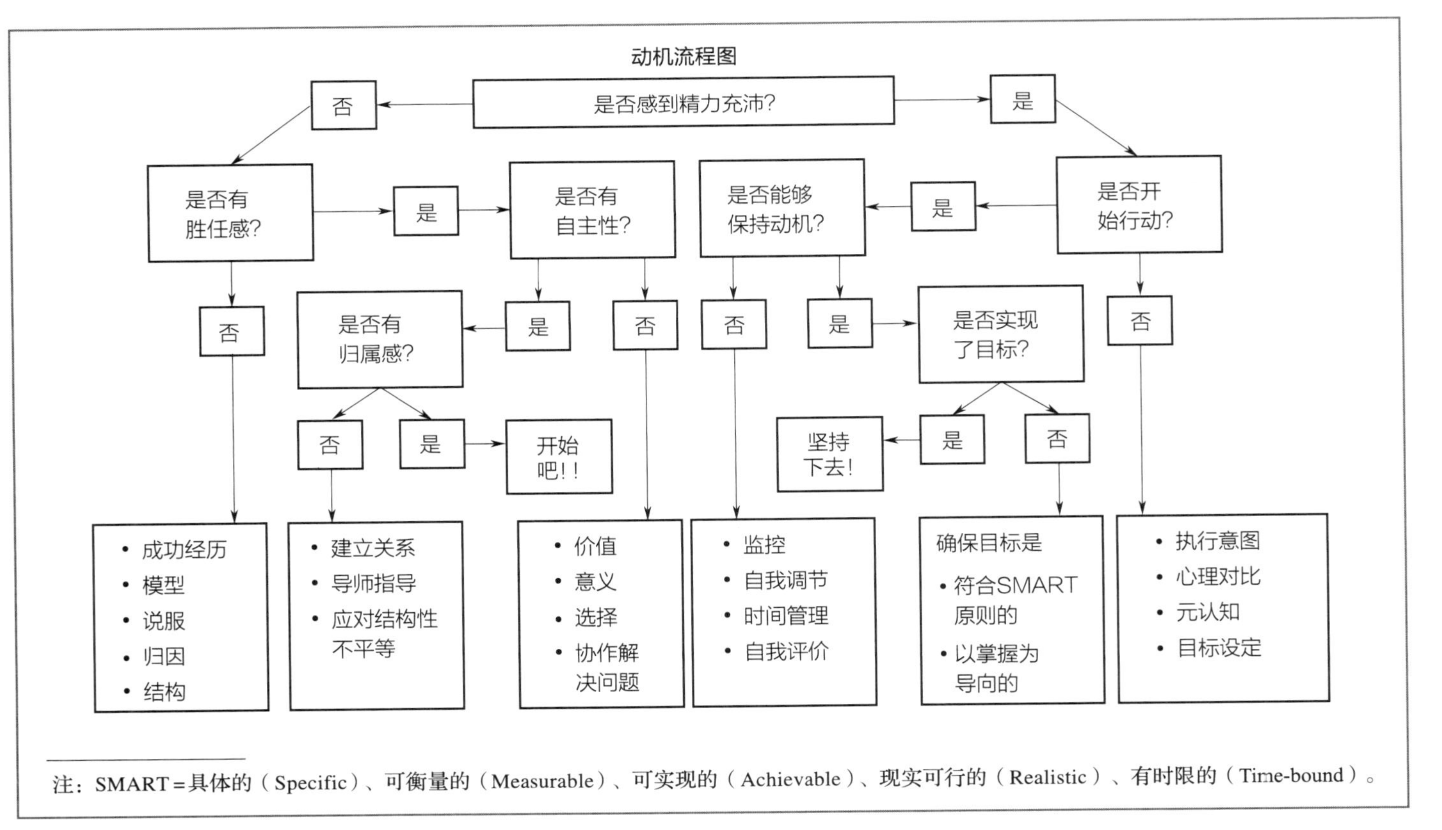

注：SMART＝具体的（Specific）、可衡量的（Measurable）、可实现的（Achievable）、现实可行的（Realistic）、有时限的（Time-bound）。

图1 动机流程图

最后，如果你已经实现了目标，那么你就走在了正确的轨道上，继续加油干吧！

但如果你对“是否感到精力充沛”的回答是“否”呢？这是两条路径中更具挑战性的一条。你的目标是找出你为何缺乏行动的能量。首先要问自己的问题是：

你是否感到自己有能力胜任？如果你对这个问题的回答是“否”，那么你可以实施一些提升自我效能感的策略，比如提醒自己曾经成功的经历，寻找导师学习成功经验，寻求反馈和鼓励，对失败和成功的原因做出健康的归因，以及为任务增加结构。

如果你对“是否有胜任感”的回答是“是”，那么接下来要问的是你是否感到有自主性。也就是说，你是否觉得行为是出于自己的意愿，你有一些选择权，还是相反，你感到被迫或有压力？如果你对“是否有自主性”的回答是“否”，那么你可以采用一些策略来增加自主性，比如思考活动的价值或意义，给自己一些完成任务的选择权，或者思考如何减轻感受到的压力。然而，如果你对“是否有自主性”的回答是“是”，那么接下来要问的是你是否在环境中感到有联系或归属感。如果你没有感受到与他人的联系或归属感，思考如何将他人纳入你的行动中，寻求导师的帮助，并考虑是否有结构上的不平等在阻碍你。

如果你对“是否有归属感”的回答是“是”，那么你已经具备了动机的大部分要素，大胆开始行动吧！

请注意，这个流程图并没有涵盖本书中讨论的所有的原则和策略。而且，由于它只是一个图，因此无法捕捉到动机过程中的所有复杂情况（比如，一个人可能同时缺乏自主性和归属感）。然而，它可能是帮助你解决动机问题、提升自己和他人动机水平的有用工具。请尝试将流程图应用于以下动机情境中以进行练习。

现在你来试试！

现在请将你的知识付诸实践。在以下部分中，你将看到四个描述动机问题的场景。运用动机科学来帮助场景中的每个人挖掘他们内心的动机资源。使用动机流程图，根据人物的行为和陈述来找出场景中的动机问题。然后利用流程图激发他们的活力并提升他们的动机水平。在每个场景之后，我们都会给出我们的解析。

场景一：营销动机

你的朋友在一家知名投资公司找到了一份财务顾问的工作。她对这份工作非常兴奋。虽然这份工作并不完全符合她的期望，因为她的专业是市场营销而非金融，但她觉得自己可以成功转行。“我的意思是，营销和金融能有多大区别呢？”然而，几周后，她的精力消耗殆尽。她每天只工作三到四个小时，然后在剩下的工作时间里偷偷申请其他工作。你问她为什么工作不顺时，她说：“我不知道怎么做这些事情！我又不是金融顾问，这职业不适合我。”她希望能尽快找到一份新工作，否则可能会辞职，找一家餐馆打工，就像大学时那样。

使用动机流程图

流程图的第一个问题是她是否感到充满活力。情境中提到她准备辞职，能量已经耗尽。因此，答案是否定的，她需要进入流程图的下一个问题——她是否有胜任感？

她的话中透露了这一点，比如“我不是金融顾问”和“我不知道怎么做这些事情”。这些都是她感到缺乏胜任感的线索。接下来，流程图会提供一些解决胜任感问题的建议。

实施解决方案

1. 归因

首先，她说自己不是金融顾问，这可能表明她把工作进展缓慢归因于缺乏能力。换句话说，她可能认为自己之所以进展缓慢，是因为不具备金融顾问所需的能力。你的朋友正在进行不健康的归因。正如第九章所述，将问题归因于能力——特别是在遭遇失败时，会扼杀动机。归因于能力会让她觉得成功是她无法掌控的，当她感觉无法控制成功的可能性时，动机水平会下降。一个解决办法是，帮助她将归因改变为某个她可以掌控的因素。努力是她可以控制和改变的。因此，你可以提醒她，通过练习，任何人都能学会一项工作技能。如果她向同事寻求帮助，并付出努力，就能掌握这份工作的方方面面，动机水平也会得到提升。改变她的归因方式可以转变她的动机。

2. 自我效能感

其次，她说她不知道怎么做这些工作，这表明她认为自己做不了金融顾问的工作。她可能低估了自己的能力。具体来说，她难以将自己的能力与自信相匹配。她认为自己没有能力，但实际上，她完全有能力学会做好这份工作——这也正是他们当初聘用她的原因。

认为自己无法成功会摧毁动机。解决低自我效能感的问题有几种方法，如第七章所述。你可以提醒她过去成功的经历。例如，当她刚进入大学时，她对市场营销一无所知，但通过学习，她在课程中取得了好成绩。她可能会意识到，通过练习，她几乎可以掌握任何工作，而且会越做越好。提醒她过去成功的经历会增加她的自信，从而激发她的工作动机。

总结

你的朋友表现出了与动机缺乏相关的明显行为，比如失去热情、工作不上心以及申请其他工作。这些都是她的动机出了问题的迹象。当你与她交谈时，你收集到了一些证据，这让你能够利用本书中介绍的动机理论来揭示她的动机问题。你使用了流程图来帮助她对成功和失败做出健康的归因，并树立了她的自我效能感，结果是，你的朋友现在很享受自己作为财务顾问的新职业。通过相信自己能够成功，并意识到可以掌控自己的努力，她认识到，只要付出努力，就能取得成功。让我们来看另一个例子。

场景二：停滞不前的动机

你想在新的一年里变得更健康，于是决定购买一辆 Peloton 健身车。这台机器很酷，有很多不同的设置和锻炼课程。你骑了大约两周，然后就停下来了。尽管你很想继续锻炼，因为你喜欢这台新的健身器材，但你就是没有动力。每天你都在想象自己在 Peloton 上锻炼，但工作等其他事情却阻碍了你。你完成了其他任务后，就到了一天结束时，已经没有足够的时间了。你心想，“我想拥有健康的体魄，希望能有合适的时间来锻炼”。

使用动机流程图

你可以就该场景中的行为来逐步分析流程图，并解决你的健身动机问题。首先，你无法让自己骑上 Peloton 健身车。你非常想用这辆车，但不知何故就是没能做到。因为你想要使用你的健身车，你对流程图的第一个问题“你是否感到精力充沛”的回答是“是”。接下来的问题是你是否已经开始行动。答案是否定的。你想骑上车，但出于某种原因没能做到。根据流程图，无法开始行动的解决方案有执行意图和心理对比。

实施解决方案

1. 执行意图和心理对比

你在想象锻炼的最终结果。正如第五章所述，单纯想象成功并不会带来成功。相反，你应该想象整个过程，**同时**制订一个完成计划。

正如第五章所讲述的那样，解决方案包括使用心理对比和执行意图来实现目标。想想你现在的状态，即无法保持规律的锻炼习惯。然后想想你想要达到的状态，即每周五天使用 Peloton 健身车锻炼。

接下来，想想是什么障碍阻止了你达到这个目标。例如，你的健身车是否被存放在地下室的壁橱里？把它拿出来并安装好是一个大工程。你可以把健身车从壁橱里拿出来，放到卧室里，准备好从周一到周五每天都能使用，这样可以减少骑车的挑战。健身车被存放起来是一个你可以克服的障碍。

在运用了心理对比并清除了环境中的障碍后，接下来就要确立执行意图。这是一个非常具体的计划，旨在帮助你达成目标，包含了你骑车的具体时间、地点和方式等细节。然后，根据你的目标，创建"如果—就"语句。以锻炼为例，你可以这样说：如果时间是下午六点，我就会去锻炼；如果我走进房间，我就会骑上 Peloton 健身车；如果我骑上健身车，我就会执行三十分钟的锻炼计划。你甚至可以在客厅的白板上写下这些执行意图，以提醒自己。如果你采用了心理对比和执行意图的方法，那么你更有可能实现目标。

2. 自我调节

流程图中的另一个可能路径是你认为自己已经开始行动，因为你已经骑过几次 Peloton 健身车。因此，如果你把"是否开始行动"的回答改为"是"，就会进入流程图的下一部分，这部分会询问你是否在维持动机。虽然你偶尔会骑 Peloton，但你无法坚持下去。如果对这个问题的回答是"否"，你将进入另一组可能的解决方案——自我调节。**你似乎很有动机，但并未达到目标**。在第四章中我们了解到，仅有动机是不够的。即使我们有强烈的动机，如果没有相应的策略，仍然无法实现目标。由于你没有达到目标的策略，你可能整天无所事事或做其他事情。

你可能因为拖延而难以保持动机。

这种情况的解决方案是使用自我调节策略，如第四章中所述。也就是说，你可以制订一个计划，尝试执行，反思自己的表现，并在必要时调整计划。例如，如果你拖延到晚上才开始锻炼，结果时间不够了，那么你可以采用时间管理策略来确保自己完成锻炼。比如，你可以记录每天下班后的时间安排。有了日程安排后，你就可以确定如何管理这些时间，并设计一个包含锻炼的更有效的计划。然后，你需要观察新的计划，反思其效果，并在必要时进行调整。将自我调节与动力结合起来，可以彻底改变你的锻炼习惯。

总结

仅仅想象成功并不能带来成功。但如果你能够想象过程、运用心理对比并制订实施计划，这些策略可能正是你重回正轨所需要的。此外，动机并不总是足以保证成功。利用自我调节策略，从制订计划开始，可能是挖掘内在动机资源的有效途径。让我们再试一个场景。

场景三：动机成了一种负担

你的女儿拒绝做家务。你尝试过奖励，提出完成家务就给一点小钱，但效果维持不了多久。接着你尝试了惩罚，不让孩子出去，但你不可能永远把孩子关在家里。最后，你让她和妹妹比赛，看谁第一个做完家务，这也没有效果。她以前明明做家务的啊，到底发生了什么？为什么孩子不愿意在家里帮忙？难道她对自己的居住环境不感到自豪吗？你需要更多的信息，于是和女儿进行了讨论。她表示她想做家务，但不喜欢被分配的那些家务。另外，她说总是在比赛中和妹妹争吵，关系不好。

使用动机流程图

在这种情况下，有一些线索可能帮助我们找出阻碍你女儿做家务动机的原因。例如，你的女儿曾经做过家务，但现在不再做了，是什么让她停止了？你可以使用流程图来找出如何提升你女儿的动机水平。首先问她是否感到精力充沛，可以开始做家务。如果回答“是”，那么你可以继续问下一个问题：她是否感到自己有能力完成家务？她说她知道怎么做家务。接下来，流程图中的问题是她是否感到有自主性。她说她不喜欢这些家务，并觉得自己是被迫去做的，因此我们可以推测她在做这些家务时感到缺乏自主性。

实施解决方案

1. 自主性

你曾用奖励和惩罚的方式来迫使女儿完成家务。在第二章中，我们了解到奖励系统可能会削弱动力。但为什么奖励和惩罚会抑制她的动机呢？根据自我决定理论，我们知道动机有三个基本需求：胜任感、自主性和归属感。从她的陈述中我们可以推断，她在做家务时感到缺乏自主性。也就是说，她感觉对自己要做的家务没有选择权。

为了应对这个问题，首要之策是放松奖惩机制。奖励对长期激励的效果有限，而惩罚则可能引发孩子对施罚者（即你）的负面情绪。在流程图中，你会看到，当孩子觉得缺乏自主性时，有多种建议策略可供尝试。你可以通过增加一些选择权和运用共同解决问题的方法来提升她的自主性。一个有效的方法是，与女儿一起列出五到十项可能的家务活，然后鼓励她从中挑选三项作为每日必做。同时，你还可以让她自行决定在什么时间段完成这些家务，这样一来，她的自主性会大大增强，完成家务的可能性也会随之提高。但别忘了，即便有了这些策略，家务本身仍可能缺乏趣味性，因此，与她深入沟通做家务的意义（我们是家人，需要相互帮助）以及不完成家务的后果（结构），同样至关重要。

2. 归属感

流程图中的另一个问题是关于归属感的。女儿动机不足的另一可能原因是与妹妹的竞争。在第三章中我们了解到，竞争并不总能激发动机，反而可能适得其反，如导致姐妹间发生争执，关系紧张。因此，这种归属感的缺失可能正是她动机水平下降的原因。那么，如何增强她的归属感呢？一个有效的策略是让姐妹俩合作完成家务，而不是竞争。

她们可以各自完成两项家务，再共同完成一项，这样既能协作又能避免竞争带来的压力。去除家务中的竞争色彩，不仅能减轻"获胜"的压力，还可能促进姐妹间的积极关系，从而增强完成家务的动机。

总结

奖励和竞争是两种常用的激励手段，但如果使用不当，很容易适得其反，伤害动机。这正是当前情况的真实写照。通过给予一定选择权并消除竞争因素，你可以让女儿重新找回完成家务的动机。你会发现，女儿其实对自己的家有着深深的自豪感。运用动机科学的原理，不仅可以改变女儿的行为，还能让你的家变得更加整洁有序！

场景四：动机的结构

一位高中英语老师有一个学生，他拒绝参与课堂活动。尽管她尝试了多种策略，包括给予学生完全的自由，却仍未能激发其参与课堂活动的兴趣。现在，这个学生整天坐在座位上画画，对老师的努力无动于衷。当被问到为何会这样时，老师无奈地表示："他就是个没动机的孩子，但至少他没扰乱课堂。"

面对这样的情况，老师首先应该与学生沟通，了解他不参与课堂的原因。在交谈中，学生坦言自己不喜欢英语课，也不明白学英语的意义所在。而且，他不知道自己每天应该做什么，也总是不确定自己应该完成什么任务。

使用动机流程图

这个学生似乎缺乏动机。然而，在第一章中我们了解到，每个人都有动机。问题在于，这个学生没有将现有的动机导向英语课堂。为什么会这样呢？查看动机流程图，我们可以找到解决方案。学生没有感到精力充沛，我们就转到能力这一方面。学生提到自己不确定每天该做什么，这可能是缺乏胜任感的迹象。这是一个有趣的情况，因为老师给予了学生很大的自由。你可能会认为这种自由会促进动机，但在这个案例中，它可能反而在减弱动机。

实施解决方案

1. 结构与选择

老师让学生完全自由支配时间，这加剧了他缺乏学习动力的情况。在第八章中我们了解到，完全的自由可能令人感到不知所措，实际上会导致动机水平下降。学生没有明确的期望，这使他感到不知道如何才能成功，也损害了他的胜任感。

为了解决这个问题，老师可以为课程和活动设计更明确的结构。具体而言，老师可以设定课堂行为的规则、程序和期望，这包括参与每项活动。同时，老师还可以提供详细的作业说明和评分标准，帮助学生明确成功的路径。此外，老师可以以支持学生自主性的方式提供结构，比如给予一些关于课堂作业的选择权。例如，学生可以在几种完成作业的方式中选择一种。

结构对于动机至关重要，采取这些措施有助于学生理解自己在课堂中的任务和目标，从而提升其胜任感和动力。通过以支持自主性的方式提供结构，可以在不损害自主性的情况下提高胜任感。

2. 兴趣

如果在老师通过提供结构解决了胜任感问题后，学生仍然难以保持动机，那么老师可以回到流程图。接下来的问题是询问学生是否感受到自主性。作为解决胜任感问题的策略的一部分，老师已经提供了选择，但似乎学生对课程内容并不感兴趣，或觉得没有意义。学生之所以常常缺乏兴趣，是因为他们所学的内容与他们喜欢的事物无关。学生觉得课程内容没意思，所以没有自主选择的感觉。

将学生的兴趣融入课程内容，可以使其更加贴近个人，从而增加学生对所学内容的兴趣，提升他们的自主感。为了进一步解决自主性问题，可以采取一些措施来增加课程内容的意义感和相关性，从而激发兴趣。为了提升兴趣，老师可以了解学生的爱好或喜好。在询问后，老师发现该学生非常喜欢摇滚乐。她可以查找学生最喜欢的歌曲中的词汇，然后让他通过分析歌词来学习英语。

总结

兴趣、意义和相关性是影响动机的关键因素。如果该场景中的老师能鼓励学生认识到课程内容对他个人的重要性和实用性，那么这位学生将重新投入到学习中。此外，缺乏结构也在扼杀他的学习动机。创建一个更支持自主性的课程结构可以帮助他重新走上学习英语的道路。谁知道呢，通过分析摇滚乐，他可能会成为下一个鲍勃·迪伦。

运用科学实现目标

现在，你已经练习了使用动机流程图，准备将这项技能应用到现实生活中，激励自己和他人。当你有朋友、家人、同事、学生或员工缺乏动机或无法实现目标时，这本书可以作为参考。当你觉得自己无法实现目标时，可以随时回顾各章节和流程图。这些基于科学的技巧可以帮助你实现目标。你可以利用动机科学来挖掘内在的动机资源，将你和他人的梦想变为现实。

附录 A
动机的复杂性与我们的挑战

如前言所述，动机已被众多理论家广泛研究。在阅读第一章至第十章的过程中，你会发现这些理论对于理解动机非常有帮助。它们为研究人员提供了研究动机运作方式的起点。

在这个附录 A 中，我们将探讨人们在学习动机时常有的一些问题，让我们深入探讨其中的一些问题。

为什么有这么多动机理论

在前言中，我们在表格中列出了七种动机理论。在讨论动机理论时，我们经常被问到的一个问题是：为什么会有这么多理论？为什么动机科学家们不将各个理论的观点结合起来，创造一个宏大的普适性动机理论？这是一个复杂的问题。这些理论之所以没有结合起来，有几个原因。首先，这些理论包含了对哪些因素最能预测动机的不同看法。例如，自我决定理论认为，人类的动机源于需求，如果这些需求得到满足，动机将达到最佳状态。

而期望—价值理论则认为，人们对任务价值的感知以及他们对产生结果的信心程度会促进最佳动机的产生。每种动机理论都对影响动机的最活跃因素持有不同观点。

动机理论之所以包括不同的概念，是因为它们对人类行为的假设不同。这源于动机理论可能源于不同、更基础的人类行为理论。例如，一种理论可能源自**认知主义**，而另一种则可能根植于**行为主义**。行为主义者认为人类行为受奖励或惩罚的控制，而认知理论家则认为人类行为是由思想和信念驱动的（Tomic，1993）。这种差异可能导致这些理论难以结合，因为对人类行为的假设差异太大，从而让动机过程看起来也会截然不同。

我们拥有众多理论的另一个原因是，这些理论旨在解释不同的现象。有些理论解释了成就动机（如期望—价值理论），有些理论则更为宽泛，关注一系列行为（如自我决定理论），还有一些理论专注于某一关键类型的行为，如自我效能感理论。因此，在本书中讨论每个神话时，我们都采用了最相关、最有用的理论和证据来破除这些神话，并为激发最佳动机提供最有用的建议。

因此，我们拥有许多理论。这些理论可以加深我们对动机的理解。每种理论都提供了独特的解释价值，即每种理论都为我们对动机的理解增添了有用的内容。每种独立的动机理论都有其独特的活跃要素，我们可以利用这些要素来影响自己和他人的动机。而且，这些活跃要素非常多。为什么这么多呢？

动机为何如此复杂

在动机理论研讨会上，学生常常问："为什么我们需要一整门课程来学习动机？你要么有动机，要么没有动机！我们能在整个学期里学到什么呢？"当了解到动机是一个受多种因素影响的过程时，他们感到惊讶不已。我们每周都会讨论影响动机的一个或少数几个因素。最终，学生们开始意识到动机实际上非常复杂。

首先，动机由多种因素构成。如前所述，动机理论涵盖了许多影响动机的活跃要素。信心、选择感或控制感、归属感、价值、兴趣、情绪、目标以及你如何归因自己的成功和失败，都是影响动机的因素。这些因素各自都在不断地影响动机。例如，如果你对某项任务充满信心，那么你参与该任务的动机水平就会更高。如果你在学习环境中感到有归属感，与同学或老师相处融洽，那么你的动机就会更强。如果你对所学内容有负面情绪，那么你的动机水平就会降低。总之，许多因素都在不断地影响你动机的强度和质量。

其次，动机之所以复杂，还因为这些活跃要素在不断变化。也就是说，影响动机的因素很少会保持不变。例如，对自己能否成功的信心是不断变化的，这会对整体努力和坚持性（即动机）产生巨大影响。信心受多种因素影响，包括在某项任务上的成功或失败经历、观察到的他人的成功或失败、社会说服和反馈以及我们的态度。因此，当你坐下来准备一项任务时，比如大学里的考试，你可能因为努力学习而信心满满，从而感到有动机。但随后你听到有人说这位教授的考试很难。这句话让你感到担忧，你的信心下降，因此你的动机水平也下降了。然后，教授走过来对你说："你这门课学得很棒。干得好！"这种积极的反馈增加了你的信心，进而提高了你的动机水平。然而，当你看到一个总是能取得好成绩的朋友也非常紧张时，你也会变得紧张，信心再次下降，动机也随之减少。更糟糕的是，空调打开了，房间变冷了，你开始打寒战。这种环境的变化降低了你的信心。最后，教授发下了试卷。你穿上外套，深吸一口气，看了看试卷的第一题，发现自己知道答案。第二题也一样。初战告捷提高了你的信心，你感到动机满满。这真是过山车般的经历，而这只是在短短的十分钟内发生的！这表明，构成动机的核心因素在不断变化，从而影响整体动机。

再次，更复杂的是，这些因素还在不断动态地相互作用。也就是说，一个因素会影响另一个因素，从而影响动机。例如，一个学生可能最初对一项任务充满信心。然而，当他在上课第一天发现自己没有朋友时，归属感下降。这种低归属感可能进一步降低他对学好该课程的信心。这些因素之间的相互作用会对动机产生负面影响。因此，影响动机的因素不仅很多，而且彼此之间不断相互作用，从而影响着整体动机。

最后，所有这些都发生在一定的社会历史和文化背景中，这意味着个人的经历和文化背景在不断影响环境，同时环境也在影响个人（Graham & Hudley，2005）。

这为动机过山车增添了新的层面。例如，黑人中学生可能会遭遇与白人同学不同的待遇。老师可能会在潜意识中更频繁或更少地叫他们回答问题。该学生可能是班上唯一的有色人种，因此感到归属感降低。白人老师会从自身独特的文化经验出发进行教学，这与黑人学生的文化背景不符，却与班上白人学生的文化背景相契合。这可能对该学生造成不利影响。也就是说，环境的设定方式对白人学生比对黑人学生更有利。这一切都在说明，社会历史和文化因素在不断影响动机水平。这是导致动机过山车更加跌宕起伏的另一个因素。

动机之所以复杂，是因为它受到众多因素的影响，这些因素不断变化、相互作用，且这一切都在更广阔的社会历史和文化背景下发生。这听起来或许难以驾驭，但只要我们理解了动机的复杂性，就能更好地掌控它。通过深入了解动机背后的所有因素，我们可以主动影响它们。我们可以驾驭这辆过山车，让它减速慢行，甚至亲自操控它。但要做到这一切，我们必须先理解动机。现在，让我们来探讨一下那些导致我们常常在动机问题上挣扎的众多原因。

为何我们在动机问题上挣扎

我们时常在动机问题上挣扎，原因不胜枚举。有时是因为忙碌，比如我们可能立志写一本书，但工作责任、孩子的课后活动、晚餐的准备，还有永远如影随形的洗衣任务，都让我们分身乏术。

关键在于，我们真的很忙。我们大多数人都在各种生活责任的拉扯中挣扎。当终于完成这些任务时，我们最不想做的就是坐下来写书，尽管这是我们的重要目标之一。相反，我们只想躺下休息，追追剧，漫无目的地刷着社交媒体，而一天就这样过去了。按下重启键，明天再来一遍吧。

除了忙碌，我们还常常面临兴趣冲突。说实话，写书并不是世界上最有趣的活动。尽管它可能是我们的最大目标，但过程却可能充满痛苦。它需要大量的思考、规划和努力，而其他事情可能更具吸引力。也许朋友、同事和家人想一起出去吃饭喝酒。兴趣冲突是我们对不那么有趣但仍非常重要的目标缺乏动机的一个非常现实且常见的原因。

另一个导致我们缺乏动机的原因是，我们不具备本书中提到的动机理论中的许多积极要素。例如，我们常因缺乏自信而在动机问题上挣扎。我们可能想写一本书，但怎么写得出来呢？会有人读吗？人们会觉得写得不好吗？自我怀疑阻碍了我们。别忘了，就连斯蒂芬·金和托尼·莫里森这样的著名作家也曾为自信而挣扎。多产的作家汤姆·沃尔夫（Tom Wolfe）在谈到写作障碍时（1991）说："这是因为你害怕自己无法完成向别人宣布你能做到的事情，或者害怕这件事不值得做。"这种缺乏自信会让我们放弃追求目标。

我们甚至可能会下意识地制定策略，以阻止自己实现目标，这样，如果失败了，就不是因为我们没有天赋或能力，而是因为其他事情的发生。

这是一种保护自尊的策略，称为**自我设限**（Urdan & Midgley, 2001）。一个常见的例子就是拖延。我们总是等到最后一刻才完成某项活动，尽管本有时间去做。所以，当我们在目标导向的活动中表现不佳时，不是因为我们做不到，而是因为我们拖延了，未能尽全力。

关于动机中的积极要素如何影响我们在动机问题上的挣扎，可以继续举很多例子。例如，有时我们缺乏动机是因为觉得某项活动没有价值，即看不到它的用处。既然写书很可能赚不到钱，那为什么要写呢？

或者，我们可能是被迫写书。出版商希望我们写一个并非我们初衷的主题，我们感到别无选择，出版商控制着创作过程。我们对自己的写作过程缺乏自主性，这削弱了我们的动机。

也许我们缺乏归属感。我们可能会想："我和这些艺术型和创意型的作者格格不入。"这种不合群的感觉从一开始就会削弱我们的动机。

另一个常见的"动机杀手"是缺乏完成某事的技能和策略。是的，我们想写一本书，但该如何开始呢？如何撰写书稿提案？如何找到出版商？写书是一个充满许多未知的艰难过程。如果我们缺乏有关这些重要技能的知识和策略，就可能会在写作的动机上挣扎。

以上只是我们在动机上挣扎的几个原因。在本书中，我们特别关注了一个导致动机问题的原因——对动机的错误认知。我们可能因为不了解动机的真正含义而难以激发和维持动机。

或者更糟糕的是，我们可能相信关于动机的神话。相信这些神话会导致我们的行为与实现目标背道而驰。事实上，这些神话可能会彻底阻碍我们前进。我们希望本书给出的那些破除神话的信息和策略能帮助你达成目标，引领你走向更加充实和幸福的生活！

附录 B
神话从何而来，为何根深蒂固，又如何破除它们

——

在本书中，我们探讨了动机神话，解释了人们为何相信这些神话，以及它们如何阻碍人们达成目标。在附录 B 中，我们将退后一步，深入探讨这些神话最初是如何形成的，以及它们为何如此难以改变。最后，我们将提供一些破除神话的建议。你能利用这些信息，学习如何成为像我们一样的“神话终结者”!

神话在社会中无处不在，我们信奉着各种不准确的观念。这些神话的内容从荒诞不经（如相信独角兽存在）到相对现实（如认为所有转基因食品都对人体有害，而实际上，几乎所有食品都经过基因改造，且几乎不会对人体有害）不一而足。若想深入了解人们为何相信神话，可参阅迈克尔·舍默的《信念的头脑》(*The Believing Brain*; Michael Shermer, 2011）或卡尔·萨根（Carl Sagan）的《魔鬼出没的世界》(*The Demon-Haunted World*; Sagan & Druyan, 1995)。

本书将焦点缩小至一个特定的神话类别——**心理神话**。心理神话是人们关于人类如何学习、如何思考以及（与我们最为相关）如何获得和维持动机的错误观念。心理神话极为普遍，在谷歌上搜索关于人类如何思考的内容，你会发现许多网站将这些心理神话作为事实来贩卖。这些观念极其常见且被广泛接受，这也正是它们危险之所在。

有些心理神话已成为我们许多人的常用词汇，并影响着我们的日

常生活。

一个常见的心理神话是，我们要么是左脑型思维者，要么是右脑型思维者。据说，左脑型思维者善于分析，而右脑型思维者则富有艺术细胞。这种观念认为，我们中的一些人比其他人更多地使用大脑的某一侧，这赋予了我们分析或艺术才能以及个性特征。这纯属无稽之谈——一个普遍存在的心理神话。我们每个人都是**全脑型**思维者，思考时会调动大脑的每一个部分。当然，有些人可能更喜欢从事艺术或分析活动，但这与使用大脑某一侧多于另一侧无关。大脑两侧各有其特定功能，除非你的胼胝体被切断（如果你好奇，可以用谷歌搜索“切断的胼胝体”），否则两侧会相互沟通，共同形成意识。

另一个常见的心理神话是，人们具有不同的学习风格。我们都听过有人说“我是视觉型学习者”或者“我通过听来学习效果最好”。然而，科学告诉我们，学习风格是个神话。你并非视觉型学习者，而是更**喜欢**通过视觉方式学习。对学习方式的偏好与大脑更擅长处理视觉信息而非语言信息的观念截然不同。科学家发现，尽管我们中有些人更喜欢视觉学习或语言学习，但我们的大脑会同时处理这两种信息。事实上，如果我们尽可能多地以不同方式处理信息，学习效果会更好。因此，下次你想学习某样东西时，最好尝试同时吸收视觉信息和语言信息。

在心理学领域，我们将那些不是基于最新科学概念的想法称为误解（Leonard et al., 2014）。误解可以有多种形式。人们可能完全相信一个虚构的神话（即整个想法都是错误的），或者对复杂想法持有过于简化的看法。这两者都是误解的形式，因为它们并不完全符合科学对某一观念的理解。

需要明确的是，我们所说的误解可能涉及完全错误的观念，也可能涉及部分真实但忽略了科学理解中复杂性的观念（Vosniadou, 2007）。我们认识到，这两者看起来可能截然不同。一种是完全错误的信念，另一种则是未能像科学家那样对复杂主题有全面认识，这是可以理解的。然而，这两种误解都可能导致问题行为，阻碍我们达成目标。尽管这些误解在严重性上有所不同，但由于它们对动机和表现的影响，纠正它们都是至关重要的。因此，在本书中，尽管我们认识到这两种误解之间的区别，但为了语言简洁，我们将它们统称为神话。

动机的概念同样如此。人们可能完全误解动机，比如认为动机是一种特质，人们要么有动机，要么没有。或者，人们可能对动机的某个复杂方面持有过于简化的看法，比如认为奖励会增强动机。虽然这种观念并非完全错误，但我们对奖励对动机影响的理解更为微妙。我们知道，在某些时间和情境下，奖励可以增强动机，而在其他时间和情境下，奖励可能会削弱动机。这些神话虽然涉及不同程度的误解，但都会对动机产生负面影响。例如，相信有些人有动机而有些人没有，可能会导致我们区别对待“无动机人群”和“动机人群”。同样，对奖励对动机的影响的复杂性的误解，可能会导致损害长期动机的行为。无论误解大小，对动机的误解都可能对动机产生不利影响。

因此，理解动机的复杂性和微妙之处对于促进最佳动机至关重要。相信神话并不会让人变得愚蠢或天真。我们都相信神话，都会遇到看似符合我们世界观或直觉的不准确信息。这在心理神话中尤为常见。心理神话普遍被接受，并且往往与我们的现实相符，这正是它们如此可信的原因。例如，我们时常体验到奖励能增强动机。比如，如果月底不发工资，你还会去上班吗？但实际上，“奖励提升动机水平”的神话在细节上有很多问题。除非你是一位动机科学家，了解奖励对内在和外在、短期和长期动机的微妙影响，否则相信这一神话是完全可以理解的。所以，如果你相信这本书中的一些或许多神话，请不要感到沮丧。这并不代表你有问题，大多数人都会这样。但这些神话最初是如何形成的呢？

动机神话是如何形成的

我们都知道什么是动机。我们每天都在体验它。动机是实实在在的。当动机发生时，我们可以感受到它。也许你感到兴奋，或者专注，或者你如此投入某件事以至于忘记了时间。但实际上，很少有人真正理解心理学家如何科学地定义和利用动机。但谁在乎呢？你可能会想："我每天都感受到动机，我不需要一群穿着实验服的怪胎来告诉我如何激励自己。"因为你每天都感受到动机，所以你为什么要寻求建议呢？而且，当你可以在 YouTube 上看励志演讲时，为什么要从科学家那里获取建议呢？

但如果我们告诉你，你所体验到的或看到别人体验到的相同动机感受可能会让你误解动机的真正运作方式呢？

或者，你正在观看的励志演讲者可能在无意中误导了你呢？事实是，我们自认为对动机的了解中有很多是错误的。或者，即使它不完全错误，也过于简单，导致我们做出损害自己或他人动机的选择。我们的日常经验是了解动机神话的一种常见方式。例如，我们都曾被奖励所激励。我们去上班并期待拿到薪水。我们承诺自己，如果能先完成一些工作，就奖励自己一杯酒。或者，如果我们坚持锻炼两周，每周五天，就奖励自己一个放纵日，吃美味的比萨。奖励很有效，对吧？我们的经验会告诉我们是这样。但实际上，情况要微妙得多。

经验告诉我们，奖励总能增强动机。但科学告诉我们，情况要复杂得多。关于动机的研究告诉我们的是另一个故事，即奖励可能会完全破坏内在动机。它告诉我们，人们可能会依赖奖励来产生动机，没有奖励就会拒绝参与该行为。如果我们只依赖经验，可能会误导自己或他人，并对动机造成长期损害。遵循科学可以引导我们制定更有效的动机策略。详细信息请参见第二章。

让我们再看一个误解动机的例子：接受错误信息。也许你会上

YouTube 观看励志演讲视频。每月只需支付十美元的小额费用，励志演讲者就会告诉你想象你的梦想。他告诉你闭上眼睛，想象自己在工作中得到晋升。每天早上都这样做，最终你的梦想就会成真。

遗憾的是，这位视频博主并不是动机科学家，对动机的真正运作方式了解不多。想象你的梦想并不是实现目标的有效策略，事实上可能会浪费你宝贵的追求晋升的时间。励志演讲者可能并不是故意误导你，他可能只是不了解动机科学的微妙之处。这位 YouTube 励志演讲者一直在传播错误信息。

科学家建议，与其反复想象结果，不如想象实现该目标所须采取的各个步骤。如果你想得到晋升，你需要做哪些小步骤来达到这个目标？也许你需要每天准时出现，在会议上发言，展示一些领导才能，主动完成任务，或者学会在必要时寻求帮助并在必要时进行委派。然后，你需要制定策略来完成这些步骤。最后，你需要尝试你的策略，评估其有效性，并在必要时进行修改。这是自我调节的过程，科学研究已经证明，这一过程能够成功实现目标（Schunk & Zimmerman, 2003）。通过了解动机的科学，你更有可能获得晋升。更不用说，你还不用去买励志演讲者的订阅服务，这样每月能省下十美元。

这只是我们误解动机的几个例子。本书的目标是帮助你正确理解动机。如果你做到了这一点，你将更有可能采用有效的策略来实现目标，或者成为他人积极的动机源。

为什么神话如此难以改变

我们所相信的神话往往极难改变。当有人斩钉截铁地告诉我们错了时，我们往往会感到极度不适。通常，我们会有本能的生理反应：皮肤泛红，心跳加速，额头冒汗。

接着，我们会感到愤怒，而不是倾听和学习，我们会关闭心扉，捍卫自己的立场。为什么会这样呢？

上述过程其实是一种极为普遍的心理反应，即认知失调（Festinger，1962）。当我们对某些事物深信不疑，却突然听到与之相悖的信息，意识到自己可能出错时，内心便会产生一种不和谐感。这种状态让我们陷入失衡之中。失衡，意味着在某种层面上，我们意识到自己的信念与那些强有力的新信息之间存在差距。这种不匹配令人不悦。大脑本能地希望我们的思想和感知保持一致，而一旦发现二者并不吻合，我们就会感到不适。这便是认知失调。

大脑对认知失调深恶痛绝，因为它既令人沮丧，又给人带来身体上的不适。我们迫切地想要尽快消除这种失调感，以便从失衡的不安中回归到平衡的舒适区。平衡，就是当我们的思想和情感融为一体，再次回到那个熟悉而安逸的领地。

面对与自身感知不符的信息时，为了摆脱认知失调带来的失衡感，我们有两种选择：一是改变已知，接纳新信息；二是坚守立场，拒绝新信息。两者都能缓解认知失调，但第二种选择往往更为轻松。只需简单拒绝新信息，就无须费力忘却旧知、学习新知。正如人们常说的，无知便是福，尤其在改变知识体系的道路上，更是如此。

改变知识体系，无疑是更为艰巨的挑战。我们必须接受认知失调，在失衡中保持镇定。我们需要面对现实与我们认知的不一致，同时投身于脑力劳动，去改变已有的知识体系。

然而，学习那些与我们当前理解相冲突的知识并不容易，因为知识是相互关联的。我们无法仅更改某一信息片段，因为一旦变动，便会牵一发而动全身，影响到与之相关的众多知识点。比如，就接受进化论而言，我们不仅要改变对动物适应和进化的看法，还要重新理解物种间的相互关联、自然界的生存法则，甚至是你家那只曾经凶猛如狼的巴哥犬的历史渊源。认知结构的相互关联性使得改变既有观念成为一项既费神又艰巨的任务。有时，直接拒绝新信息、维持现状反而显得更加容易。

但是，除了改变知识的难度，还有其他原因促使我们拒绝那些与自身理解不符的新信息。其中一个原因是我们对信念的执着。尤其是当信息涉及我们在道德上极为重要的世界观时，这种执着尤为坚定。比如，当信息与我们的政治或宗教观点相关时，我们往往深信不疑。面对冲突信息时，强烈的政治或宗教信仰让我们选择拒绝而非接受。在犹他大学进行的一项研究中，研究人员向一群拥有虔诚的宗教信仰的学生传授进化论知识（Southerland & Sinatra，2003）。进化论与许多宗教观念直接相悖。研究结束时，尽管学生们能够回忆起进化论的相关事实，但他们仍将其视为谬论加以拒绝。这正是信念的强烈程度如何影响我们改变知识的典型例证。试想感恩节餐桌上的激烈讨论，每个人各抒己见，却无人改变立场。

阻碍我们改变知识的另一个因素是我们的社会关系。我们渴望维持人际关系和归属感。如果我们所属的群体坚信某件事，而我们却收到了相冲突的信息，我们可能会直接拒绝这些信息。例如，有一部奈飞出品的纪录片叫作《地平说》（*Behind the Curve*）。这部纪录片记录了一群“地平说”信徒的生活。“地平说”信徒坚信——光听名字就能猜到——地球并非是一个在太空中旋转的蓝色球体，而是一个平面。我知道这听起来很奇怪，但的确有相当多的人相信地球是平的。为了壮大他们的阵营，这个群体还邀请了一些明星加入他们的行列，其中也包括 NBA 超级巨星凯里·欧文和嘻哈歌手B. o. B，他们也对地球的形状表示质疑。

在《地平说》这部纪录片中，“地平说”群体的成员们阐述了他们的理由。他们进行了一系列实验，但每次实验结果都无法支持他们的“地平说”假说。有好几次，他们的实验都表明地球实际上是圆的。然而，他们每次都会找各种理由驳斥这些令人困惑的证据，并最终回到地球是平的这一观点上。为什么他们会拒绝自己设计和进行的、与他们的信仰相悖的研究结论呢？最可能的答案是，他们对归属感的需要超过了对真相的追求。也就是说，他们宁愿在面对相互矛盾的数据时坚持自己的信仰并拒绝真相，也不愿失去他们维持的社交圈子。社会关系对我们的行为有着各种各样的影响。我们时常受到同伴压力的影响，做一些平时不会做的事情。其中一件事就是即使在确凿的证据面前也拒绝接受准确的知识。

以上只是神话信仰难以改变的一些原因。无论是由于认知失调、知识的相互关联性、我们的世界观还是社会关系，我们总是对改变持抵触态度。

改变知识和信仰并非易事，然而，一门全新的科学已经应运而生，专门研究如何做到这一点。在文中，我们将探讨如何破除这些顽固的神话。

破除神话

如果人们对某些神话深信不疑，我们如何才能改变他们对这些神话的认知呢？这一知识修正的过程，科学家称之为“概念转变”。当人们的认知从不准确的想法转变为科学界公认的观念时，概念转变便发生了。研究人员发现，由于上文所述的原因，概念转变的过程充满挑战。然而，他们也发现，如果学习环境设置得当，转变就更容易发生。以下是破除神话所必需的几个要素：

1. 引发对当前信念（即神话）的不满。
2. 以易于理解的方式传授正确观念（清晰明确的指导）。
3. 确保新观念合理可信（确实有道理）。
4. 展示新观念的益处（以某种方式对他们有用）。
5. 使学习内容具有个人相关性或趣味性。

做到了这些，神话便会不攻自破！我们知道，你可能觉得这听起来很难。诚然，它确实具有挑战性，但我们会通过实例分解每个要素，以简化这一过程。

第一步是告知人们他们错了，这将引发他们对神话的**不满**。认知心理学家乔治·波斯纳（George Posner）、肯尼斯·斯特莱克（Kenneth Strike）及其同事认为，学习者若要改变知识，首先须对当前知识感到不满（Posner et al.，1982）。

如果你对当前的想法感到满意，为何要改变呢？如果相信独角兽让你快乐，那为何要改变呢？除了指出人们的错误，我们还需要提供证据来证明他们的知识是错误的。告诉人们错了，并提供证据，会使他们进入一种不平衡状态，感到不适并产生减少认知失调的动机。当这种情况发生时，他们为了恢复平衡状态，很可能会对新信息持开放态度。

然而，这也是破除神话最具挑战性的方面之一。当你告诉人们他们错了，他们往往会变得防备，停止倾听，坚守当前信念，拒绝对话。因此，仅仅告诉他们错了是不够的。相反，要帮助他们自己得出结论，即向他们展示他们错了。以这个例子来说：你的父母认为你的一个兄弟姐妹不够有上进心，因为他们没有上大学。为了引发对神话的不满，你可以指出你的兄弟姐妹其实是有上进心的。然后举出他们表现出上进心的例子。他们帮忙做过晚饭吗？读过书吗？参加过垒球联赛吗？当你的父母意识到这些问题的答案是肯定时，你就可以指出他们确实是有上进心的。每个人都有上进心，只是他们可能没有将其导向你父母认为有益的事情上。在这个例子中，你提供了反驳父母神话信念的实例，促使他们重新思考关于你兄弟姐妹缺乏上进心的想法。最重要的是，这会引起他们对原有信念的不满。总之，你的目标是帮助他们体验到自己错了的感觉。

现在他们感到不满了，接下来怎么做呢？**第二步**是给他们一些新的、可以替代旧知识的观念。

你需要以**易于理解的**方式传授正确的观念。这是你投放“真相炸弹”的时机。现在，你可以给出关于上进心的证据，这些证据必须让学习者觉得合理。信息必须以清晰连贯的方式传达。在我们关于你父母认为你兄弟姐妹缺乏上进心的例子中，你可以告诉父母，每个人都有上进心。向他们解释说，每个人都有一个动机库，你的兄弟姐妹也不例外。他们有很多动机，只是可能没有导向父母希望他们做的事情上，比如上大学。你已经以清晰简洁的方式解释了这一点。

第三步是确保新观念听起来**合理可信**。这意味着这个观念需要听起来像是真实可能发生的事情。例如，我们可以提出，之所以有独角兽的说法，很可能是因为探险家发现了犀牛，但他们没有犀牛的概念，所以为了解释他们看到的东西，他们用已有的概念——马来描述，因此将犀牛描述为长着一只角的大马。独角马的概念就这样像传话游戏一样传播开来，独角兽的神话也就此诞生。学习者很可能会接受这个故事，因为它听起来合理且像是实际可能发生的事情。

在我们的例子中，每个人都有上进心的观念可能会受到很多质疑。有些人认为这会削弱上进心的意义，使其变得不那么重要。但我们完全不同意这种观点。恰恰相反，它改变了激励他人的目标。这一新观点不再试图说服没有上进心的人变得有上进心，而是试图通过设置环境，让一个人将现有的上进心导向更有成效的事情上。通过解释大多数人每天起床并过着自己的生活，人们就会看到几乎所有人一直都在被某种动机驱使这一观念的合理性。

这也包括你的兄弟姐妹。你的父母会理解你的兄弟姐妹有上进心，只是没有将其导向他们认为有益的事情上。

第四步，教授新观点的方式必须让学习者觉得**有益**。这意味着要让学习者用科学观念替换原有观念，必须让他们感受到这个新观念在某种程度上对自己有用。这种信息可以在很多方面发挥作用。它可以帮助学习者更好地理解某个观点，或者在和朋友谈论某个话题时显得更加明智。也许学习这些知识之所以有用，是因为掌握了它们，学习者就能在考试中取得更好的成绩，或者在工作中表现得更加出色。又或者，他们觉得自己是应该掌握这些知识的那种人，因此这些知识对他们来说也是有用的。总之，如果学习者能以某种方式感受到信息的有用性，就更有可能接受新信息，从而摆脱原有观念，接受新观点。

以前面的例子来说，“每个人都有动机”这一观点极具实用性。这个观点之所以强大，是因为它给了我们一个实际可操作的方向。每个人都有动机，没有人是不可救药的，只是我们需要帮助他们把已有的动力引向更具成效的活动。对于你的父母和兄弟姐妹，我们可以思考如何帮助他们走向职业道路。你的兄弟姐妹对什么感兴趣？他们对什么感到兴奋？他们有什么未来目标？他们觉得自己属于哪里？他们感到被强迫还是主动选择？他们觉得自己努力尝试就能成功吗？这些都是你的父母可以用来激发你兄弟姐妹的动机的实实在在的东西。向父母解释这个观点的有用性，可以改变他们激励兄弟姐妹的方式。最重要的是，这可以打破他们关于动机的顽固观念。

前面的四个步骤构成了概念改变的经典模型。然而，研究人员发现，这个经典模型缺少了一些要素（Sinatra，2005）。

该模型遗漏了动机、情感和兴趣。因此，我们增加了**第五步**，即新观点需要**有趣且能激发动机**。研究表明，如果你以有趣且吸引人的方式将正在教授的观念与人们的目标和兴趣联系起来，他们就更有可能参与知识改变。例如，赫迪和西纳特拉（Heddy & Sinatra，2013）进行了一项研究，他们教学生生物进化论理论，并将进化概念与学生的日常生活经历联系起来。当学生注意到进化观念与个人生活息息相关时，他们比对照组更有可能参与知识改变。在我们的例子中，如果你的父母在听课时打鼾，他们是不会学到东西的。要保持对话轻松易懂，让内容与当前情况相关。给出关于动机观念的有趣例子。描述你的兄弟姐妹是如何有动机为家人做一顿丰盛的晚餐的。这是一个展示“每个人都有动机”这一观点的好机会。你的兄弟姐妹真的需要去传统的大学吗？也许他们对烹饪感兴趣，更想上烹饪学校。家里有个厨师是再好不过的事情了。每周的家庭聚餐就变成了从农场到餐桌的四星级大餐。

就这样，你得到了破除人们关于动机神话的秘诀。基本上，你的目标是让人们看到他们的观念并不符合现实，然后给他们一个替代观念，并用证据来支持它。关于动机的神话会对实现目标产生不利影响。你拥有破除这些顽固神话、改变自己和他人人生轨迹的工具。

参考文献

Adriaanse, M. A., Oettingen, G., Gollwitzer, P. M., Hennes, E. P., De Ridder, D. T. D., & De Wit, J. B. F. (2010). When planning is not enough: Fighting unhealthy snacking habits by mental contrasting with implementation intentions (MCII). *European Journal of Social Psychology, 40*(7), 1277-1293. https://doi.org/10.1002/ejsp.730.

Allal, L. (2020). Assessment and the co-regulation of learning in the classroom. *Assessment in Education: Principles, Policy & Practice*, 27(4), 332-349. https://doi.org/10.1080/0969594X.2019.1609411.

Allison, K. R., Dwyer, J. J., & Makin, S. (1999). Self-efficacy and participation in vigorous physical activity by high school students. *Health Education & Behavior*, 26(1), 12-24. https://doi.org/10.1177/109019819902600103.

Amabile, T. M. (1982). Children's artistic creativity: Detrimental effects of competition in a field setting. *Personality and Social Psychology Bulletin*, 8(3), 573-578. https://doi.org/10.1177/0146167282083027.

Ames, C., & Archer, J. (1988). Achievement goals in the classroom: Students' learning strategies and motivation processes. *Journal of Educational Psychology*, 80(3), 260-267. https://doi.org/10.1037/0022-0663.80.3.260.

Anderman, E. M. (2007). The effects of personal, classroom, and school goal structures on academic cheating. In E. M. Anderman & T. B. Murdock (Eds.), *Psychology of academic cheating* (pp. 87-106). Elsevier Academic Press. https://doi.org/10.1016/B978-012372541-7/50008-5.

Anderson-Clark, T. N., Green, R. J., & Henley, T. B. (2008). The relationship between first names and teacher expectations for achievement motivation. *Journal of Language and Social Psychology*, 27(1), 94-99. https://doi.org/10.1177/0261927X07309514.

Appel, M., Kronberger, N., & Aronson, J. (2011). Stereotype threat impairs ability building: Effects on test preparation among women in science and technology. *European Journal of Social Psychology*, 41(7), 904-913. https://doi.org/10.1002/ejsp.835.

Aronson, J., Fried, C. B., & Good, C. (2002). Reducing the effects of stereotype threat on African American college students by shaping theories of intelligence. *Journal of Experimental Social Psychology*, 38(2), 113-125. https://doi.org/10.1006/jesp.2001.1491.

Atchison, D. (Director). (2006). *Akeelah and the Bee* [Film]. Lionsgate.

Baddeley, A. D., & Hitch, G. (1993). The recency effect: Implicit learning with explicit retrieval? *Memory & Cognition*, 21(2), 146 – 155. https://doi.org/10.3758/BF03202726.

Bandura, A. (1977). Self-efficacy: Toward a unifying theory of behavioral change. *Psychological Review*, 84(2), 191 – 215. https://doi.org/10.1037/0033-295X.84.2.191.

Bandura, A. (1982). Self-efficacy mechanism in human agency. *American Psychologist*, 37(2), 122 – 147. https://doi.org/10.1037/0003-066X.37.2.122.

Bandura, A. (1991). Social cognitive theory of self-regulation. *Organizational Behavior and Human Decision Processes*, 50(2), 248 – 287. https://doi.org/10.1016/0749-5978(91)90022-L.

Bandura, A. (2002). Social cognitive theory in cultural context. *Applied Psychology: An International Review*, 51(2), 269 – 290. https://doi.org/10.1111/1464-0597.00092.

Bardach, L., Oczlon, S., Pietschnig, J., & Lüftenegger, M. (2020). Has achievement goal theory been right? A meta-analysis of the relation between goal structures and personal achievement goals. *Journal of Educational Psychology*, 112(6), 1197 – 1220. https://doi.org/10.1037/edu0000419.

Barone, A. (2022, August 1). *What is the American Dream? Examples and how to measure it.* Investopedia. https://www.investopedia com/terms/a/american-dream.asp.

Baumeister, R. F., & Leary, M. R. (1995). The need to belong: Desire for interpersonal attachments as a fundamental human motivation. *Psychological Bulletin*, 117(3), 497 – 529. https://doi.org/10.1037/0033-2909.117.3.497.

Bautista, N. U. (2011). Investigating the use of vicarious and mastery experiences in influencing early childhood education majors' self-efficacy beliefs. *Journal of Science Teacher Education*, 22(4), 333 – 349. https://doi.org/10.1007/s10972-011-9232-5.

Blackwell, L. S., Trzesniewski, K. H., & Dweck, C. S. (2007). Implicit theories of intelligence predict achievement across an adolescent transition: A longitudinal study and an intervention. *Child Development*, 78(1), 246 – 263. https://doi.org/10.1111/j.1467-8624.2007.00995.x.

Blau, P. M. (1954). Cooperation and competition in a bureaucracy. *American Journal of Sociology*, 59(6), 530 – 535. https://doi.org/10.1086/221438 Boggiano, A. K., Barrett, M., Weiher, A. W., McClelland, G. H., & Lusk, C. M. (1987). Use of the maximal-operant principle to motivate children's intrinsic interest. *Journal of Personality and Social Psychology*, 53(5), 866 – 879. https://doi.org/10.1037/0022-3514.53.5.866.

Boyce, B. A. (1990). Effects of goal specificity and goal difficulty upon skill acquisition of a selected shooting task. *Perceptual and Motor Skills*, 70(3), 1031 – 1039. https://doi.org/10.2466/pms.1990.70.3.1031.

Bronfenbrenner, U. (1977). Toward an experimental ecology of human development. *American Psychologist*, 32(7), 513 – 531. https://doi.org/10.1037/0003-066X.32.7.513.

Bronfenbrenner, U. (1992). Ecological systems theory. In *Making human beings human: Bioecological perspectives on human development* (pp. 106 – 173). Sage Publications.

Brown, A. L., & Palincsar, A. S. (1989). Guided, cooperative learning and individual knowledge acquisition. In L. B. Resnick (Ed.), *Knowing, learning, and instruction: Essays in honor of Robert Glaser* (pp. 393 – 451). Lawrence Erlbaum Associates. https://doi.org/10.4324/9781315044408-13.

Brown, J. (2011). Quitters never win: The (adverse) incentive effects of competing with superstars. *Journal of Political Economy*, 119(5), 982 – 1013. https://doi.org/10.1086/663306.

Burgess, M., Enzle, M. E., & Schmaltz, R. (2004). Defeating the potentially deleterious effects of externally imposed deadlines: Practitioners' rules-of-thumb. *Personality and Social Psychology Bulletin*, 30(7), 868 – 877. https://doi.org/10.1177/0146167204264089.

Burke, L. E., Conroy, M. B., Sereika, S. M., Elci, O. U., Styn, M. A., Acharya, S. D., Sevick, M. A., Ewing, L. J., & Glanz, K. (2011). The effect of electronic self-monitoring on weight loss and dietary intake: A randomized behavioral weight loss trial. *Obesity*, 19(2), 338 – 344. https://doi.org/10.1038/oby.2010.208.

Burke, L. E., Wang, J., & Sevick, M. A. (2011). Self-monitoring in weight loss: A systematic review of the literature. *Journal of the American Dietetic Association*, 111(1), 92 – 102. https://doi.org/10.1016/j.jada.2010.10.008.

Burt, C. D., & Kemp, S. (1994). Construction of activity duration and time management potential. *Applied Cognitive Psychology*, 8(2), 155 – 168. https://doi.org/10.1002/acp.2350080206.

Butler, R. A. (1953). Discrimination learning by rhesus monkeys to visualexploration motivation. *Journal of Comparative and Physiological Psychology*, 46(2), 95 – 98. https://doi.org/10.1037/h0061616.

Callender, A. A., Franco-Watkins, A. M., & Roberts, A. S. (2016). Improving metacognition in the classroom through instruction, training, and feedback. *Metacognition and Learning*, 11(2), 215 – 235. https://doi.org/10.1007/s11409-015-9142-6.

Carpentier, J., & Mageau, G. A. (2013). When change-oriented feedback enhances motivation, well-being, and performance: A look at autonomysupportive feedback in sport. *Psychology of Sport and Exercise*, 14(3), 423 – 435. https://doi.org/10.1016/j.psychsport.2013.01.003.

Carter, P. L. (2006). Straddling boundaries: Identity, culture, and school. *Sociology of Education*, 79(4), 304 – 328. https://doi.org/10.1177/003804070607900402.

Chavez-Korell, S., & Vandiver, B. J. (2012). Are CRIS cluster patterns differentially associated with African American enculturation and social distance? *The Counseling Psychologist*, 40(5), 755 – 788. https://doi.org/10.1177/0011000011418839.

Chen, P., Powers, J. T., Katragadda, K. R., Cohen, G. L. & Dweck, C. S. (2020). A strategic mindset: An orientation toward strategic behavior during goal pursuit. *Proceedings of the National Academy of Sciences of the United States of America*, 117(25), 14066 – 14072. https://doi.org/10.1073/pnas.2002529117.

Chirkov, V. I., & Ryan, R. M. (2001). Parent and teacher autonomy-support in Russian and U.S. adolescents: Common effects on well-being and academic motivation. *Journal of Cross-Cultural*

Psychology, 32(5), 618 – 635. https://doi.org/10.1177/0022022101032005006.

Claessens, B. J. C., van Eerde, W., Rutte, C. G., & Roe, R. A. (2007). A review of time management literature. *Personnel Review*, 36(2), 255 – 276. https://doi.org/10.1108/00483480710726136.

Coatsworth, J. D., & Conroy, D. E. (2009). The effects of autonomy-supportive coaching, need satisfaction, and self-perceptions on initiative and identity in youth swimmers. *Developmental Psychology*, 45(2), 320 – 328. https://doi.org/10.1037/a0014027.

Cohen, G. L., Steele, C. M., & Ross, L. D. (1999). The mentor's dilemma: Providing critical feedback across the racial divide. *Personality and Social Psychology Bulletin*, 25(10), 1302 – 1318. https://doi.org/10.1177/0146167299258011.

Conti, R., Collins, M. A., & Picariello, M. L. (2001). The impact of competition on intrinsic motivation and creativity: Considering gender, gender segregation, and gender role orientation. *Personality and Individual Differences*, 30(8), 1273 – 1289. https://doi.org/10.1016/S0191-8869(00)00217-8.

Cormier, D. L., Dunn, J. G. H., & Causgrove Dunn, J. C. (2019). Examining the domain specificity of grit. *Personality and Individual Differences*, 139, 349 – 354. https://doi.org/10.1016/j.paid.2018.11.026.

Croizet, J.-C., & Claire, T. (1998). Extending the concept of stereotype threat to social class: The intellectual underperformance of students from low socioeconomic backgrounds. *Personality and Social Psychology Bulletin*, 24(6), 588 – 594. https://doi.org/10.1177/0146167298246003.

Croizet, J.-C., Dutrévis, M., & Désert, M. (2002). Why do students holding non-prestigious high school degrees underachieve at the university? *Swiss Journal of Psychology*, 61(3), 167 – 175. https://doi.org/10.1024//1421-0185.61.3.167.

Csikszentmihalyi, M. (1990). *Flow: The psychology of optimal experience*. Harper & Row.

Deci, E. L. (1971). Effects of externally mediated rewards on intrinsic motivation. *Journal of Personality and Social Psychology*, 18(1), 105 – 115. https://doi.org/10.1037/h0030644.

Deci, E. L., Betley, G., Kahle, J., Abrams, L., & Porac, J. (1981). When trying to win: Competition and intrinsic motivation. *Personality and Social Psychology Bulletin*, 7(1), 79 – 83. https://doi.org/10.1177/014616728171012.

Deci, E. L., Eghrari, H., Patrick, B. C., & Leone, D. R. (1994). Facilitating internalization: The self-determination theory perspective. *Journal of Personality*, 62(1), 119 – 142. https://doi.org/10.1111/j.1467-6494.1994.tb00797.x.

Deci, E. L., & Ryan, R. M. (1985). *Intrinsic motivation and self-determination in human behavior*. Springer. https://doi.org/10.1007/978-1-4899-2271-7.

Deci, E. L., & Ryan, R. M. (2008). Facilitating optimal motivation and psychological well-being across life's domains. *Canadian Psychology*, 49(1), 14 – 23. https://doi.org/10.1037/0708-5591.49.1.14.

De Meyer, J., Soenens, B., Vansteenkiste, M., Aelterman, N., Van Petegem, S., & Haerens, L. (2016). Do students with different motives for physical education respond differently to autonomy-supportive and controlling teaching? *Psychology of Sport and Exercise*, 22, 72 – 82. https://doi.org/10.1016/j.psychsport.2015.06.001.

Denessen, E., Hornstra, L., van den Bergh, L., & Bijlstra, G. (2022). Implicit measures of teachers' attitudes and stereotypes, and their effects on teacher practice and student outcomes: A review. *Learning and Instruction*, 78, Article 101437. https://doi.org/10.1016/j.learninstruc.2020.101437.

Derricks, D., & Sekaquaptewa, D. (2021). They're comparing me to her: Social comparison perceptions reduce belonging and STEM engagement among women with token status. *Psychology of Women Quarterly*, 45(3), 325 – 350. https://doi.org/10.1177/03616843211005447.

Desombre, C., Anegmar, S., & Delelis, G. (2018). Stereotype threat among students with disabilities: The importance of the evaluative context on their cognitive performance. *European Journal of Psychology of Education*, 33(2), 201 – 214. https://doi.org/10.1007/s10212-016-0327-4.

Deutsch, M. (1949a). An experimental study of the effects of co-operation and competition upon group process. *Human Relations*, 2(3), 199 – 232. https://doi.org/10.1177/001872674900200301.

Deutsch, M. (1949b). A theory of co-operation and competition. *Human Relations*, 2(2), 129 – 152. https://doi.org/10.1177/001872674900200204.

Diener, C. I., & Dweck, C. S. (1978). An analysis of learned helplessness: Continuous changes in performance, strategy, and achievement cognitions following failure. *Journal of Personality and Social Psychology*, 36(5), 451 – 462. https://doi.org/10.1037/0022-3514.36.5.451.

Diener, C. I., & Dweck, C. S. (1980). An analysis of learned helplessness: II. The processing of success. *Journal of Personality and Social Psychology*, 39(5), 940 – 952. https://doi.org/10.1037/0022-3514.39.5.940.

DiMenichi, B. C., & Tricomi, E. (2015). The power of competition: Effects of social motivation on attention, sustained physical effort, and learning. *Frontiers in Psychology*, 6, Article 1282. Advance online publication. https://doi.org/10.3389/fpsyg.2015.01282.

Ding, H., & Rubie-Davies, C. M. (2019). Teacher expectation intervention: Is it effective for all students? *Learning and Individual Differences*, 74, Article 101751. https://doi.org/10.1016/j.lindif.2019.06.005.

Donnachie, C., Wyke, S., Mutrie, N., & Hunt, K. (2017). 'It's like a personal motivator that you carried around wi' you': Utilising self-determination theory to understand men's experiences of using pedometers to increase physical activity in a weight management programme. *International Journal of Behavioral Nutrition and Physical Activity*, 14, Article 61. https://doi.org/10.1186/s12966-017-0505-z.

Doran, G. T. (1981). There's a S. M. A. R. T. way to write management's goals and objectives. *Journal of Management Review*, 70, 35 – 36.

Du, Y.-C., Fan, S.-C., & Yang, L.-C. (2020). The impact of multi-person virtual reality competitive learning on anatomy education: A randomized controlled study. *BMC Medical*

Education, 20(1), 343. https://doi.org/10.1186/s12909-020-02155-9.

Duckworth, A. (2016). *Grit: The power of passion and perseverance*. Scribner. Duckworth, A. L., Kirby, T., Gollwitzer, A., & Oettingen, G. (2013). From fantasy to action: Mental contrasting with implementation intentions (MCII) improves academic performance in children. *Social Psychologi cal and Personality Science*, 4(6), 745 – 753. https://doi.org/ 10.1177/1948550613476307.

Duckworth, A. L., Peterson, C., Matthews, M. D., & Kelly, D. R. (2007). Grit: Perseverance and passion for long-term goals. *Journal of Personality and Social Psychology*, 92(6), 1087 – 1101. https://doi.org/10.1037/0022-3514.92.6.1087.

Durik, A. M., & Harackiewicz, J. M. (2007). Different strokes for differentfolks: How individual interest moderates the effects of situational factors on task interest. *Journal of Educational Psychology*, 99(3), 597 – 610. https://doi.org/10.1037/0022-0663.99.3.597.

Dweck, C. S. (1986). Motivational processes affecting learning. *American Psychologist*, 41(10), 1040 – 1048. https://doi.org/10.1037/0003- 066X.41.10.1040.

Dweck, C. S. (1999). *Self-theories: Their role in motivation, personality, and development*. Psychology Press.

Dweck, C. S., & Leggett, E. L. (1988). A social-cognitive approach to motivation and personality. *Psychological Review*, 95(2), 256 – 273. https://doi.org/10.1037/0033-295X.95.2.256.

Dweck, C. S., & Molden, D. C. (2017). Self-theories: Their impact on competence motivation and acquisition. In A. J. Elliot, C. S. Dweck, & D. S. Yeager (Eds.), *Handbook of competence and motivation* (2nd ed., pp. 135 – 154). Guilford Press.

Dweck, C. S., & Reppucci, N. D. (1973). Learned helplessness and reinforcement responsibility in children. *Journal of Personality and Social Psychology*, 25(1), 109 – 116. https://doi.org/10.1037/h0034248.

Dweck, C. S., Tenney, Y., & Dinces, N. (1982). *Implicit theories of intelligence as determinants of achievement goal choice*. Unpublished manuscript, Cambridge, MA.

Dysvik, A., & Kuvaas, B. (2010). Exploring the relative and combined influence of mastery-approach goals and work intrinsic motivation on employee turnover intention. *Personnel Review*, 39(5), 622 – 638. https://doi.org/10.1108/00483481011064172.

Eccles, J. S., & Wigfield, A. (2002). Motivational beliefs, values, and goals. *Annual Review of Psychology*, 53(1), 109 – 132. https://doi.org/10.1146/annurev.psych.53.100901.135153.

Eccles, J. S., & Wigfield, A. (2020). From expectancy-value theory to situated expectancy-value theory: A developmental, social cognitive, and sociocultural perspective on motivation. *Contemporary Educational Psychology*, 61, Article 101859. https://doi.org/10.1016/j.cedpsych.2020.101859.

Eckes, A., Grobmann, N., & Wilde, M. (2018). Studies on the effects of structure in the context of autonomy-supportive or controlling teacher behavior on students' intrinsic motivation. *Learning and Individual Differences*, 62, 69 – 78. https://doi.org/10.1016/j.lindif.2018.01.011.

Elliot, A. J. , & Church, M. A. (1997). A hierarchical model of approach and avoidance achievement motivation. *Journal of Personality and Social Psychology*, 72(1), 218 – 232. https://doi.org/10.1037/0022-3514.72.1.218.

Elliott, E. S. , & Dweck, C. S. (1988). Goals: An approach to motivation and achievement. *Journal of Personality and Social Psychology*, 54(1), 5 – 12. https://doi.org/10.1037/0022-3514.54.1.5.

Farkas, M. S. , & Grolnick, W. S. (2010). Examining the components and concomitants of parental structure in the academic domain. *Motivation and Emotion*, 34(3), 266 – 279. https://doi.org/10.1007/s11031-010-9176-7.

Festinger, L. (1962). Cognitive dissonance. *Scientific American*, 207(4), 93 – 107. https://doi.org/10.1038/scientificamerican1062-93.

Fiorella, L. , & Mayer, R. E. (2016). Eight ways to promote generative learning. *Educational Psychology Review*, 28(4), 717 – 741. https://doi.org/10.1007/s10648-015-9348-9.

Flavell, J. H. (1987). Speculations about the nature and development of metacognition. In F. E. Weinert & R. Kluwe (Eds.), *Metacognition, motivation, and understanding* (pp. 21 – 29). Lawrence Erlbaum Associates.

Fogliati, V. J. , & Bussey, K. (2013). Stereotype threat reduced motivation to improve: Effects of stereotype threat and feedback on women's intentions to improve mathematical ability. *Psychology of Women Quarterly*, 37(3), 310 – 324. https://doi.org/10.1177/0361684313480045
Fong, C. J. , Patall, E. A. , Vasquez, A. C. , & Stautberg, S. (2019). A metaanalysis of negative feedback on intrinsic motivation. *Educational Psychology Review*, 31(1), 121 – 162. https://doi.org/10.1007/s10648-018-9446-6.

Fordham, S. , & Ogbu, J. U. (1986). Black students' school success: Coping with the burden of "acting White." *The Urban Review*, 18(3), 176 – 206. https://doi.org/10.1007/BF01112192.

Frisch, J. K. , & Saunders, G. (2008). Using stories in an introductory college biology course. *Journal of Biological Education*, 42(4), 164 – 169. https://doi.org/10.1080/00219266.2008.9656135.

Fülöp, M. (2004). Competition as a culturally constructed concept. In C. Baillie, E. Dunn, & Y. Zheng (Eds.), *Travelling facts. The social construction, distribution, and accumulation of knowledge* (pp. 124 – 148). Campus.

Fülöp, M. (2009). Happy and unhappy competitors: What makes the difference? *Psihologijske Teme*, 18(2), 345 – 367.

Fülöp, M. , & Orosz, G. (2015). State of the art in competition research. In R. Scott & S. Kosslyn (Eds.), *Emerging trends in the social and behavioral sciences* (pp. 1 – 15). John Wiley & Sons. https://doi.org/10.1002/9781118900772.etrds0317.

Fülöp, M. , Ross, A. , Kuscer, M. P. , & Pucko, C. R. (2007). Competition and cooperation in schools: An English, Hungarian, and Slovenian comparison. In F. Salili & R. Hoosain (Eds.), *Culture, motivation, and learning: A multicultural perspective* (pp. 235 – 284). Information Age.
Fülöp, M. , & Takács, S. (2013). The cooperative competitive citizen: What does it take? *Citizenship Teaching & Learning*, 8(2), 131 – 156. https://doi.org/10.1386/ctl.8.2.131_1.

Fyfe, E. R. , Byers, C. , & Nelson, L. J. (2022). The benefits of a metacognitive lesson on children's understanding of mathematical equivalence, arithmetic, and place value. *Journal of Educational Psychology*, 114(6), 1292 – 1306. https://doi.org/10.1037/edu0000715.

Gillet, N., Vallerand, R. J., Amoura, S., & Baldes, B. (2010). Influence of coaches' autonomy support on athletes' motivation and sport performance: A test of the hierarchical model of intrinsic and extrinsic motivation. *Psychology of Sport and Exercise*, 11(2), 155 – 161. https://doi.org/10.1016/j.psychsport.2009.10.004.

Gilliam, D. (1982, February 15). Success. *The Washington Post*. https://www.washingtonpost.com/archive/local/1982/02/15/success/8f4408f2-4027-4703-83f6-161e25c70bba/.

Ginott, H. G. (1959). The theory and practice of therapeutic intervention in child treatment. *Journal of Consulting Psychology*, 23(2), 160 – 166. https://doi.org/10.1037/h0046805.

Glassdoor. (2019). *Glassdoor's Mission & Culture Survey* 2019. https://about-content.glassdoor.com//app/uploads/sites/2/2019/07/Mission-Culture-SurveySupplement.pdf? _gl = 1 * mjgpks * _ga * MTg5NTI2OTk4OS4xNjU1MzAxOTA4 * _ga _ RC95PMVB3H * MTY1NTMwMTkwNy4xLjEuMTY1NTMwMTk5Ni40Mg.

Glynn, S. J., & Boesch, D. (2022, March 14). Connecting the dots: "Women's work" and the wage gap. *U. S. Department of Labor Blog*. https://blog.dol.gov/2022/03/15/connecting-the-dots-womens-work-and-the-wage-gap.

Goldin, C., & Rouse, C. (1997). *Orchestrating impartiality: The impact of "blind" auditions on female musicians* (Working Paper 5903). National Bureau of Economic Research. https://www.nber.org/papers/w5903.

Gollwitzer, P. M. (1993). Goal achievement: The role of intentions. *European Review of Social Psychology*, 4(1), 141 – 185. https://doi.org/10.1080/14792779343000059.

Gollwitzer, P. M., & Brandstätter, V. (1997). Implementation intentions and effective goal pursuit. *Journal of Personality and Social Psychology*, 73(1), 186 – 199. https://doi.org/10.1037/0022-3514.73.1.186.

Gollwitzer, P. M., & Schaal, B. (1998). Metacognition in action: The importance of implementation intentions. *Personality and Social Psychology Review*, 2(2), 124 – 136. https://doi.org/10.1207/s15327957pspr0202_5 Gorges, J., & Kandler, C. (2012). Adults' learning motivation: Expectancy of success, value, and the role of affective memories. *Learning and Individual Differences*, 22(5), 610 – 617. https://doi.org/10.1016/j.lindif.2011.09.016.

Gorski, P. (2016). Poverty and the ideological imperative: A call to unhook from deficit and grit ideology and to strive for structural ideology in teacher education. *Journal of Education for Teaching*, 42(4), 378 – 386. https://doi.org/10.1080/02607476.2016.1215546.

Graham, S. (2020). An attributional theory of motivation. *Contemporary Educational Psychology*, 61, 101861. https://doi.org/10.1016/j.cedpsych.2020.101861.

Graham, S., & Hudley, C. (2005). Race and ethnicity in the study of motivation and competence. In A. Elliot & C. Dweck (Eds.), *Handbook of competence and motivation* (pp. 392 – 413). Guilford Press.

Green, S., Caplan, B., & Baker, B. (2014). Maternal supportive and interfering control as predictors of adaptive and social development in children with and without developmental delays. *Journal of Intellectual Disability Research*, 58(8), 691 – 703. https://doi.org/10.1111/jir.12064.

Greene, J. A. (2018). *Self-regulation in education*. Routledge.

Greenstein, A., & Koestner, R. (1996, August). *Success in maintaining new year's resolutions: The value of self-determined reasons* [Paper presentation]. International Congress of Psychology, Montreal, Quebec, Canada. Grolnick, W. S., Deci, E. L., & Ryan, R. M. (1997). Internalization within the family: The self-determination theory perspective. In J. E. Grusec & L. Kuczynski (Eds.), *Parenting and children's internalization of values* (pp. 135 – 161). John Wiley & Sons.

Grolnick, W. S., Farkas, M. S., Sohmer, R., Michaels, S., & Valsiner, J. (2007). Facilitating motivation in young adolescents: Effects of an after-school program. *Journal of Applied Developmental Psychology*, 28(4), 332 – 344. https://doi.org/10.1016/j.appdev.2007.04.004.

Grolnick, W. S., Heddy, B. C., & Worrell, F. C. (2022). *How prevalent are misconceptions about motivation?* https://doi.org/10.6084/m9.figshare.24100329.

Grolnick, W. S., Raftery-Helmer, J. N., Marbell, K. N., Flamm, E. S., Cardemil, E. V., & Sanchez, M. (2014). Parental provision of structure: Implementation and correlates in three domains. *Merrill-Palmer Quarterly*, 60(3), 355 – 384. https://doi.org/10.13110/merrpalmquar1982.60.3.0355.

Grolnick, W. S., & Ryan, R. M. (1987). Autonomy in children's learning: An experimental and individual difference investigation. *Journal of Personality and Social Psychology*, 52(5), 890 – 898. https://doi.org/10.1037/0022-3514.52.5.890.

Grolnick, W. S., & Ryan, R. M. (1989). Parent styles associated with children's self-regulation and competence in school. *Journal of Educational Psychology*, 81(2), 143 – 154. https://doi.org/10.1037/0022-0663.81.2.143 Grolnick, W. S., & Slowiaczek, M. L. (1994). Parents' involvement in children's schooling: A multidimensional conceptualization and motivational model. *Child Development*, 65(1), 237 – 252. https://doi.org/10.2307/1131378.

Gubler, T., Larkin, I., & Pierce, L. (2016). Motivational spillovers from awards: Crowding out in a multi-tasking environment. *Organization Science*, 27(2), 286 – 303. https://doi.org/10.1287/orsc.2016.1047.

Gulati, R. (2018, May-June). Structure that's not stifling. *Harvard Business Review*, 96, 68 – 79.

Gunderson, E. A., Gripshover, S. J., Romero, C., Dweck, C. S., GoldinMeadow, S., & Levine, S. C. (2013). Parent praise to 1- to 3-year-olds predicts children's motivational frameworks 5 years later. *Child Development*, 84(5), 1526 – 1541. https://doi.org/10.1111/ cdev.12064.

Gutierrez de Blume, A. P. (2017). The effects of strategy training and an extrinsic incentive on fourth-and fifth-grade students' performance, confidence, and calibration accuracy. *Cogent Education*, 4(1), 1314652. https://doi.org/10.1080/2331186X.2017.1314652.

Haimovitz, K., & Corpus, J. H. (2011). Effects of person versus process praise on student motivation: Stability and change in emerging adulthood. *Educational Psychology*, 31(5), 595 – 609. https://doi.org/10.1080/01443410.2011.585950.

Haimovitz, K., & Dweck, C. S. (2017). The origins of children's growth and fixed mindsets: New research and a new proposal. *Child Development*, 88(6), 1849 – 1859. https://doi.org/10.1111/cdev.12955.

Halvari, H. (1989). The relations between competitive experiences in midchildhood and achievement motives among male wrestlers. *Psychological Reports*, 65(3), 979 – 988. https://doi.org/10.2466/pr0.1989.65.3.979.

Hamstra, M. R. W., Van Yperen, N. W., Wisse, B., & Sassenberg, K. (2014). Transformational and transactional leadership and followers' achievement goals. *Journal of Business and*

Psychology, 29(3), 413 – 425. https://doi.org/10.1007/s10869-013-9322-9.

Harackiewicz, J. M., Barron, K. E., Carter, S. M., Lehto, A. T., & Elliot, A. J. (1997). Predictors and consequences of achievement goals in the college classroom: Maintaining interest and making the grade. *Journal of Personality and Social Psychology*, 73(6), 1284 – 1295. https://doi.org/10.1037/0022-3514.73.6.1284.

Harber, K. D., Gorman, J. L., Gengaro, F. P., Butisingh, S., Tsang, W., & Ouellette, R. (2012). Students' race and teachers' social support affect the positive feedback bias in public schools. *Journal of Educational Psychology*, 104(4), 1149 – 1161. https://doi.org/10.1037/a0028110 Harlow, H. F. (1950). Learning and satiation of response in intrinsically motivated complex puzzle performance by monkeys. *Journal of Comparative and Physiological Psychology*, 43(4), 289 – 294. https://doi.org/10.1037/h0058114.

Harris, K. R. (1990). Developing self-regulated learners: The role of private speech and self-instructions. *Educational Psychologist*, 25(1), 35 – 49. https://doi.org/10.1207/s15326985ep2501_4.

Heddy, B. C., & Sinatra, G. M. (2013). Transforming misconceptions: Using transformative experience to promote positive affect and conceptual change in students learning about biological evolution. *Science Education*, 97(5), 723 – 744. https://doi.org/10.1002/sce.21072.

Hehir, J. (Director). (2020). *The last dance: A 10-part documentary event*, Episode 1. ESPN Films.

Heider, F. (1958). *The psychology of interpersonal relations*. John Wiley & Sons. https://doi.org/10.1037/10628-000.

Henderson, V. L., & Dweck, C. S. (1990). Motivation and achievement. In S. S. Feldman & G. R. Elliott (Eds.), *At the threshold: The developing adolescent* (pp. 308 – 329). Harvard University Press.

Heslin, P. A., Vandewalle, D., & Latham, G. P. (2006). Keen to help? Managers' implicit person theories and their subsequent employee coaching. *Personnel Psychology*, 59(4), 871 – 902. https://doi.org/10.1111/j.1744-6570.2006.00057.x.

Hidi, S., Berndorff, D., & Ainley, M. (2002). Children's argument writing, interest and self-efficacy: An intervention study. *Learning and Instruction*, 12(4), 429 – 446. https://doi.org/10.1016/S0959-4752(01)00009-3 Hidi, S., & Renninger, K. A. (2006). The four-phase model of interest development. *Educational Psychologist*, 41(2), 111 – 127. https://doi.org/10.1207/s15326985ep4102_4.

Hornstra, L., Mansfield, C., Van der Veen, I., Peetsma, T., & Volman, M. (2015). Motivational teacher strategies: The role of beliefs and contextual factors. *Learning Environments Research*, 18(3), 363 – 392. https://doi.org/10.1007/s10984-015-9189-y.

Hornstra, L., Stroet, K., van Eijden, E., Goudsblom, E., & Roskamp, C. (2018). Teacher expectation effects on need-supportive teaching, student motivation, and engagement: A self-determination perspective. *Educational Research and Evaluation*, 24(3 – 5), 324 – 345. https://doi.org/10.1080/13803611.2018.1550841.

Inan-Kaya, G., & Rubie-Davies, C. M. (2022). Teacher classroom interactions and behaviours: Indications of bias. *Learning and Instruction*, 78, Article 101516. https://doi.org/10.1016/j.learninstruc.2021.101516.

Jang, H., Reeve, J., & Deci, E. L. (2010). Engaging students in learning activities: It is not autonomy support or structure but autonomy support and structure. *Journal of Educational*

Psychology, 102(3), 588 – 600. https://doi.org/10.1037/a0019682.

Janssen, O., & Van Yperen, N. W. (2004). Employees' goal orientations, the quality of leader-member exchange, and the outcomes of job performance and job satisfaction. *Academy of Management Journal*, 47(3), 368 – 384.

Joët, G., Usher, E. L., & Bressoux, P. (2011). Sources of self-efficacy: An investigation of elementary school students in France. *Journal of Educational Psychology*, 103(3), 649 – 663. https://doi.org/10.1037/a0024048.

Johnson, D. W., Johnson, R. T., Roseth, C., & Shin, T. S. (2014). The relationship between motivation and achievement in interdependent situations. *Journal of Applied Social Psychology*, 44(9), 622 – 633. https://doi.org/10.1111/jasp.12280.

Johnson, R. E., Silverman, S. B., Shyamsunder, A., Swee, H. Y., Rodopman, O. B., Cho, E., & Bauer, J. (2010). Acting superior but actually inferior?: Correlates and consequences of workplace arrogance. *Human Performance*, 23(5), 403 – 427. https://doi.org/10.1080/08959285.2010.515279.

Jussim, L., & Harber, K. D. (2005). Teacher expectations and self-fulfilling prophecies: Knowns and unknowns, resolved and unresolved controversies. *Personality and Social Psychology Review*, 9(2), 131 – 155. https://doi.org/10.1207/s15327957pspr0902_3.

Kamins, M. L., & Dweck, C. S. (1999). Person versus process praise and criticism: Implications for contingent self-worth and coping. *Developmental Psychology*, 35(3), 835 – 847. https://doi.org/10.1037/0012-1649.35.3.835.

Kappes, H. B., & Oettingen, G. (2011). Positive fantasies about idealized futures sap energy. *Journal of Experimental Social Psychology*, 47(4), 719 – 729. https://doi.org/10.1016/j.jesp.2011.02.003.

Kapur, M. (2008). Productive failure. *Cognition and Instruction*, 26(3), 379 – 424. https://doi.org/10.1080/07370000802212669.

Karabenick, S. A., & Dembo, M. H. (2011). Understanding and facilitating self-regulated help seeking. *New Directions for Teaching and Learning*, 2011(126), 33 – 43. https://doi.org/10.1002/tl.442.

Kiaei, Y. A., & Reio, T. G., Jr. (2014). Goal pursuit and eudaimonic well-being among university students: Metacognition as the mediator. *Behavioral Development Bulletin*, 19(4), 91 – 104. https://doi.org/10.1037/h0101085.

Kim, J., & Kendeou, P. (2021). Knowledge transfer in the context of refutation texts. *Contemporary Educational Psychology*, 67, Article 102002. https://doi.org/10.1016/j.cedpsych.2021.102002.

King, R. B., McInerney, D. M., & Watkins, D. A. (2012). Competitiveness is not that bad... at least in the East: Testing the hierarchical model of achievement motivation in the Asian setting. *International Journal of Intercultural Relations*, 36(3), 446 – 457. https://doi.org/10.1016/j.ijintrel.2011.10.003.

Koenka, A. C. (2022). Grade expectations: The motivational consequences of performance feedback on a summative assessment. *Journal of Experimental Education*, 90(1), 88 – 111. https://doi.org/10.1080/00220973.2020.1777069.

Koestner, R., Otis, N., Powers, T. A., Pelletier, L., & Gagnon, H. (2008). Autonomous motivation, controlled motivation, and goal progress. *Journal of Personality*, 76(5), 1201 - 1230. https://doi.org/10.1111/j.1467-6494.2008.00519.x.

Koestner, R., Ryan, R. M., Bernieri, F., & Holt, K. (1984). Setting limits on children's behavior: The differential effects of controlling vs. informational styles on intrinsic motivation and creativity. *Journal of Personality*, 52(3), 233 - 248. https://doi.org/10.1111/j.1467-6494.1984.tb00879.x.

Krapp, A. (1999). Interest, motivation and learning: An educationalpsychological perspective. *European Journal of Psychology of Education*, 14(1), 23 - 40. https://doi.org/10.1007/BF03173109.

Kruger, J., & Dunning, D. (1999). Unskilled and unaware of it: How difficulties in recognizing one's own incompetence lead to inflated self-assessments. *Journal of Personality and Social Psychology*, 77(6), 1121 - 1134. https://doi.org/10.1037/0022-3514.77.6.1121.

Kuratomi, K., Johnsen, L., Kitagami, S., Hatano, A., & Murayama, K. (2023). People underestimate their capability to motivate themselves without performance-based extrinsic incentives. *Motivation and Emotion*, 47(4), 509 - 523. https://doi.org/10.1007/s11031-022-09996-5.

Kuvaas, B., Buch, R., Gagné, M., Dysvik, A., & Forest, J. (2016). Do you get what you pay for? Sales incentives and implications for motivation and changes in turnover intention and work effort. *Motivation and Emotion*, 40(5), 667 - 680. https://doi.org/10.1007/s11031-016-9574-6.

La Guardia, J. G., & Patrick, H. (2008). Self-determination theory as a fundamental theory of close relationships. *Canadian Psychology*, 49(3), 201 - 209. https://doi.org/10.1037/a0012760.

Ladson-Billings, G. (1994). *The dream-keepers: Successful teachers of African American children*. Jossey-Bass.

Lam, S.-F., Yim, P.-S., Law, J. S. F., & Cheung, R. W. Y. (2004). The effects of competition on achievement motivation in Chinese classrooms. *British Journal of Educational Psychology*, 74(Pt.2), 281 - 296. https://doi.org/10.1348/000709904773839888.

Lamble, L. (2019, March 1). Only six countries in the word give women and men equal legal work rights. *The Guardian*. https://www.theguardian.com/global-development/2019/mar/01/only-six-countries-in-the-world-give-women-and-men-equal-legal-rights.

Langford, R. (2011, February 9). Kevin Garnett and the 50 most intense competitors in sports history. *Bleacher Report*. https://bleacherreport.com/ articles/602196-kevin-garnett-and-the-50-most-intense-competitors-in-sports-history.

Leonard, M. J., Kalinowski, S. T., & Andrews, T. C. (2014). Misconceptions yesterday, today, and tomorrow. *CBE Life Sciences Education*, 13(2), 179 - 186. https://doi.org/10.1187/cbe.13-12-0244.

Lepper, M. R., Greene, D., & Nisbett, R. E. (1973). Undermining children's intrinsic interest with extrinsic reward: A test of the "overjustification" hypothesis. *Journal of Personality and Social Psychology*, 28(1), 129 - 137. https://doi.org/10.1037/h0035519.

Lerner, R. E., & Grolnick, W. S. (2023). *Motivation in children with ADHD: Relations with parenting style and academic performance* [Unpublished manuscript]. Department of Psychology, Clark University, Worcester, MA.

Lin, Y.-C., & Hou, H.-T. (2022). The evaluation of a scaffolding-based augmented reality educational board game with competitionoriented and collaboration-oriented mechanisms: Differences analysis of learning effectiveness, motivation, flow, and anxiety. *Interactive Learning Environments*, 1 – 20. Advance online publication. https:// doi. org/10. 1080/10494820. 2022. 2091606.

Linnenbrink-Garcia, L., Patall, E. A., & Messersmith, E. E. (2013). Antecedents and consequences of situational interest. *British Journal of Educational Psychology*, 83(Pt. 4), 591 – 614. https://doi. org/10. 1111/ j. 2044-8279. 2012. 02080. x.

Locke, E. A., & Bryan, J. F. (1966). Cognitive aspects of psychomotor performance: The effects of performance goals on level of performance. *Journal of Applied Psychology*, 50(4), 286 – 291. https://doi. org/10. 1037/h0023550.

Locke, E. A., & Latham, G. P. (1990). *A theory of goal setting & task performance*. Prentice-Hall.

Luszczynska, A., Diehl, M., Gutiérrez-Dona, B., Kuusinen, P., & Schwarzer, R. (2004). Measuring one component of dispositional self-regulation: Attention control in goal pursuit. *Personality and Individual Differences*, 37(3), 555 – 566. https://doi. org/10. 1016/j. paid. 2003. 09. 026.

Maier, S. F., & Seligman, M. E. (1976). Learned helplessness: Theory and evidence. *Journal of Experimental Psychology: General*, 105(1), 3 – 46. https://doi. org/10. 1037/0096-3445. 105. 1. 3.

Mallett, R. K., Mello, Z. R., Wagner, D. E., Worrell, F., Burrow, R. N., & Andretta, J. R. (2011). Do I belong? It depends on when you ask. *Cultural Diversity and Ethnic Minority Psychology*, 17 (4), 432 – 436. https://doi. org/10. 1037/a0025455.

Manfred, T. (2013, June 1). 15 examples of Serena Williams' insane competitiveness. *Business Insider*. https://www. businessinsider. com/serena-williams-competitiveness-2013-5.

Manzi, C., Sorgente, A., Reverberi, E., Tagliabue, S., & Gorli, M. (2021). Double jeopardy—Analyzing the combined effect of age and gender stereotype threat on older workers. *Frontiers in Psychology*, 11, Article 606690. https://doi. org/10. 3389/fpsyg. 2020. 606690.

Marbell, K. N., & Grolnick, W. S. (2013). Correlates of parental control and autonomy support in an interdependent culture: A look at Ghana. *Motivation and Emotion*, 37(1), 79 – 92. https:// doi. org/10. 1007/s11031-012-9289-2.

Marsh, H. W., & Parker, J. W. (1984). Determinants of student self-concept: Is it better to be a relatively large fish in a small pond even if you don't learn to swim as well? *Journal of Personality and Social Psychology*, 47(1), 213 – 231. https://doi. org/10. 1037/0022-3514. 47. 1. 213.

Martela, F., & Ryan, R. M. (2016). Prosocial behavior increases well-being and vitality even without contact with the beneficiary: Causal and behavioral evidence. *Motivation and Emotion*, 40(3), 351 – 357. https:// doi. org/10. 1007/s11031-016-9552-z.

Mayberry, M. (2015). The extraordinary power of visualizing success. *Entrepreneur*. https://www. entrepreneur. com/leadership/the-extraordinary-power-of-visualizing-success/242373.

McKown, C., & Weinstein, R. S. (2003). The development and consequences of stereotype consciousness in middle childhood. *Child Development*, 74(2), 498 – 515. https://doi. org/10. 1111/1467-8624. 7402012.

Meece, J. L., Blumenfeld, P. C., & Hoyle, R. H. (1988). Students' goal orientations and cognitive engagement in classroom activities. *Journal of Educational Psychology*, 80(4), 514 – 523. https://doi.org/10.1037/0022-0663.80.4.514.

Mello, Z. R., Mallett, R. K., Andretta, J. R., & Worrell, F. C. (2012). Stereotype threat and school belonging in adolescents from diverse racial/ ethnic backgrounds. *Journal of At-Risk Issues*, 17(1), 9 – 14.

Merton, R. K. (1948). The self-fulfilling prophecy. *The Antioch Review*, 8(2), 193 – 210. https://doi.org/10.2307/4609267.

Michou, A., Mouratidis, A., Lens, W., & Vansteenkiste, M. (2013). Personal and contextual antecedents of achievement goals: Their direct and indirect relations to students' learning strategies. *Learning and Individual Differences*, 23, 187 – 194. https://doi.org/10.1016/j.lindif.2012.09.005.

Miller, G. A., Galanter, E., & Pribram, K. H. (1960). *Plans and the structure of behavior*. Henry Holt & Company. https://doi.org/10.1037/10039-000.

Milyavskaya, M., Philippe, F. L., & Koestner, R. (2013). Psychological need satisfaction across levels of experience: Their organization and contribution to general well-being. *Journal of Research in Personality*, 47(1), 41 – 51. https://doi.org/10.1016/j.jrp.2012.10.013.

Morell, M., Yang, J. S., Gladstone, J. R., Turci Faust, L., Ponnock, A. R., Lim, H. J., & Wigfield, A. (2021). Grit: The long and short of it. *Journal of Educational Psychology*, 113(5), 1038 – 1058. https://doi.org/10.1037/edu0000594.

Mouratidis, A., Michou, A., Telli, S., Maulana, R., & Helms-Lorenz, M. (2022). No aspect of structure should be left behind in relation to student autonomous motivation. *British Journal of Educational Psychology*, 92(3), 1086 – 1108. https://doi.org/10.1111/bjep.12489.

Mueller, C. M., & Dweck, C. S. (1996, April). *Implicit theories of intelligence: Relation of parental beliefs to children's expectations* [Poster presentation]. Head Start Third National Research Conference, Washington, DC, United States.

Mueller, C. M., & Dweck, C. S. (1998). Praise for intelligence can undermine children's motivation and performance. *Journal of Personality and Social Psychology*, 75(1), 33 – 52. https://doi.org/10.1037/0022-3514.75.1.33.

Murayama, K., Kitagami, S., Tanaka, A., & Raw, J. A. L. (2016). People's naiveté about how extrinsic rewards influence intrinsic motivation. *Motivation Science*, 2(3), 138 – 142. https://doi.org/10.1037/mot0000040.

Newman, R. S. (1991). Goals and self-regulated learning: What motivates children to seek academic help? In M. L. Maehr & P. R. Pintrich (Eds.), *Advances in motivation and achievement* (Vol. 7, pp. 151 – 183). JAI Publishers.

Newman, R. S. (2008). The motivational role of adaptive help seeking in self-regulated learning. In D. H. Schunk & B. J. Zimmerman (Eds.), *Motivation and self-regulated learning: Theory, research, and applications* (pp. 315 – 338). Lawrence Erlbaum Associates.

Nissen, H. W. (1930). A study of exploratory behavior in the white rat by means of the obstruction method. *The Pedagogical Seminary and Journal of Genetic Psychology*, 37(3), 361 – 376. https://doi.org/10.1080/ 08856559.1930.9944162.

Ntoumanis, N., Healy, L. C., Sedikides, C., Duda, J., Stewart, B., Smith, A., & Bond, J. (2014).

When the going gets tough: The "why" of goal striving matters. *Journal of Personality*, 82(3), 225 – 236. https://doi.org/10.1111/jopy.12047.

Oettingen, G. (2000). Expectancy effects on behavior depend on selfregulatory thought. *Social Cognition*, 18(2), 101 – 129. https://doi.org/10.1521/soco.2000.18.2.101.

Oettingen, G., Mayer, D., Thorpe, J. S., Janetzke, H., & Lorenz, S. (2005). Turning fantasies about positive and negative futures into self-improvement goals. *Motivation and Emotion*, 29(4), 237 – 267. https://doi.org/10.1007/s11031-006-9016-y.

Oettingen, G., Pak, H., & Schnetter, K. (2001). Self-regulation of goal setting: Turning free fantasies about the future into binding goals. *Journal of Personality and Social Psychology*, 80(5), 736 – 753. https://doi.org/10.1037/0022-3514.80.5.736.

Ogbu, J. U. (1974). *The next generation: An ethnography of education in an urban neighborhood*. Academic Press.

Ogbu, J. U. (1978). *Minority education and caste: The American education system in cross-cultural perspective*. Academic Press.

Ogbu, J. U., & Simons, H. D. (1998). Voluntary and involuntary minorities: A cultural-ecological theory of school performance with some implications for education. *Anthropology & Education Quarterly*, 29(2), 155 – 188. https://doi.org/10.1525/aeq.1998.29.2.155.

Ohtani, K., & Hisasaka, T. (2018). Beyond intelligence: A meta-analytic review of the relationship among metacognition, intelligence, and academic performance. *Metacognition and Learning*, 13(2), 179 – 212. https://doi.org/10.1007/s11409-018-9183-8.

Orosz, G., Tóth-Király, I., Büki, N., Ivaskevics, K., Bothe, B., & Fülöp, M. (2018). Four faces of competition: The development of the Multidimensional Competitive Orientation Inventory. *Frontiers in Psychology*, 9, Article 779. https://doi.org/10.3389/fpsyg.2018.00779.

Oyserman, D., Kemmelmeier, M., Fryberg, S., Brosh, H., & Hart-Johnson, T. (2003). Racial-ethnic self-schemas. *Social Psychology Quarterly*, 66(4), 333 – 347. https://doi.org/10.2307/1519833.

Pajares, F., & Kranzler, J. (1995). Self-efficacy beliefs and general mental ability in mathematical problem-solving. *Contemporary Educational Psychology*, 20(4), 426 – 443. https://doi.org/10.1006/ceps.1995.1029.

Panadero, E., Alonso-Tapia, J., & Reche, E. (2013). Rubrics vs. self-assessment scripts effect on self-regulation, performance and self-efficacy in preservice teachers. *Studies in Educational Evaluation*, 39(3), 125 – 132. https://doi.org/10.1016/j.stueduc.2013.04.001.

Panadero, E., Broadbent, J., Boud, D., & Lodge, J. M. (2019). Using formative assessment to influence self- and co-regulated learning: The role of evaluative judgement. *European Journal of Psychology of Education*, 34(3), 535 – 557. https://doi.org/10.1007/s10212-018-0407-8.

Park, D., Gunderson, E. A., Tsukayama, E., Levine, S. C., & Beilock, S. L. (2016). Young children's motivational frameworks and math achievement: Relation to teacher-reported instructional practices, but not teacher theory of intelligence. *Journal of Educational Psychology*, 108(3), 300 – 313. https://doi.org/10.1037/edu0000064.

Parks-Stamm, E. J., Oettingen, G., & Gollwitzer, P. M. (2010). Making sense of one's actions in an explanatory vacuum: The interpretation of nonconscious goal striving. *Journal of Experimental*

Social Psychology, 46(3), 531 – 542. https://doi.org/10.1016/j.jesp.2010.02.004.

Parrisius, C., Gaspard, H., Zitzmann, S., Trautwein, U., & Nagengast, B. (2022). The "situative nature" of competence and value beliefs and the predictive power of autonomy support: A multilevel investigation of repeated observations. *Journal of Educational Psychology*, 114(4), 791 – 814. https://doi.org/10.1037/edu0000680.

Patall, E. A., Cooper, H., & Robinson, J. C. (2008). The effects of choice on intrinsic motivation and related outcomes: A meta-analysis of research findings. *Psychological Bulletin*, 134(2), 270 – 300. https:// doi.org/10.1037/0033-2909.134.2.270.

Peale, N. V. (1982). *Positive imaging: The powerful way to change your life*. Fawcett Crest.

Pelletier, L. G. (2002). A motivational analysis of self-determination for pro-environmental behaviors. In E. L. Deci & R. M. Ryan (Eds.), *Handbook of self-determination research* (pp. 205 – 232). University of Rochester Press.

Peterson, E. R., Rubie – Davies, C. M., Osborne, D., & Sibley, C. (2016). Teachers' explicit expectations and implicit prejudiced attitudes to educational achievement: Relations with student achievement and the ethnic achievement gap. *Learning and Instruction*, 42, 123 – 140. https:// doi.org/10.1016/j.learninstruc.2016.01.010.

Phinney, J. S. (1992). The Multigroup Ethnic Identity Measure: A new scale for use with diverse groups. *Journal of Adolescent Research*, 7(2), 156 – 176. https://doi.org/10.1177/074355489272003.

Pintrich, P. R. (2000a). An achievement goal theory perspective on issues in motivation terminology, theory, and research. *Contemporary Educational Psychology*, 25(1), 92 – 104. https://doi.org/10.1006/ceps.1999.1017.

Pintrich, P. R. (2000b). Multiple goals, multiple pathways: The role of goal orientation in learning and achievement. *Journal of Educational Psychology*, 92(3), 544 – 555. https://doi.org/10.1037/0022-0663.92.3.544.

Piper, W. (1930). *The little engine that could*. Platt and Munk.

Pomerantz, E. M., & Kempner, S. G. (2013). Mothers' daily person and process praise: Implications for children's theory of intelligence and motivation. *Developmental Psychology*, 49(11), 2040 – 2046. https://doi.org/10.1037/a0031840.

Posner, G. J., Strike, K. A., Hewson, P. W., & Gertzog, W. A. (1982). Accommodation of a scientific conception: Toward a theory of conceptual change. *Science Education*, 66(2), 211 – 227. https://doi.org/10.1002/sce.3730660207.

Qin, Z., Johnson, D. W., & Johnson, R. T. (1995). Cooperative versus competitive efforts and problem solving. *Review of Educational Research*, 65(2), 129 – 143. https://doi.org/10.3102/00346543065002129.

Ratelle, C. F., Duchesne, S., Guay, F., & Châteauvert, G. B. (2018). Comparing the contribution of overall structure and its specific dimensions for competence-related constructs: A bifactor model. *Contemporary Educational Psychology*, 54, 89 – 98. https://doi.org/10.1016/j.cedpsych.2018.05.005.

Reeve, J., & Deci, E. L. (1996). Elements of the competitive situation that affect intrinsic motivation. *Personality and Social Psychology Bulletin*, 22(1), 24 – 33. https://doi.org/10.1177/0146167296221003.

Reeve, J., & Jang, H. (2006). What teachers say and do to support students' autonomy during a learning activity. *Journal of Educational Psychology*, 98(1), 209 – 218. https://doi.org/10.1037/0022-0663.98.1.209.

Reeve, J., Jang, H., Hardre, P., & Omura, M. (2002). Providing a rationale in an autonomy-supportive way as a strategy to motivate others during an uninteresting activity. *Motivation and Emotion*, 26(3), 183 – 207. https://doi.org/10.1023/A:1021711629417.

Rosenthal, R., & Jacobson, L. (1968). *Pygmalion in the classroom: Teacher expectation and pupils' intellectual development*. Holt, Rinehart, and Winston. https://doi.org/10.1007/BF02322211.

Ross, L. (1977). The intuitive psychologist and his shortcomings: Distortions in the attribution process. In L. Berkowitz (Ed.), *Advances in experimental social psychology* (Vol. 10, pp. 173 – 220). Academic Press. https://doi.org/10.1016/S0065-2601(08)60357-3.

Rubie-Davies, C. M. (2007). Classroom interactions: Exploring the practices of high- and low-expectation teachers. *British Journal of Educational Psychology*, 77(Pt. 2), 289 – 306. https://doi.org/10.1348/000709906X101601.

Rubie-Davies, C. M. (2010). Teacher expectations and perceptions of student attributes: Is there a relationship? *British Journal of Educational Psychology*, 80(Pt. 1), 121 – 135. https://doi.org/10.1348/000709909X466334.

Rubie-Davies, C. M., & Rosenthal, R. (2016). Intervening in teachers' expectations: A random effects meta-analytic approach to examining the effectiveness of an intervention. *Learning and Individual Differences*, 50, 83 – 92. https://doi.org/10.1016/j.lindif.2016.07.014.

Rubie-Davies, C. M., Weinstein, R. S., Huang, F. L., Gregory, A., Cowan, P. A., & Cowan, C. P. (2014). Successive teacher expectation effects across the early school years. *Journal of Applied Developmental Psychology*, 35(3), 181 – 191. https://doi.org/10.1016/j.appdev.2014.03.006.

Ryan, R. M., & Connell, J. P. (1989). Perceived locus of causality and internalization: Examining reasons for acting in two domains. *Journal of Personality and Social Psychology*, 57(5), 749 – 761. https://doi.org/10.1037/0022-3514.57.5.749.

Ryan, R. M., & Deci, E. L. (2000). Self-determination theory and the facilitation of intrinsic motivation, social development, and well-being. *American Psychologist*, 55(1), 68 – 78. https://doi.org/10.1037/0003-066X.55.1.68.

Ryan, R. M., & Deci, E. L. (2017). *Self-determination theory: Basic psychological needs in motivation, development, and wellness*. Guilford Publications. https://doi.org/10.1521/978.14625/28806.

Ryckman, R. M., Hammer, M., Kaczor, L. M., & Gold, J. A. (1996). Construction of a personal development competitive attitude scale. *Journal of Personality Assessment*, 66(2), 374 – 385. https://doi.org/10.1207/s15327752jpa6602_15.

Sagan, C., & Druyan, A. (1995). *Demon-haunted world: Science as a candle in the dark*. Random House.

Sanders, S. (2000). *Champions are raised, not born: How my parents made me a success*. Dell.

Sansone, C., Weir, C., Harpster, L., & Morgan, C. (1992). Once a boring task always a boring task? Interest as a self-regulatory mechanism. *Journal of Personality and Social Psychology*, 63(3), 379 – 390. https://doi.org/10.1037/0022-3514.63.3.379.

Sarrazin, P., Biddle, S., Famose, J. P., Cury, F., Fox, K., & Durand, M. (1996). Goal orientations and conceptions of the nature of sport ability in children: A social cognitive approach. *British Journal of Social Psychology*, 35(3), 399 – 414. https://doi.org/10.1111/j.2044-8309.1996.tb01104.x.

Sarrazin, P. G., Tessier, D., Pelletier, L., Trouilloud, D., & Chanal, D. (2006). The effects of teachers' expectations about student motivation on teachers' autonomy-supportive and controlling behaviors. *International Journal of Sport and Exercise Psychology*, 4(3), 283 – 301. https://doi.org/10.1080/1612197X.2006.9671799.

Schlösser, T., Dunning, D., Johnson, K. L., & Kruger, J. (2013). How unaware are the unskilled? Empirical tests of the "signal extraction" counterexplanation for the Dunning – Kruger effect in self-evaluation of performance. *Journal of Economic Psychology*, 39, 85 – 100. https://doi.org/10.1016/j.joep.2013.07.004.

Schmitz, B., & Perels, F. (2011). Self-monitoring of self-regulation during math homework behaviour using standardized diaries. *Metacognition and Learning*, 6(3), 255 – 273. https://doi.org/10.1007/s11409-011-9076-6.

Schraw, G. (2009). Measuring metacognitive judgments. In D. J. Hacker, J. Dunlosky, & A. C. Graesser (Eds.), *Handbook of metacognition in education* (pp. 415 – 429). Erlbaum.

Schraw, G., & Dennison, R. S. (1994). Assessing metacognitive awareness. *Contemporary Educational Psychology*, 19(4), 460 – 475. https://doi.org/10.1006/ceps.1994.1033.

Schunk, D. H. (2001, August). Self-regulation through goal setting. *ERIC Digests*, 2001, Article CG-01-08. https://files.eric.ed.gov/fulltext/ED462671.pdf.

Schunk, D. H., & Swartz, C. W. (1993). Writing strategy instruction with gifted students: Effects of goals and feedback on self-efficacy and skills. *Roeper Review*, 15(4), 225 – 230. https://doi.org/10.1080/02783199309553512.

Schunk, D. H., & Zimmerman, B. J. (2003). Self-regulation and learning. In W. M. Reynolds & G. E. Miller (Eds.), *Handbook of psychology: Vol. 7. Educational psychology* (pp. 59 – 78). John Wiley & Sons.

Senécal, C., Koestner, R., & Vallerand, R. J. (1995). Self-regulation and academic procrastination. *The Journal of Social Psychology*, 135(5), 607 – 619. https://doi.org/10.1080/00224545.1995.9712234.

Sheldon, K. M., & Elliot, A. J. (1998). Not all personal goals are personal: Comparing autonomous and controlled reasons for goals as predictors of effort and attainment. *Personality and Social Psychology Bulletin*, 24(5), 546 – 557. https://doi.org/10.1177/0146167298245010.

Sheldon, K. M., Ryan, R. M., Deci, E. L., & Kasser, T. (2004). The independent effects of goal contents and motives on well-being: It's both what you pursue and why you pursue it. *Personality and Social Psychology Bulletin*, 30(4), 475 – 486. https://doi.org/10.1177/0146167203261883.

Shermer, M. (2011). *The believing brain: From ghosts and gods to politics and conspiracies—How we construct beliefs and reinforce them as truths*. Henry Holt. https://doi.org/10.1126/science.1209161.

Shernoff, D. J., Csikszentmihalyi, M., Shneider, B., & Shernoff, E. S. (2003). Student engagement in high school classrooms from the perspective of flow theory. *School Psychology Quarterly*, 18

(2), 158 – 176. https:// doi. org/10. 1521/scpq. 18. 2. 158. 21860.

Shih, M., Pittinsky, T. L., & Ambady, N. (1999). Stereotype susceptibility: Identity salience and shifts in quantitative performance. *Psychological Science*, 10(1), 80 – 83. https://doi. org/10. 1111/1467-9280. 00111.

Sierens, E., Vansteenkiste, M., Goossens, L., Soenens, B., & Dochy, F. (2009). The synergistic relationship of perceived autonomy support and structure in the prediction of self-regulated learning. *British Journal of Educational Psychology*, 79(Pt. 1), 57 – 68. https://doi. org/10. 1348/000709908X304398.

Sinatra, G. M. (2005). The "warming trend" in conceptual change research: The legacy of Paul R. Pintrich. *Educational Psychologist*, 40(2), 107 – 115. https://doi. org/10. 1207/s15326985ep4002_5.

Skinner, B. F. (1953). *Science and human behavior*. Macmillan.

Smith, B. P. (2005). Goal orientation, implicit theory of ability, and collegiate instrumental music practice. *Psychology of Music*, 33(1), 36 – 57. https://doi. org/10. 1177/0305735605048013.

Song, H., Kim, J., Tenzek, K. E., & Lee, K. M. (2013). The effect of competition and competitiveness upon intrinsic motivation in exergames. *Computers in Human Behavior*, 29(4), 1702 – 1708. https://doi. org/ 10. 1016/j. chb. 2013. 01. 042.

Southerland, S. A., & Sinatra, G. M. (2003). Learning about biological evolution: A special case of intentional conceptual change. In G. M. Sinatra & P. R. Pintrich (Eds.), *Intentional conceptual change* (pp. 317 – 345). Lawrence Erlbaum Associates.

Stadler, G., Oettingen, G., & Gollwitzer, P. M. (2009). Physical activity in women: Effects of a self-regulation intervention. *American Journal of Preventive Medicine*, 36(1), 29 – 34. https:// doi. org/10. 1016/j. amepre. 2008. 09. 021.

Steele, C. M. (1997). A threat in the air. How stereotypes shape intellectual identity and performance. *American Psychologist*, 52(6), 613 – 629. https://doi. org/10. 1037/0003-066X. 52. 6. 613.

Steele, C. M. (2003). Stereotype threat and African-American student achievement. In T. Perry, C. Steele, & A. G. Hilliard, III (Eds.), *Young, gifted, and Black: Promoting high achievement among African-American students* (pp. 109 – 130). Beacon Press.

Steele, C. M. (2010). *Whistling Vivaldi and other clues to how stereotypes affect us*. Norton.

Steele, C. M., & Aronson, J. (1995). Stereotype threat and the intellectual test performance of African Americans. *Journal of Personality and Social Psychology*, 69(5), 797 – 811. https:// doi. org/10. 1037/0022- 3514. 69. 5. 797.

Stone, J., Lynch, C. I., Sjomeling, M., & Darley, J. M. (1999). Stereotype threat effects on Black and White athletic performance. *Journal of Personality and Social Psychology*, 77(6), 1213 – 1227. https://doi. org/10. 1037/0022-3514. 77. 6. 1213.

Sun, K. L. (2015). *There's no limit: Mathematics teaching for a growth mindset* (Publication No. 2812061) [Doctoral dissertation, Stanford University]. https://stacks. stanford. edu/file/druid: xf479cc2194/Sun-Dissertation-Upload-augmented. pdf.

Tabaka, M. (2012). Visualize your way to success (really). *Inc.* https://www. inc. com/marlatabaka/visualization-can-help-you-succeed. html.

Taylor, S. E., & Fiske, S. T. (1975). Point of view and perceptions of causality. *Journal of Personality and Social Psychology*, 32(3), 439 – 445. https://doi. org/10. 1037/h0077095.

Taylor, S. E., & Pham, L. B. (1999). The effect of mental simulation on goaldirected performance. *Imagination, Cognition and Personality*, 18(4), 253 – 268. https://doi. org/10. 2190/VG7L-T6HK-264H-7XJY.

Taylor, S. E., Pham, L. B., Rivkin, I. D., & Armor, D. A. (1998). Harnessing the imagination: Mental simulation, self-regulation, and coping. *American Psychologist*, 53(4), 429 – 439. https://doi. org/10. 1037/0003- 066X. 53. 4. 429.

Taylor, S. E., & Schneider, S. K. (1989). Coping and the simulation of events. *Social Cognition*, 7(2), 174 – 194. https://doi. org/10. 1521/ soco. 1989. 7. 2. 174.

Tibbetts, Y., Canning, E. A., & Harackiewicz, J. M. (2015). Academic motivation and performance: Task value interventions. In J. D. Wright (Ed.), *International encyclopedia of the social and behavioral sciences* (2nd ed., Vol. 1, pp. 37 – 42). Elsevier. https://doi. org/10. 1016/B978-0- 08-097086-8. 26078-9.

Tomic, W. (1993). Behaviorism and cognitivism in education. *Psychology*, 30(3/4), 38 – 46.

Tommasini, A. (2021, August 6). To make orchestras more diverse, end blind auditions. *The New York Times*. https://www. nytimes. com/2020/07/16/ arts/music/blind-auditions-orchestras-race. html.

Trapulionis, A. (2020, July 10). Steve Jobs's best trick: Demonizing his competitors. *Better Marketing*. https://bettermarketing. pub/steve-jobss-best-trick-demonizing-his-competitors-f410fadb2a83.

Tsai, Y. -M., Kunter, M., Lüdtke, O., Trautwein, U., & Ryan, R. M. (2008). What makes lessons interesting? The role of situational and individual factors in three school subjects. *Journal of Educational Psychology*, 100(2), 460 – 472. https://doi. org/10. 1037/0022-0663. 100. 2. 460.

Tversky, A., & Kahneman, D. (1973). Availability: A heuristic for judging frequency and probability. *Cognitive Psychology*, 5(2), 207 – 232. https://doi. org/10. 1016/0010-0285(73)90033-9.

Urdan, T., & Midgley, C. (2001). Academic self-handicapping: What we know, what more there is to learn. *Educational Psychology Review*, 13(2), 115 – 138. https://doi. org/10. 1023/A: 1009061303214.

Usher, E. L., Li, C. R., Butz, A. R., & Rojas, J. P. (2019). Perseverant grit and self-efficacy: Are both essential for children's academic success? *Journal of Educational Psychology*, 111(5), 877 – 902. https://doi. org/10. 1037/ edu0000324.

Usher, E. L., & Pajares, F. (2008). Sources of self-efficacy in school: Critical review of the literature and future directions. *Review of Educational Research*, 78(4), 751 – 796. https://doi. org/10. 3102/ 0034654308321456.

Usher, E. L., & Schunk, D. H. (2018). Social cognitive theoretical perspective of self-regulation. In D. H. Schunk & J. A. Greene (Eds.), *Handbook of self-regulation of learning and performance* (2nd ed., pp. 19 – 35). Routledge. https://doi. org/10. 4324/9781315697048-2.

Vallerand, R. J. (1997). Toward a hierarchical model of intrinsic and extrinsic motivation. *Advances in Experimental Social Psychology* (Vol. 29, pp. 271 – 360). Academic Press. https://doi.org/10.1016/S0065-2601(08)60019-2.

Vallerand, R. J., & Reid, G. (1984). On the causal effects of perceived competence on intrinsic motivation: A test of cognitive evaluation theory. *Journal of Sport Psychology*, 6(1), 94 – 102. https://doi.org/10.1123/jsp.6.1.94.

Valshtein, T. J., Oettingen, G., & Gollwitzer, P. M. (2020). Using mental contrasting with implementation intentions to reduce bedtime procrastination: Two randomised trials. *Psychology & Health: Interdisciplinary and Applied*, 35(3), 275 – 301. https://doi.org/10.1080/08870446.2019.1652753.

van Eerde, W. (2003). Procrastination at work and time management training. *The Journal of Psychology*, 137(5), 421 – 434. https://doi.org/10.1080/00223980309600625.

Vansteenkiste, M., Simons, J., Lens, W., Sheldon, K. M., & Deci, E. L. (2004). Motivating learning, performance, and persistence: The synergistic effects of intrinsic goal contents and autonomy-supportive contexts. *Journal of Personality and Social Psychology*, 87(2), 246 – 260. https://doi.org/10.1037/0022-3514.87.2.246.

Veenman, M. V., Van Hout-Wolters, B. H. A. M., & Afflerbach, P. (2006). Metacognition and learning: Conceptual and methodological considerations. *Metacognition and Learning*, 1(1), 3 – 14. https://doi.org/10.1007/s11409-006-6893-0.

Vosniadou, S. (2007). Conceptual change and education. *Human Development*, 50(1), 47 – 54. https://doi.org/10.1159/000097684.

Wang, Q., Pomerantz, E. M., & Chen, H. (2007). The role of parents' control in early adolescents' psychological functioning: A longitudinal investigation in the United States and China. *Child Development*, 78(5), 1592 – 1610. https://doi.org/10.1111/j.1467-8624.2007.01085.x.

Warneken, F., & Tomasello, M. (2008). Extrinsic rewards undermine altruistic tendencies in 20-month-olds. *Developmental Psychology*, 44(6), 1785 – 1788. https://doi.org/10.1037/a0013860.

Watkins, D. (2007). The nature of competition: The views of students from three regions of the People's Republic of China. In F. Salili & R. Hoosain (Eds.), *Culture, motivation, and learning: A multicultural perspective* (pp. 217 – 233). Information Age Publishing.

Watson, P. W. St. J., Alansari, M., Worrell, F. C., & Rubie-Davies, C. M. (2020). Ethnic-racial identity, relatedness, and school belonging for adolescent New Zealanders: Does student gender make a difference? *Social Psychology of Education: An International Journal*, 23(4), 979 – 1002. https://doi.org/10.1007/s11218-020-09563-1.

Weiner, B. (1985). An attributional theory of achievement motivation and emotion. *Psychological Review*, 92(4), 548 – 573. https://doi.org/10.1037/0033-295X.92.4.548.

Weiner, B. (1986). Attribution, emotion, and action. In R. M. Sorrentino & E. T. Higgins (Eds.), *Handbook of motivation and cognition: Foundations of social behavior* (pp. 281 – 312). Guilford Press.

Weiner, B. (2012). An attribution theory of motivation. In P. A. M. Van Lange, A. W. Kruglanski, & E. T. Higgins (Eds.), *Handbook of theories of social psychology* (Vol. 1, pp. 135 – 155). Sage Publications. https://doi.org/10.4135/9781446249215.n8.

Weinstein, N. , & Ryan, R. M. (2010). When helping helps: Autonomous motivation for prosocial behavior and its influence on well-being for the helper and recipient. *Journal of Personality and Social Psychology*, 98(2), 222 - 244. https://doi.org/10.1037/a0016984.

Weinstein, R. S. , Marshall, H. H. , Sharp, L. , & Botkin, M. (1987). Pygmalion and the student: Age and classroom differences in children's awareness of teacher expectations. *Child Development*, 58 (4), 1079 - 1093. https://doi.org/10.2307/1130548.

Wieber, F. , von Suchodoletz, A. , Heikamp, T. , Trommsdorff, G. , & Gollwitzer, P. M. (2011). If-then planning helps school-aged children to ignore attractive distractions. *Social Psychology*, 42 (1), 39 - 47. https://doi.org/10.1027/1864-9335/a000041.

Wigfield, A. , Eccles, J. S. , Yoon, K. S. , Harold, R. D. , Arbreton, A. J. A. , Freedman-Doan, C. , & Blumenfeld, P. C. (1997). Change in children's competence beliefs and subjective task values across the elementary school years: A 3-year study. *Journal of Educational Psychology*, 89(3), 451 - 469. https://doi.org/10.1037/0022-0663.89.3.451.

Williams, G. C. , Rodin, G. C. , Ryan, R. M. , Grolnick, W. S. , & Deci, E. L. (1998). Autonomous regulation and long-term medication adherence in adult outpatients. *Health Psychology*, 17(3), 269 - 276. https://doi.org/ 10.1037/0278-6133.17.3.269.

Winters, D. , & Latham, G. P. (1996). The effect of learning versus outcome goals on a simple versus a complex task. *Group & Organization Management*, 21(2), 236 - 250. https://doi.org/10.1177/1059601196212007.

Wolfe, T. (1991, Spring). Tom Wolfe, the art of fiction no. 123 [Interviewed by George Plimpton]. *The Paris Review*, 118. https://www.theparisreview.org/interviews/2226/the-art-of-fiction-no-123-tom-wolfe.

Wolters, C. A. , & Benzon, M. B. (2013). Assessing and predicting college students' use of strategies for the self-regulation of motivation. *Journal of Experimental Education*, 81(2), 199 - 221. https://doi.org/10.1080/ 00220973.2012.699901.

Woodcock, A. , Hernandez, P. R. , Estrada, M. , & Schultz, P. W. (2012). The consequences of chronic stereotype threat: Domain disidentification and abandonment. *Journal of Personality and Social Psychology*, 103(4), 635 - 646. https://doi.org/10.1037/a0029120.

Worrell, F. C. , Knotek, S. E. , Plucker, J. A. , Portenga, S. , Simonton, D. K. , Olszewski-Kubilius, P. , Schultz, S. R. , & Subotnik, R. F. (2016). Competition's role in developing psychological strength and outstanding performance. *Review of General Psychology*, 20(3), 259 - 271. https://doi.org/10.1037/gpr0000079.

Xie, K. , Heddy, B. C. , & Vongkulluksn, V. W. (2019). Examining engagement in context using experience-sampling method with mobile technology. *Contemporary Educational Psychology*, 59, 101788. https:// doi.org/10.1016/j.cedpsych.2019.101788.

Yeager, D. S. , & Dweck, C. S. (2020). What can be learned from growth mindset controversies? *American Psychologist*, 75(9), 1269 - 1284. https://doi.org/10.1037/amp0000794.

Yeager, D. S. , Johnson, R. , Spitzer, B. J. , Trzesniewski, K. H. , Powers, J. , & Dweck, C. S. (2014). The far-reaching effects of believing people can change: Implicit theories of personality shape stress, health, and achievement during adolescence. *Journal of Personality and Social Psychology*, 106(6), 867 - 884. https://doi.org/10.1037/a0036335.

Yeager, D. S. , Purdie-Vaughns, V. , Garcia, J. , Apfel, N. , Brzustoski, P. , Master, A. , Hessert, W.

T., Williams, M. E., & Cohen, G. L. (2014). Breaking the cycle of mistrust: Wise interventions to provide critical feedback across the racial divide. *Journal of Experimental Psychology: General*, 143(2), 804 – 824. https://doi.org/10.1037/a0033906.

Yeager, D. S., & Walton, G. M. (2011). Social-psychological interventions in education: They're not magic. *Review of Educational Research*, 81(2), 267 – 301. https://doi.org/10.3102/0034654311405999.

Young, A. E., & Worrell, F. C. (2018). Comparing metacognition assessments of mathematics in academically talented students. *Gifted Child Quarterly*, 62(3), 259 – 275. https://doi.org/10.1177/0016986218755915.

Zeldin, A. L., & Pajares, F. (2000). Against the odds: Self-efficacy beliefs of women in mathematical, scientific, and technological careers. *American Educational Research Journal*, 37(1), 215 – 246. https://doi.org/10.3102/00028312037001215.

Zimmerman, B. J. (2000). Attainment of self-regulation: A social cognitive perspective. In M. Boekaerts, P. R. Pintrich, & M. Zeidner (Eds.), *Handbook of self-regulation* (pp. 13 – 39). Academic Press. https://doi.org/10.1016/B978-012109890-2/50031-7.

Zimmerman, B. J. (2002). Becoming a self-regulated learner: An overview. *Theory Into Practice*, 41(2), 64 – 70. https://doi.org/10.1207/s15430421tip4102_2.

Zimmerman, B. J. (2004). Sociocultural influence and students' development of academic self-regulation: A social-cognitive perspective. In D. M. McInerney & S. Van Etten (Eds.), *Big theories revisited* (pp. 139 – 164). Information Age.

Zimmerman, B. J., & Campillo, M. (2003). Motivating self-regulated problem solving. In J. E. Davidson & R. J. Sternberg (Eds.), *The Psychology of Problem Solving*. Cambridge University Press.

Zimmerman, B. J., & Moylan, A. R. (2009). Self-regulation: Where metacognition and motivation intersect. In D. J. Hacker, J. Dunlosky, & A. C. Graesser (Eds.), *Handbook of metacognition in education* (pp. 299 – 315). Routledge.

作者简介

温迪·S. 格罗尼克（Wendy S. Grolnick）博士是克拉克大学（Clark University）心理学教授，动机研究专家，也是美国家庭教育研究领域的领军人物。她率先研究了父母和教师在儿童动机和成就中所扮演的角色，并在学术刊物上发表了九十多篇论文。她撰写了《父母控制的心理学：善意育儿适得其反》（*The Psychology of Parental Control: How Well-Meant Parenting Backfires*）和《压力父母，压力孩子：在培养成功孩子的同时应对竞争》（*Pressured Parents, Stressed-Out Kids: Dealing With Competition While Raising a Successful Child*）等著作，并与人合作编辑了《家庭心理学研究的回顾与展望》（*Retrospect and Prospect in the Psychological Study of Families*）。格罗尼克博士的研究得到了美国国家精神卫生研究所、威廉·T. 格兰特基金会和斯宾塞基金会的资助。她是美国心理学会儿童、青年与家庭委员会以及学校与教育心理学联盟的成员。

本杰明·C. 赫迪（Benjamin C. Heddy）博士是俄克拉荷马大学珍妮·雷恩博尔特教育学院教育心理学副教授，同时也是“动机、校外学习、价值观与参与”（MOVE）研究实验室的主任。他的研究专注于学习的认知与动机方面，包括参与度、学习情绪、兴趣培养和日常经验中的学习活动。

此外，他研究理念、情感和态度变化的机制。他的研究成果已发表在《教育心理学家》（*Educational Psychologist*）、《工程教育杂志》（*Journal of Engineering Education*）、《科学教育》（*Science Education*）和《今日心理学》

（*Psychology Today*）等刊物上。赫迪博士目前担任教育创新心理学学术联盟主席。

弗兰克·C. 沃雷尔（Frank C. Worrell）博士是加州大学伯克利分校伯克利教育学院杰出教授，担任心理学项目和学术人才发展项目的教研主任，同时在心理学系的社会与人格领域担任兼职教授。他的研究兴趣包括青少年问题、种族与民族认同、才能发展以及时间观念等。作为《实现大学梦想》（*Achieving College Dreams*）、《以才能发展为基础的英才教育框架》（*Development as a Framework for Gifted Education*）、《高重要性心理学》（*The Psychology of High Importance*）和《应用学校心理学剑桥手册》（*The Cambridge Handbook of Applied School Psychology*）的联合编辑，沃雷尔博士还撰写了一百七十多篇期刊论文，并参与了八十多本书部分章节的编写。他曾担任2022年美国心理学会主席。